Martin Schlatzer

Tierproduktion und Klimawandel

Bioethik

Band 1

LIT

Martin Schlatzer

Tierproduktion und Klimawandel

Ein wissenschaftlicher Diskurs zum Einfluss der Ernährung auf Umwelt und Klima

Geleitwort von
Prof. Dr. Claus Leitzmann

LIT

Ich möchte allen lieben Menschen danken,
die mich inspiriert und moralisch und tatkräftig
unterstützt haben.

Umschlagbild: www.iStockphoto.com

Layout und Satz: Erich Hebenstreit, Marion Brogyanyi, Christoph Schipp

Gedruckt mit Unterstützung des Bundesministeriums für Wissenschaft und Forschung in Wien und des Instituts für Ethik und Wissenschaft im Dialog der Fakultät für Philosophie und Bildungswissenschaft an der Universität Wien

Bibliografische Information der Deutschen Nationalbibliothek
Die Deutsche Nationalbibliothek verzeichnet diese Publikation in der Deutschen Nationalbibliografie; detaillierte bibliografische Daten sind im Internet über http://dnb.d-nb.de abrufbar.

2., überarbeitete Auflage 2011

ISBN 978-3-643-50146-2

Krotenthallergasse 10/8
A-1080 Wien
Tel. +43 (0) 1-409 56 61
Fax +43 (0) 1-409 56 97
e-Mail: wien@lit-verlag.at
http://www.lit-verlag.at

LIT VERLAG Dr. W. Hopf
Berlin 2011
Verlagskontakt:
Fresnostr. 2
D-48159 Münster
Tel. +49 (0) 2 51-620 320
Fax +49 (0) 2 51-922 60 99
e-Mail: lit@lit-verlag.de
http://www.lit-verlag.de

Auslieferung:
Deutschland: LIT Verlag Fresnostr. 2, D-48159 Münster
Tel. +49 (0) 2 51-620 32 22, Fax +49 (0) 2 51-922 60 99, e-Mail: vertrieb@lit-verlag.de
Österreich: Medienlogistik Pichler-ÖBZ, e-Mail: mlo@medien-logistik.at

Inhaltsverzeichnis

Abkürzungsverzeichnis

a	Jahr
ADA	American Dietic Association, Amerikanische Gesellschaft für Ernährung
C	Kohlenstoff
CH_4	Methan
CO_2	Kohlendioxid
CO_2-Äq	Kohlendioxidäquivalente
d	Tag
€	Euro
FAO	Food and Agriculture Organisation, Ernährungs- und Landwirtschaftsorganisation der Vereinten Nationen
g	Gramm
GJ	Gigajoule (1 GJ = 1 Mrd. Joule)
Gt	Gigatonnen (1 Gt = 1 Mrd. Tonnen)
ha	Hektar
IPCC	International Panel on Climate Change, Weltklimarat
Jhdt.	Jahrhundert
k. A.	keine Angabe
kcal	Kilokalorien
kg	Kilogramm
km	Kilometer
km^2	Quadratkilometer
km^3	Kubikkilometer (1 km^3 = 1 Mrd. Kubikmeter)
LCA	Life Cycle Assessement, Ökobilanz
m^2	Quadratmeter
m^3	Kubikmeter (1 m^3 = 1.000 Liter)
MJ	Megajoule (1 MJ = 1Mio. Joule)
Mio.	Millionen

Mrd.	Milliarden
n	Stück / Anzahl
N	Stickstoff
NH_3	Ammoniak
N_2O	Lachgas / Distickstoffmonoxid
NPFs	Novel Protein Foods, pflanzliche Fleischsimultanprodukte
SO_2-Äq	Schwefeldioxidäquivalente
t	Tonnen
tkm	Tonnenkilometer
THG	Treibhausgase
UN	United Nations, Vereinte Nationen
US $	amerikanischer Dollar
WB	World Bank, Weltbank
WHO	World Health Organisation, Weltgesundheitsorganisation

Zum Autor

Mag. Martin Schlatzer ist Projektmitarbeiter am Institut für Meteorologie an der BOKU Wien und arbeitet am Institut für Ethik und Wissenschaft im Dialog der Fakultät für Philosophie und Bildungswissenschaft an der Universität Wien im Bereich Interdisziplinäre Ernährungsethik/Sustainable Nutrition; studierte Ernährungswissenschaften mit den Schwerpunkten Ernährung, Umwelt und Gesundheit; absolvierte ein Praktikum im Beratungsbüro für Ernährungsökologie von Karl von Koerber in München, beteiligte sich an der Konzeption und Durchführung der Ausstellung »Essen für den Klimaschutz« im Auftrag des bayerischen Staatsministeriums für Umwelt, Gesundheit und Verbraucherschutz; verfasst ernährungsökologische Beiträge für diverse Fachzeitschriften, nimmt regelmäßig an Diskussionen zum Klimawandel teil und hält Vorträge zu dem Einfluss der Ernährung auf Umwelt, Klima und Ressourcen, wobei er u. a. Hauptreferent am Weltvegetarierkongress in Dresden 2008 war.

Geleitwort

Die negativen Auswirkungen unserer Ernährung auf das Klima sind mindestens so lange bekannt wie die klimaschädlichen Emissionen von Kraftfahrzeugen. Nun wird bei den Verkehrsmitteln seit Jahren, auch durch gesetzliche Auflagen, heftig um eine Senkung der Umweltbelastung gerungen - mit Erfolg. Deshalb fällt es besonders auf, dass erst in jüngster Zeit ernsthaft über die Möglichkeiten einer Reduzierung der Umweltbelastung bei der Ernährung diskutiert wird.

Innerhalb des Ernährungssystems resultiert ein erheblicher Anteil der umweltrelevanten Folgen für unser Klima aus der Art der Erzeugung, Verarbeitung, Vermarktung und Zubereitung unserer Lebensmittel sowie der Entsorgung von Verpackungsmüll und organischen Abfällen. Von der in Deutschland genutzten Primärenergie werden etwa 20% im Ernährungsbereich verbraucht, zum überwiegenden Teil als Erdöl und Erdgas. Ebenfalls etwa 20% des vorhandenen Gesamtausstoßes von Treibhausgasen in Deutschland wird durch das Ernährungssystem verursacht. Etwa die Hälfte der ernährungsbedingten Emissionen stammt aus der Landwirtschaft und davon der Hauptanteil aus der Produktion tierischer Nahrungsmittel.

Der wichtigste Beitrag der Ernährung zur Stabilisierung des Klimas kann durch einen geringeren Fleischverzehr erbracht werden, denn dies würde die Umwelt ganz entscheidend entlasten. Ein weiterer bedeutsamer Anteil der Emissionen entsteht im Handel unter anderem durch Verpackung und Transport der Lebensmittel. Mit knapp einem Drittel sind auch die Verbraucher stark beteiligt, besonders durch Kühlen und Erhitzen der Nahrung sowie durch Einkaufsfahrten mit dem Auto.

Die Schadstoffemissionen in den verschiedenen Bereichen unseres Ernährungssystems beeinflussen nicht nur die Umwelt, sondern auch die Gesundheit der Menschen. Es bleibt eine Binsenwahrheit, dass die Qualität der Lebensmittel nur so gut sein kann wie die Umwelt, in der sie erzeugt werden. Die enge Verbindung von Umweltverträglichkeit und Gesundheitsverträglichkeit innerhalb des Ernährungssystems zeigt, dass die Einbeziehung aller Ebenen unseres Daseins erforderlich ist, um nachhaltige Lösungen zu erreichen.

Herr Schlatzer berichtet in dem vorliegenden Buch zusammenfassend über den Einfluss der Ernährung auf Umwelt und Klima mit dem Schwerpunkt Tierproduktion und Klimawandel. Ausgehend von den im Ernährungssystem eingesetzten Untersuchungsmethoden zur Bewertung von Auswirkungen auf die Umwelt, kommt er über die aktuellen Ernährungsgewohnheiten und den damit verbundenen Treibhausgasemissionen, die weitaus überwiegend in der industriellen Tierproduktion auftreten, zu den derzeit stattfindenden Veränderungen des Klimas. Bei seiner Darstellung werden maßgebliche Rahmenbedingungen berücksichtigt wie die steigende Weltbevölkerung, die sich fast ausschließlich in den wirtschaftlich ärmeren Ländern manifestiert, sowie die Nahrungsmittel- und Ernährungssicherheit.

Ausführlich werden die vielfältigen Auswirkungen der Tierproduktion auf die Umweltfaktoren Boden, Wald und Wasser sowie deren Bedarf und Belastung einbezogen. Es zeigt sich, dass diese Ressourcen in einer intensiven Wechselwirkung mit dem Klima stehen. Der jeweilige Zustand dieser Umweltsysteme dient als Indikator für die rasante Klimaerwärmung. Anschaulich werden die Ergebnisse von Vergleichen herangezogen, die zwischen extensiven und intensiven Tierproduktionssystemen, vegetarischer und Fleisch dominierter Ernährung sowie zwischen biologischen und konventionellen Landwirtschaftssystemen vorliegen. Des Weiteren werden bedeutsame Aspekte der Regionalität und den damit zusammenhängenden Lebensmitteltransporten berücksichtigt.

Herr Schlatzer lässt keinen Zweifel daran, dass der Klimawandel zwar nicht aufgehalten, aber erheblich verlangsamt werden kann. Anhand einer Analyse der von ihm zusammengestellten Daten und Vergleichen, macht er konkrete Vorschläge, wie der drohende Klimawandel minimiert werden kann. Im Zusammenhang mit den Prognosen zur Tierproduktion und dem Konsum tierischer Produkte, werden die daraus resultierenden ökologischen, aber auch sozialen, gesundheitlichen und ökonomischen Konsequenzen dargelegt.

Dabei werden auch politische Maßnahmen gegen den Klimawandel definiert, die weit über das Ernährungsverhalten des Einzelnen hinausgehen. So finden sich bei den Lösungsansätzen Forderungen wie die Besteuerung von Lebensmitteln nach ihrem ökologischen Fußabdruck. Des Weiteren nennt er nachahmenswerte Maßnahmen wie die Kampagne der Europäischen Kommission, mehr Gemüse statt Fleisch zu essen, den Vorschlag der schwedischen Regierung, ein oder zwei Fleischgerichte pro Woche durch pflanzliche Mahlzeiten zu ersetzen, oder das Vorbild der belgischen Stadt Gent, einen Tag in der Woche vegetarisch zu essen. Inzwischen gibt es eine Reihe von

Städten mit ähnlichen Initiativen. Auch eine Neubewertung von landwirtschaftlichen Subventionen könnte ein klimafreundlicheres Ernährungssystem fördern.

Herr Schlatzer macht nicht nur den Versuch, sondern es gelingt ihm, den Leser zu sensibilisieren, denn jeder Einzelne kann etwas tun, um den Klimawandel zu begrenzen: nicht nur im eigenen Verhalten, sondern auch durch gezielte Unterstützung von Initiativen und Gesetzen lässt sich das Ernährungsverhalten der Menschen verändern. Dabei spielt die Reduzierung des Konsums tierischer Produkte wie Fleisch eine entscheidende Rolle.

Prof. Dr. Claus Leitzmann
Gießen, im Mai 2010

(Prof. Dr. Claus Leitzmann war ehemaliger Direktor des Instituts für Ernährungswissenschaft der Justus-Liebig-Universität in Gießen, ist Begründer der Fachrichtung Ernährungsökologie und Leiter des wissenschaftlichen Beirates des Vereins für unabhängige Gesundheitsberatung)

1 Einleitung

Mehr denn je belastet der Mensch mit seinen Aktivitäten Umwelt und Klima. Ernährung spielt dabei eine tragende Rolle. Immer häufiger treten Gesundheitsprobleme auf, die Folgen des Klimawandels zeigen sich immer deutlicher und mit einer höheren Intensität, der Druck auf unsere Ressourcen steigt mit jedem Tag mehr und mehr an: Wälder gehen verloren, neues Land muss erschlossen und Energie investiert werden, Wasserengpässe zeichnen sich vielerorts ab und ein immer höherer Druck lastet auf der Umwelt, der Tier- und Pflanzenwelt, dem Klima, unseren Ressourcen und letztendlich auf uns. Unser Ernährungsstil verursacht multiple Probleme, die Gesundheit, Wohlbefinden, Umwelt und Klima ganz stark betreffen.

Derzeit bevölkern über 24 Mrd. Nutztiere unseren Planeten, das sind mehr als 3-mal soviel wie die gesamte humane Bevölkerung. Mehr als 66 Mrd. Tiere werden innerhalb eines Jahres geschlachtet. Unsere Nutztiere nehmen den Großteil des verfügbaren Landes ein, benötigen einen guten Teil unseres Frischwassers und zeichnen deutlich für die fortschreitende Entwaldung und den Artenverlust verantwortlich. Verschmutzungen von Land- und Wasserwegen, Bodenerosion, die Verbreitung zoonotischer Krankheiten und die Vertreibung indigener Bevölkerungen sind Symptome des fortschreitenden Raubbaus an unserem Planeten. Veränderte Ernährungsgewohnheiten und ihre sozialen und gesundheitlichen Konsequenzen wirken verschärfend auf die konkreten Probleme der Erde.

Eine pflanzenbetonte Ernährung, im Besonderen eine vegetarische und vegane Ernährung, kann zu einer wichtigen und dringenden Lösung in vielen Bereichen beitragen und müsste als Option bzw. Instrument für eine nachhaltige und zukunftsreiche Umweltmaßnahme verstanden und gesehen werden. Gemeinsam mit wichtigen Ansatzpunkten in der Politik und auch in anderen Bereichen kann ein nötiger Wandel geschaffen werden, der hilft, globale Brennpunkte zu entschärfen, das Klima zu entlasten, unsere Ressourcen zu schonen, die Ernährung langfristig zu gewährleisten, den Bestand der Wälder aufrecht zu erhalten und eine offene und artenreiche Welt zu erhalten – dies wird wohl essentiell sein, damit nachhaltig und langfristig die Zukunft unseres Planeten und unserer Kinder gesichert werden kann.

Es gibt eine Vielzahl an Studien, die sich mit dem Thema Tierproduktion und Klimawandel beschäftigen. Gerade in den letzten paar Jahren wurden die vielschichtigen negativen Konsequenzen unserer Tierproduktion hervorgehoben. Positive Einflüsse und Ansatzpunkte im Bereich Ernährung sind deutlich zu erkennen und sollten nicht ungenützt bleiben, da wir bekanntermaßen keinen zweiten Planeten zur Verfügung haben. Daher müssen wir die Vitalität, die Belastbarkeit und die Produktivität unserer wichtigsten Grundlage – der Erde – aufrechterhalten und unsere Ansprüche mit den verfügbaren Ressourcen wieder in Einklang bringen.

1.1 Begriff der nachhaltigen Entwicklung und Bedeutung für das Ernährungssystem

»Nachhaltige Entwicklung ist eine Entwicklung, die die Bedürfnisse der Gegenwart befriedigt, ohne zu riskieren, dass künftige Generationen ihre eigenen Bedürfnisse nicht befriedigen können« [HAUFF, 1987]. Dies ist die inzwischen allgemein gültige Definition für nachhaltige Entwicklung, die 1987 von der Weltkommission für Umwelt und Entwicklung (Brundtland-Kommission) verabschiedet wurde.

Wie Lebensmittel produziert und vermarktet werden, was und wie Menschen essen, hat vielfältige und weitreichende Auswirkungen auf Umwelt, Gesellschaft und Wirtschaft [SCHÖNBERGER und BRUNNER, 2005]. Ein großer Anteil an den weltweiten ökologischen Spannungsfeldern geht auf lebensmittelbezogene menschliche Aktivitäten zurück. Lebensmittel werden erzeugt, transportiert, verarbeitet und in Produkte umgewandelt; immer größere Mengen mit immer steigenden Umweltfolgen sind die Konsequenzen [SMIL, 2001; TILMAN et al., 2002]. Aus diesem Grund wird es für das Ernährungssystem relevant sein, sich in Bezug auf seine zukünftige Entwicklung zu positionieren. Die Frage wird sein, welche Bedeutung das Leitbild der nachhaltigen Entwicklung, das sich in den letzten Jahrzehnten zu einem Gestaltungselement von Gesellschaft und Wirtschaft etabliert hat, für die verschiedenen Teile des Ernährungssystems hat.

Lebensmittelskandale, Verunsicherung der KonsumentInnen, Agrarsubventionen, Überproduktion, Schadstoffe in Lebensmitteln etc. sind Schlagworte, die das heutige Ernährungssystem prägen.

Nachhaltige Entwicklung bedeutet, dass die gesellschaftliche Entwicklung weltweit auf ihre ökologische Tragfähigkeit, ihre soziale Gerechtigkeit, ihre ökonomische Verträglichkeit und ihre zeitliche Dauerhaftigkeit geprüft und gegebenenfalls in diese Richtung verändert wird. Nachhaltigkeit wird als Leitbild, d. h. als ethischer Wert verstanden, wobei die Verwendung des Begriffs »nachhaltig« vielfältig und bis dato inflationär ist. Es wird oft von einer nachhaltigen Finanzpolitik oder nachhaltigem Unternehmensmanagement gesprochen, obwohl im wissenschaftlichen Diskurs der Fokus und Vorrang klar der Erhaltung natürlicher Ressourcen gilt [SCHÖNBERGER und BRUNNER, 2005].

Bereits der Club of Rome hat in seinen Berichten verdeutlicht, dass von Nachhaltigkeit keine Rede sein könne, wenn sich das Bevölkerungs- und Wirtschaftswachstum auf unserem Planeten ungehemmt fortsetzt. Diese Entwicklung und die steigenden Ansprüche waren Grund zur Sorge, da sie zu einer zunehmenden Degradierung der natürlichen Ressourcen und dem ständig steigenden Druck auf diese Ressourcen führ(t)en [ZICHE, 2005].

Um globale negative Umwelteinflüsse zu reduzieren wurden laut VELLINGA und HERB [1999] die Bereiche Lebensmittelproduktion, Energie und Wasser als die wichtigsten Ansatzpunkte für einen schrittweisen Wandel anstelle einer graduellen Verbesserung identifiziert. Eine der größten Herausforderungen für die OECD-Länder ist die Entkoppelung des Wirtschaftswachstums von seinen assoziierten Umweltimpacts [VELLINGA und HERB, 1999]. Die genannten drei Bereiche sind auch unweigerlich miteinander verbunden, da die Lebensmittelproduktion einen hohen Anteil an der produzierten Energie und an Frischwasser beansprucht. Wenn es um die Realisierung von Nachhaltigkeit in den nächsten paar Jahrzehnten geht, müssen die Vernetzungen von Landwirtschaft, Klimawandel und Landnutzungsänderungen erkannt werden [AIKING et al., 2006].

Die wichtigste Aufgabe einer nachhaltigen Agrarentwicklung in Entwicklungsländern ist ein Gleichgewicht zwischen den steigenden Ansprüchen wachsender Bevölkerungen und dem erforderlichen Produktivitätszuwachs ihrer natürlichen Ressourcen zu finden [ZICHE, 2005]. Für Industrieländer wird es wichtig sein, den monetären (Schuldenerlass) und ökologischen Druck (Entwaldung für Nahrungsmittelressourcen wie Kakao, Kaffee etc. und Futtermittel wie Soja) von den Entwicklungsländern zu nehmen und Projekte zu unterstützen, um nicht, wie in der Vergangenheit, das westliche Kapitalwachstum zu bedienen, sondern zur Eigenversorgung der Entwicklungsländer im Sinne des »Hilfe zur Selbsthilfe«-Ansatzes beizutragen.

Ein Faktor für den kritischen Zustand der Landwirtschafts- und Ernährungssituation in ärmeren Ländern ist der Ernährungsstil in den wohlhabenden Ländern. Abgesehen von den gesundheitlichen Konsequenzen führte bislang der westliche Lebens- und Ernährungsstil, der sich auch immer stärker in Entwicklungsländern etabliert, zu multiplen Problemen für Umwelt und Klima, woran die Industrieländer die Hauptschuld und damit auch die Hauptverantwortung tragen und eine positive Vorreiterrolle für Verbesserungen übernehmen sollten.

1.2 Signifikanz des Ernährungssektors und Schwerpunkte dieser Arbeit

Welche Dimensionen ökologischer, sozialer und gesundheitlicher Art der Ernährungssektor bzw. die Landwirtschaft und hier vor allem der Tierproduktionssektor hat, soll in dieser Arbeit erläutert werden. Die hohe Signifikanz des Tierproduktionssektors und sein großes Potential für Lösungen und Einsparungen hinsichtlich der steigenden Umweltprobleme und des Klimawandels werden in der vorliegenden Studie herausgearbeitet und verdeutlicht.

Denn die Tierhaltung trägt nicht nur negativ zum Klimawandel bei, sondern ist laut eines umfassenden Berichtes der FAO (Ernährungs- und Landwirtschaftsorganisation der Vereinten Nationen) auch allgemein einer der Top 2 oder Top 3 Verursacher der größten Umweltprobleme – lokal, als auch global gesehen [STEINFELD et al., 2006a]. Laut FAO sollte deshalb, politisch gesehen, der Tierhaltungssektor bei Fragen wie Verlust von wertvollem Land, Landdegradierung, Luftverschmutzung, Wasserknappheit, Böden- und Wasserverunreinigungen, Verlust der Artenvielfalt und nicht zuletzt beim Klimawandel berücksichtigt werden [STEINFELD et al., 2006a].

In diesem Buch wird daher besonders auf den Ernährungswandel und hier auf den globalen Anstieg des Konsums tierischer Produkte eingegangen. Der mit dieser Entwicklung assoziierte Industrialisierungs- und Intensivierungsprozess ist mit ökologischen, sozialen, ökonomischen und gesundheitlichen Problemen verbunden. Die Auswirkung von pflanzlichen und tierischen Produkten sowie unterschiedliche Ernährungsstile und Anbauweisen werden hinsichtlich dieser Aspekte auf ihre Nachhaltigkeit geprüft. Vergangene Entwicklungen, die momentane Situation und Projektionen für die Zukunft sollen Handlungsmöglichkeiten am Landwirtschafts- und Ernährungssektor aufzeigen. Dabei geht es um eine gesamtheitliche Betrachtung der Umweltfolgen entlang der gesamten Produktionskette, also von der Wiege bis zur Bahre.

Ziel dieser Arbeit war es, die komplexen Zusammenhänge zwischen dem heutigen Ernährungssystem und den aktuellen Problemen wie Klimawandel, Welthunger, Fehlernährung und Degradierung der Ökosysteme darzustellen. Lösungsmöglichkeiten sind evident und Maßnahmen, sowohl auf politischer Ebene via Regulierungen, Gesetzen und Initiativen, als auch auf individueller Ebene via Entscheidungen über unseren (Lebensmittel-)Konsum und einer Partizipation an einer kritischen und progressiven Zivilgesellschaft, erforderlich. Im Bezug auf potentielle Lösungen gibt es auch positive Interaktionen und Synergie- bzw. Nebeneffekte diverser Handlungsempfehlungen; so können beispielsweise Maßnahmen in puncto Klimawandel auch signifikante gesundheitliche und ökonomische Auswirkungen haben [FRIEL et al., 2009; STEHFEST et al., 2009]. Der Einfluss der Ernährung auf den Klimawandel wird im Speziellen beleuchtet.

Alle Aspekte der Ernährung können nicht ausreichend behandelt werden, wie etwa die ernährungsphysiologischen Konsequenzen verschiedener Ernährungsstile. Auch eine ausführliche Abhandlung der Auswirkungen des Klimawandels auf unser Ernährungssystem und seine Konsequenzen für die Umwelt und ähnliche wichtige Themen würden den Rahmen dieser Arbeit sprengen.

Regionale und saisonale Aspekte der Ernährung, die zwar in den Medien die Diskussionen über den Einfluss der Ernährung auf das Klima prägen, jedoch bei weitem nicht so signifikant sind wie der Ernährungsstil per se, werden begrenzt thematisiert. Da der Großteil der Umweltwirkungen unserer Ernährung auf die Landwirtschaft und hier zum größten Teil auf den Tierproduktionssektor zurückgeht, werden diese beiden Bereiche im Detail betrachtet. Ebenso werden auch soziale Aspekte der Ernährung angesprochen, da diese einen beträchtlichen Faktor für unser Ernährungsverhalten darstellen sollten.

1.3 Überblick über die diversen Problemfelder

Die Weltpopulation wird laut mittleren Schätzungen der Vereinten Nationen bis 2050 von den heutigen 6,8 Mrd. auf 9,1 Mrd. Menschen ansteigen [UN, 2009a; UN, 2009b]. Dieses Wachstum wird fast ausschließlich in Entwicklungsländern auftreten [PRB, 2009]. Die Lebensmittelherstellung muss daher gesteigert werden, um den höheren Nahrungsmittelbedarf durch dieses Bevölkerungswachstum zu decken.

Mit steigendem Wirtschaftswachstum, dem höheren Einkommen, der zunehmenden

Urbanisierung und dem zunehmenden Wohlstand zeichnet sich eine markante Änderung des Ernährungsverhaltens zugunsten eines höheren Anteils an Fleisch und Milch ab. Der generelle Ernährungswandel (»nutrition transition«), vor allem in Entwicklungsländern, ist geprägt von einem höheren Bedarf bzw. Konsum tierischer Produkte und führt auf Grund neuartiger Ernährungsstile zu einer Doppelbelastung (»double-burden«) [POPKIN, 2001a; POPKIN, 2001b].

Die Folge der ansteigenden Weltpopulation, der Urbanisierung und veränderter Ernährungsgewohnheiten ist eine potentielle Übernutzung. Es gibt einige Bedenken über die ökologischen Konsequenzen dieser Entwicklungen:

- Entwaldungen und andere Landnutzungsänderungen dürften für die Expansion von Weideland und Ackerland für den Futtermittelanbau nötig sein. Der höhere Bedarf an Fläche ist mit Entwaldung – auch von Tropengebieten wie dem Amazonas – und dessen Folgen verbunden [STEINFELD et al., 2006a]. Ein signifikanter Anteil dieser Flächen wird eine geringe Tragfähigkeit haben und sensibel für Degradierungen (aufgrund von Erosion, Übergrasung) sein, besonders in ariden und semi-ariden tropischen und subtropischen Gebieten [DELGADO et al., 1999; TILMAN et al., 2002]. Diese Flächen- bzw. Produktionsverluste dürften durch die Entwaldung für Ackerland kompensiert werden. So prognostiziert die FAO [2002a], dass eine Ausweitung des Ackerlandes um 13% wahrscheinlich ist, wodurch die Wälder vermehrt von Rodungen betroffen sein werden [FAO, 2002a].

- Als problematisch werden auch die hohen CH_4-Emissionen gesehen, die durch Wiederkäuer und Gülleproduktion entstehen. Das meiste des anthropogenen NH_3 und N_2O kommt aus der Landwirtschaft und hier primär aus dem Nutztiersektor [STEINFELD et al., 2006a]. N_2O ist nicht nur ein klimawirksames Gas, sondern trägt auch zum Abbau des Ozons in der Stratosphäre bei [IPCC, 2001]. Die globale N-Produktion in Tierexkrementen übertrifft den globalen N-Aufwand durch die Düngemittel.

- Neben der erhöhten Mineralstoffdünger- und Tierproduktion geht auch der weltweite Trend im Bezug auf Tierhaltung in Richtung Konzentrierung landwirtschaftlicher Aktivitäten. Dies wird zu höheren Mengen an

Tierexkrementen führen, womit mit höheren lokalen Überschüssen an N und Phosphaten und dem damit verbundenen Eintrag in Böden, Gewässer und Atmosphäre zu rechnen ist [STEINFELD et al., 2006a; WB, 2007]. Die Intensivierung der Landwirtschaft hat zu einem 800%igen Anstieg an Mineraldüngern innerhalb von 45 Jahren seit 1960/61 geführt, wobei ein Großteil auf die Herstellung von Futtermitteln zurückgeht [SMIL, 2001].

Die Kernfrage lautet daher, inwieweit die Ernährung zur Sicherung der weltweiten Versorgung mit Nahrung und zum Erhalt natürlicher Ressourcen wie Land, Wasser und Biodiversität beitragen kann und welcher Ernährungsstil die geringsten negativen Auswirkungen auf genannte Problemfelder hat.

Letztendlich ist es wichtig, die Zusammenhänge und Auswirkungen unseres Lebens- und Ernährungsstiles zu erkennen, wobei der Impact unseres Handels nicht nur lokale, sondern auch globale Ausmaße hat.

2 Methoden zur Untersuchung und Bewertung von Umweltauswirkungen im Ernährungssystem

Der Focus der vorliegenden Arbeit liegt darauf, unterschiedliche landwirtschaftliche Produkte bzw. unterschiedliche Verhaltens- und Konsummuster im Ernährungsbereich ökologisch zu beurteilen. Soziale, ökonomische und gesundheitliche Aspekte werden, so weit relevant, im Sinne einer ernährungsökologischen[1] Gesamtbetrachtung miteinbezogen. Daraus sollen Handlungshinweise und Empfehlungen für die KonsumentInnen abgeleitet werden. Der Energieverbrauch und die daraus resultierenden CO_2-Emissionen werden häufig als Leitindikatoren verwendet, doch müssen bei der Beurteilung der Umweltfolgen im Ernährungssektor vor allem auch nicht-energiebedingte Treibhausgase (THG) und der Eintrag von Pestiziden, Versauerung und Überdüngung berücksichtigt werden [JUNGBLUTH, 2000]. Zukünftig wird es wichtig sein, auch verstärkt Kriterien wie Ressourcenverbrauch, Biodiversität und Opportunitätskosten in Bilanzen miteinzubeziehen, wobei jedoch die Gesamtbeurteilung umso schwieriger wird, je mehr Faktoren berücksichtigt werden.

---

1 Definition der Ernährungsökologie: »Die Ernährungsökologie ist ein interdisziplinäres Wissenschaftsgebiet, das die komplexen Beziehungen innerhalb des gesamten Ernährungssystems untersucht und bewertet. Dieses beinhaltet alle Teilbereiche von der landwirtschaftlichen Erzeugung der Lebensmittel über Verarbeitung, Verpackung, Transport und Handel bis zu Verzehr und Abfallentsorgung. Über die in der Ernährungswissenschaft übliche Dimension Individuum bzw. Gesundheit hinaus werden die Dimensionen Umwelt, Wirtschaft und Gesellschaft gleichwertig einbezogen. Ziel der Ernährungsökologie ist, wissenschaftlich fundierte Erkenntnisse über die vernetzten gesundheitlichen, ökologischen, ökonomischen und sozialen Bedingungen und Auswirkungen des Umgangs mit Lebensmitteln zu gewinnen. Dieses ermöglicht die Entwicklung von realisierbaren, nachhaltigen bzw. zukunftsorientierten Ernährungskonzepten und bietet die Basis für ein bewusstes Essverhalten« [KOERBER et al., 2004].

2.1 Die Ökobilanz

(engl. Life Cycle Assesment, LCA)

Neben der sog. Stoffstromanalyse stellt die Ökobilanz die anerkannteste und wichtigste Methode zur Bilanzierung von Umweltauswirkungen von Systemen dar [FRITSCHE und EBERLE, 2007].

Die Ökobilanz ist keine »Bilanz« im buchhalterischen Sinn, sondern bedeutet vielmehr, dass möglichst umfassend alle Stoff- und Energieflüsse betrachtet werden, die in das System hineingehen und die es wieder verlassen. Für die Vorgehensweise wurde eine Norm, die sog. DIN EN ISO 14040, die wissenschaftlich auf internationalerer Ebene entwickelt wurde, festgelegt [TAYLOR, 2000]. In dieser Norm ist die Ökobilanz folgendermaßen definiert: »Die Ökobilanz ist eine Methode zur Abschätzung der mit einem Produkt verbundenen Umweltaspekte und produktspezifischen potentiellen Umweltauswirkungen, durch Zusammenstellung einer Sachbilanz von relevanten Input- und Outputflüssen eines Produktsystems; Beurteilung der mit diesen Inputs und Outputs verbundenen potentiellen Umweltwirkungen; Auswertung der Ergebnisse der Sachbilanz und Wirkungsabschätzung hinsichtlich der Zielstellung der Studie« [ENISO 14040, 1997 zit. n. TAYLOR, 2000].

Bei der Ökobilanz wird versucht, die Umweltauswirkungen eines Produktes von der Rohstoffgewinnung bis zur endgültigen Entsorgung, also von der Wiege bis zur Bahre, zu erfassen, wobei im Allgemeinen soziale und ökonomische Aspekte nicht berücksichtigt werden. Die vier Bestandteile bzw. Arbeitsschritte der Ökoanalyse sind die Festlegung des Ziels und des Untersuchungsrahmens, die Sachbilanz, die Wirkungsabschätzung und die Auswertung [FRITISCHE und EBERLE, 2007].

Im ersten Schritt, der Festlegung des Ziels und des Untersuchungsrahmens, werden die beabsichtigte Anwendung, der Grund für die Durchführung der Studie und die angesprochenen Zielgruppen aufgeführt. Neben den Systemgrenzen wird eine funktionelle Einheit als Maß für den Nutzen des Produktsystems festgelegt.

In der anschließenden Sachbilanz werden quantitativ der Input (der Ressourcenverbrauch) sowie der Output (Abfälle und Emissionen) entlang der Produktkette ermittelt [FRITSCHE und EBERLE, 2007]. Es werden weiters ein Flussdiagramm für den Lebensweg, eine Input-Output-Tabelle erstellt sowie alle umweltrelevanten Daten erfasst und die Belastungen auf die funktionelle Einheit umgerechnet.

Bei der Wirkungsabschätzung werden die Sachbilanzdaten in Wirkungs- bzw. Schadenskategorien wie THG, Überdüngung, Ressourcenverbrauch etc. klassifiziert.

Für die Zusammenfassung und Bewertung der verschiedenen Umweltauswirkungen gibt es unterschiedliche Methoden. Die Auswertung basiert auf den Ergebnissen der Sachbilanz und Wirkungsabschätzung unter Berücksichtigung der Zieldefinition. Produkte bzw. Dienstleistungen werden verglichen, Optimierungsmöglichkeiten wie z. B. der Kauf/Nichtkauf von Produkten interpretiert und aufgezeigt [JUNGBLUTH, 2000].

LCAs sind für die Möglichkeit des direkten Vergleiches (zwischen verschiedenen Studien) entwickelt worden und nicht um absolute Werte für die Umweltimpacts eines Produktes zu generieren [AIKING et al., 2006]. Mit Hilfe der Ökobilanz können relativ unterschiedliche Arten von Umweltbelastungen gegeneinander abgewogen werden, um Entscheidungen zu treffen [JUNGBLUTH, 2000]. Diese Methode kann auch im Hinblick auf Nachhaltigkeit wichtige Hinweise auf eine Verringerung von (versteckten) Umweltbelastungen eines Produktes geben (für die Anwendungsmöglichkeiten und Weiterführung vgl. JUNGBLUTH [2000]).

2.2 Die Stoffstromanalyse

Ökobilanzen betrachten einzelne Wertschöpfungsketten bzw. Produktlebenswege. Bei den Stoffstromanalysen hingegen können übergreifend neben Wertschöpfungsketten ganze Bedürfnis- und Handlungsfelder abgebildet werden. Entwickelt wurde diese Methode Ende der 80er-Jahre parallel zu den Ökobilanzen. Sie umfasst dieselben Schritte der Ökobilanz, jedoch gibt es keine Norm, die die Durchführung festlegt [WIEGMANN et al., 2005].

Die Stoffstromanalyse ist ein nachfrageorientierter Ansatz (bottum-up-Analyse), um Umweltauswirkungen der Tätigkeiten in den Bereichen Industrie, Gewerbe, Haushalten und öffentlicher Hand zu bilanzieren. Ausgegangen wird von der These, dass die KonsumentInnen die Nachfrage bestimmen und so Einflussmöglichkeiten auf Stoffströme[1] und somit auf deren Umweltauswirkungen haben. Als Analyseinstrument wird GEMIS[2]

---

1 Nicht nur regionale, sondern auch globale Stoffströme müssen hier einbezogen werden; so sind auch nichtregionale Stoffflüsse, wie z. B. die ausländische Futtermittelerzeugung für die inländische Ernährung einzuberechnen.

2 Gemis (Globales Emissions-Modell Integrierter Systeme) ist ein vom Öko-Institut Freiburg entwickeltes Computer-Instrument zur Umwelt- und Kostenanalyse von Energie-, Transport- und Stoffsystemen. Die Datenanalyse enthält für diese Prozesse Kenndaten zu Nutzungsgrad, Leistung, Auslastung, Lebensdauer, direkten Luftschadstoffemissionen (wie SO_2, N-Oxide), THG-Emissionenen (CO_2, CH_4, N_2O und alle FCKWs/FKWs), festen und flüssigen Reststoffen und zum Flächenbedarf [ÖKOINSTITUT, 1998].

verwendet. Die Vorteile dieser Methode liegen darin, dass der Einfluss eines Wandels von Konsumgewohnheiten auf die Umwelt eingeschätzt werden kann und dass auch gesetzgeberische Instrumente, wie z. B. die Veränderung von Grenzwerten, nach ihrer Wirksamkeit beurteilt werden können. Es werden des Weiteren entlang der Stoffstromkette die Bereiche mit großem bzw. kleinem Beitrag aufgezeigt, um Optimierungen innerhalb des gesamten Bedürfnisfeldes Ernährung vorzunehmen [TAYLOR, 2000].

Bevor die Daten in einer Stoffstromanalyse erhoben werden, ist die Festlegung der Systemgrenzen von Bedeutung. Die Daten können die einzelnen Schritte der Bereitstellung von Nahrungsmitteln umfassen: Landwirtschaftliche Produktion, industrielle Weiterverarbeitung, Handel inklusive Lagerung und Transport. Dem folgt die Aufwendung von Seiten des Haushaltes: Einkaufsfahrten bzw. der Personentransport im Falle des Außer-Haus-Verzehrs (der natürlich auch berücksichtigt werden sollte), Lagerung, Zubereitung, Verzehr (inkl. Licht und Raumwärme für die Essensplätze) und Abwasch.

Die meisten Stoffstromanalysen wie auch Ökobilanzen beziehen oftmals die Bereiche Transport, Handel und Konsum nicht mit ein, die durchaus signifikant sein können.

Mit Hilfe der Stoffstromszenarien (»Wenn-dann-Szenarien«) können dann die möglichen Steuerungsmaßnahmen durch Annahme von verschiedenen Mustern von Nahrungsmittelnachfrage und -angebot bzw. anderer Verbraucherverhalten im Sinne der Nachhaltigkeit eingeschätzt werden. So kann man beurteilen, wie das Leitbild Nachhaltigkeit am effektivsten operationalisiert werden kann [WIEGMANN et al., 2005].

2.3 Indikatoren zur ökologischen Bewertung

Der Energieverbrauch bzw. die Emissionen von THG werden oft als Indikatoren für die Umweltfolgen von Produkten verwendet. Wenn man sich die generellen Umweltprobleme der Landwirtschaft bzw. des Ernährungssektors ansieht, reichen diese jedoch nicht aus. Für die ökologische Beurteilung von landwirtschaftlichen Produkten ist es wichtig, auch Umweltfolgen durch Pestizide, Versauerung, Überdüngung und die Emissionen nicht-energiebedingter THG einzubeziehen. Der Eco-Indikator 95 und Umweltbelastungspunkte können die Bewertung unterstützen, jedoch fehlen noch geeignete Methoden, um eine vollaggregierende Wirkungsabschätzung durchführen zu können. Umweltfolgen, die speziell für die landwirtschaftliche Produktion bedeutend sind, wie Bodenverdichtung, Erosion, Biodiversität und Landnutzung sollten dabei

Berücksichtigung finden [JUNGBLUTH, 2000]. Viele dieser Indikatoren werden auch in der Wirkungsabschätzung als Wirkungskategorien den auftretenden Schadstoffen zugeordnet.

2.3.1 Energieverbrauch

Die Bewertung des Energieverbrauchs stellt, historisch gesehen, den ältesten Indikator dar. Seit der Ölkrise 1970 standen dabei Untersuchungen des Energieverbrauchs nicht-erneuerbarer Energien im Vordergrund.

Von den unterschiedlichen Kategorien der Energieträger (Naturenergie, Primärenergie, Sekundärenergie, Bezugsenergie, Endenergie und Nutzenergie) werden normalerweise der Endenergieeinsatz und/oder der Primärenergieeinsatz in Bilanzen erfasst.

Die Aggregation des Energieeinsatzes erfolgt laut dem Konzept des kumulierten Energieaufwandes (KEA), über die Summierung aller primärenergetisch bewerteten Energieeinsätze [TAYLOR, 2000]. Der KEA umfasst somit den erforderlichen energetischen Aufwand zur Bereitstellung benötigter Stoffe [WIEGMANN et al., 2005].

2.3.2 Bewertung des Treibhauspotentials mittels CO_2-Äquivalenten

CO_2-Äquivalente (CO_2-Äq) beinhalten nicht nur die anthropogenen Emissionen von Kohlendioxid (CO_2) durch diverse Verbrennungsprozesse von fossilen Energieträgern, sondern auch andere klimawirksame, anthropogene THG wie Distickoxid (N_2O, Lachgas) oder Methan (CH_4). Das Treibhauspotential beschreibt die Klimawirkung von gasförmigen Emissionen, den THG, und berücksichtigt ihre Wirkungscharakteristik sowie die unterschiedliche atmosphärische Verweildauer. Dabei werden alle relevanten THG wie z. B. CH_4 und N_2O auf die Klimawirksamkeit von CO_2 bezogen und über einen Integrationszeitraum von 100 Jahren berechnet. Die CO_2-Äq dienen zur Bewertung von globalen Emissionen und sind ein einfacher Indikator, um den Einfluss des Menschen auf den Treibhauseffekt darzustellen (für einen Überblick über die verschiedenen THG siehe Tab. 2 in Kap. 4.1.1) [TAYLOR, 2000].

2.3.3 Bewertung des Versauerungspotentials mittels SO_2-Äquivalenten

Das Versauerungspotential dient der Einschätzung von lokalen Emissionen. Dazu zählen säurebildende Gase, die aus der Atmosphäre über trockene oder nasse Deposition (saurer Regen) auf Böden und Gewässer versauernd einwirken. Die Emissionen von den säurebildenden Substanzen, Schwefeldioxid (SO_2), N-Oxide, Ammoniak (NH_3) und Chlorwasserstoff, werden auf das Versauerungspotential von SO_2 als Referenz bezogen und stellen gemeinsam die sog. SO_2-Äquivalente (SO_2-Äq) dar. Schwefel- und Stickoxide werden vor allem bei Verbrennungsprozessen in Motoren freigesetzt und NH_3 hauptsächlich bei der Produktion tierischer Produkte und aus Tierexkrementen [TAYLOR, 2000].

2.4 Weitere wichtige Indikatoren

Die folgenden Indikatoren werden nicht so oft verwendet wie die bereits oben erwähnten. Aus Gründen der Schwierigkeit der Bewertung gewisser Umweltpotentiale und wegen mangelnder Datenlage werden oft gewisse Problemfelder, z. B. Wasserressourcen nicht in Studien miteinbezogen.

2.4.1 Bodenbelastung

Da die Pflanze nicht die gesamte Menge an N, Phosphor und Kalium aus Düngemitteln aufnehmen kann, führen Düngerüberschüsse in der Landwirtschaft meist zu einer Akkumulation im Boden. Danach folgt die Auswaschung der überschüssigen Nährstoffe wie Chlorid und Sulfat und der Eintrag in Grundwasser bzw. Oberflächenwasser. Der Phosphoreintrag dürfte in diesem Zusammenhang nach Erreichen der Sättigungsgrenze nach langjähriger Düngung sprunghaft ansteigen [TAYLOR, 2000].

2.4.2 Gewässerbelastung

Die Gewässerbelastung durch das Ernährungssystem erfolgt zum einen über Nitrat im Grundwasser und zum anderen über die Einleitung von organischen Resten.

Nitrat stammt zum größten Teil aus der N-Düngung der Landwirtschaft [TAYLOR, 2000]. Da es in höheren Dosen bei Babys zu Methämoglobolinämie (Cyanose bzw. Blausucht) und beim Erwachsenen zur Bildung von cancerogenen Nitrosaminen kommen kann, stellt eine Überschreitung der festgelegten Grenzwerte für Nitrat kein unwesentliches Gesundheitsrisiko dar [SMIL, 2001; TAYLOR, 2000].

Organische Reste wie das Blut aus Schlachtbetrieben oder Fruchtreste aus der Fruchtsaftherstellung stellen hohe Abwasserfrachten dar, die aus der lebensmittelverarbeitenden Industrie stammen. Der Abbau dieser organischen Substanzen in Gewässern entzieht diesen Sauerstoff (sauerstoffzehrender Prozess), wodurch sich eine Sauerstoffmangelsituation einstellen kann. Die Folge ist das Absterben bzw. die Schädigung von Organismen. Ebenso kann die Eutrophierung durch Phosphat zu einem erhöhten Sauerstoffbedarf in Gewässern führen.

Es existieren zwar Indikatoren für die Gewässerbelastung wie der Biologische Sauer-stoffbedarf (BSB) und der Chemische Sauerstoffbedarf (CSB), doch sind diese eher relevant, wenn keine Kläranlage zum (nicht immer vollständigen) Abbau von organischen Substanzen vorhanden ist [TAYLOR, 2000].

2.4.3 Wasserbedarf

Zur Einschätzung des Wasserverbrauchs wurde das Konzept des virtuellen Wasserbedarfs entwickelt [HOEKSTRA, 2003]. Da es ein stetiges Bevölkerungswachstum gibt, die Wasserressourcen knapper werden und auch Wasser eine Grundlage der Nahrungsmittelproduktion darstellt, muss der Wasserverbrauch in Bilanzen miteinbezogen werden, um Prozesse auf Grund ihres Wasserverbrauchs zu beurteilen. Wie bei der Ressource Land gibt es auch eine entsprechende Methode für Wasser (zur Weiterführung vgl. HOEKSTRA et al. [2009]).

2.4.4 Flächenbedarf

Zum Flächenbedarf sind nicht nur die genutzten Flächen innerhalb eines Landes zur Lebensmittelproduktion zu sehen, sondern auch benutzte Flächen im Ausland für die Nahrungs- und Futtermittel, die importiert werden. Daran lässt sich auch die Abhängigkeit vom Ausland bzw. der Autarkiegrad des eigenen Landes erkennen.

Eine Methode zur Erfassung des Flächenbedarfs ist das Konzept des ökologischen Fußabdrucks (EF, Ecological Footprint) (zur Weiterführung vgl. HAILS [2008]). Es wurden im Zuge dessen auch separate Indices für die terrestrischen und maritimen Arten entwickelt, die zu einem gesamten Index für Biodiversität aggregiert werden [HAILS, 2008].

2.4.5 Bewertung von Wirkpotentialen mittels Eco 95 Indikator

Grundlegend bei dieser Methode ist zunächst die Einteilung der Emissionen in neun Wirkkategorien: Treibhauseffekt, Ozon-Abbau in der Stratosphäre, Versauerung, Eutrophierung, Sommersmog (Bildung von Photooxidantien), Karzinogene, Wintersmog, Pestizide und Schwermetalle. Innerhalb der Wirkkategorien werden die jeweiligen Schadstoffe mit Hilfe von Äquivalentfaktoren oder Grenzwerten einander angeglichen. Danach folgt die eigentliche Bewertung (vgl. Abb. 1): Zuerst werden die Ergebnisse aus der Wirkungsanalyse zu den entsprechenden Belastungsdaten in Bezug gebracht (Normalisierung). Anschließend werden die Daten mit Gewichtungsfaktoren multipliziert und (auf)addiert. Auf Grund der Vereinfachung der Ausgangssituation und dem Verlust von Informationen durch die hohe Aggregation, wird der Eco-Indikator 95 hauptsächlich zum Vergleich von verschiedenen Produkten verwendet [ADENSAM et al., 2000].

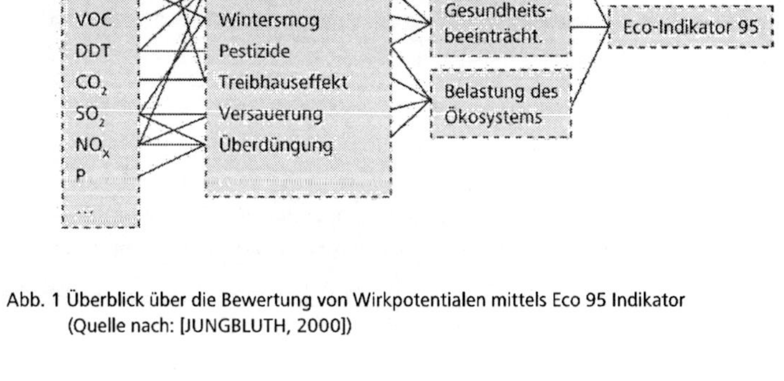

Abb. 1 Überblick über die Bewertung von Wirkpotentialen mittels Eco 95 Indikator (Quelle nach: [JUNGBLUTH, 2000])

2.4.6 Bewertung von Schadenspotentialen mittels Eco 99 Indikator

Der Eco-Indikator 99 stellt eine schadensorientierte Bewertungsmethode dar. Zur Beurteilung werden drei verschiede Schadenskategorien herangezogen: Gesundheitsschäden, Schäden für die Ökosystemqualität und Schäden an Ressourcen. Die Gesundheitsschäden werden in der Anzahl der verlorenen Jahre und der Jahre mit Beeinträchtigung (DALYs[1]) gemessen; ein Index der auch in der WHO (Weltgesundheitsorganisation) Anwendung findet.

Die Schäden für das Ökosystem werden als der Verlust an Arten bemessen, der sich auf einem bestimmten Gebiet und während einer gewissen Zeit manifestiert. Schäden an Ressourcen werden durch den Mehrbedarf an Energie, der für die künftige Extraktion von Rohstoffen, Ressourcen und fossilen Brennstoffen erforderlich ist, ausgedrückt [GOEDKOOP et al., 2000]. Die menschliche Gesundheit und die Qualität des Ökosystems werden jeweils mit 40% gleich bemessen, wogegen der Ressourcenverbrauch mit 20% als halb so bedeutend gewichtet wird [ADENSAM et al., 2000].

2.4.7 Umweltbelastungspunkte (UBP)

Nach der Erstellung einer Ökobilanz ergibt sich eine umfangreiche Liste von benötigten Ressourcen wie etwa Erdöl, Wasser oder Land und von emittierten Stoffen wie etwa CO_2, N-Oxide, Nitrate. Um die Umweltbelastung letztendlich bewerten zu können, werden die Auswirkungen auf den Menschen wie z. B. auf die Gesundheit und die Auswirkungen auf die Umwelt wie beispielsweise auf Klima und Ökosysteme in Betracht gezogen. Die verschiedenen Auswirkungen werden auf eine einzige Kenngröße zusammengefasst, wobei die »Umweltbelastungspunkte« die Einheit darstellt. Die Gewichtung verläuft nach dem Prinzip der »ökologischen Verknappung«.[2] Dabei wird berücksichtigt, wie groß der Abstand zwischen der aktuellen Emissionssituation

1 DALYs (Disability Adjusted Life Years) ist die Summe der Jahre mit einem potentiellen Verlust auf Grund frühzeitigen Todes und die Jahre des Verlustes an produktivem Leben durch Beeinträchtigung [FAO, 2008a]. Mithilfe von DALYs soll eine Maßzahl für Gesellschaft berechnet werden, die die Sterblichkeit und die Beeinträchtigung eines beschwerdefreien Lebens durch eine Krankheit zusammenfasst. Anwendung findet diese vor allem in den Bereichen Medizin, Ökonomie und Soziologie.

2 Als ökologische Verknappung wird der Abstand zwischen der aktuellen Situation und den Zielen bezeichnet [BUNDESAMT FÜR UMWELT, 2008].

und der kritischen Schwelle ist. Dies basiert auf der Erkenntnis, dass ein gewisses Maß an Ressourcennutzung oder Emissionen keine schädlichen Auswirkungen hat; erst mit dem Überschreiten einer gewissen Schwelle kann mit problematischen Auswirkungen gerechnet werden [BUNDESAMT FÜR UMWELT, 2008].

3 Weltpopulation, Fleischkonsum und veränderte Ernährungsgewohnheiten

3.1 Entwicklung des Konsums tierischer Produkte

Zu Beginn des 19. Jhdts. lag der globale durchschnittliche Fleischkonsum noch bei 10 kg/Person/a [STEINFELD et al., 2006a]. Bis zum Jahr 1961 erhöhte er sich auf 23 kg ehe er am Beginn dieses Jahrhunderts bei rund 40 kg lag. In den Industrieländern lag er jedoch schon durchschnittlich bei 80 kg/Person/a. Die Hälfte des Zuwachses trat erst in den letzten 25 Jahren auf [GALLOWAY et al., 2007].

Momentan liegt der globale Fleischkonsum bei 41,2 kg/Person/a. Dabei ist er in den Industrieländern mit 82,1 kg/Person/a deutlich höher angesiedelt als in den Entwicklungsländern, und zwar mit 30,9 kg/Person/a um das 2,5-fache (Jahr 2005) [FAO, 2009b]. Jedoch ist die Nachfrage für Fleisch in Schwellen- und Entwicklungsländern dramatisch gestiegen und hat sich in der Zeit von 1967 bis 1997 von 11 auf 24 kg/ Person/a gesteigert, was einer jährlichen Wachstumsrate von mehr als 5% entspricht [SMITH et al., 2007].

In Entwicklungsländern hat sich der Fleischkonsum von 1980 bis 2005 von 14 auf 30,9 kg/Person/a ungefähr verdoppelt, wobei er sich jedoch in China im selben Zeitraum von 13,7 auf 59,5 kg/Person/a bereits mehr als vervierfacht hat (vgl. Tab. 1) [FAO, 2009b].

Region/Land	Fleisch		Milch		Eier	
	1980	2005	1980	2005	1980	2005
Industrieländer	76,3	82,1	197,6	207,7	14,3	13,0
Entwicklungsländer	14,1	30,9	33,9	50,5	2,5	8,0
Welt	30,0	41,2	75,7	82,1	5,5	9,0
China	13,7	59,5	2,3	23,2	2,5	8,0
Brasilien	41,0	80,8	85,9	120,8	5,6	6,8
Indien	3,7	5,1	38,5	65,3	0,7	1,8

Tab. 1 Der durchschnittliche Konsum von tierischen Produkten nach Regionen und ausgesuchten Ländern (kg/Person/a) (Quelle nach: [FAO, 2009b])

Der globale Milch- und Eierkonsum liegt bei 82,1 resp. 9 kg/Person/a. In Entwicklungsländern wurde der Verzehr von Milch um mehr als die Hälfte auf 50,5 kg/Person/a gesteigert und der von Eiern mehr als verdreifacht, und zwar auf 8 kg/Person/a. Diese Konsumniveaus liegen noch deutlich unter denen in Industrieländern mit 207,7 kg/ Person/a für Milch und 13 kg/Person/a für Eier [FAO, 2009b]. Die große Nachfrage an tierischen Produkten in Entwicklungsländern hat auch zu dem hohen Anstieg der globalen Fleischproduktion, vor allem von Geflügel- und Schweinefleisch, beigetragen (vgl. Abb. 2). Der Trend sollte jedoch gerade für Industrieländer ein Warnsignal darstellen, um entsprechende Maßnahmen und Initiativen für einen globalen Wandel zu setzen, der den steigenden Umweltproblemen dieser Entwicklungen entgegenwirkt.

Das größte Wachstum an der Pro-Kopf-Aufnahme von tierischem Protein von 1980 bis 2002 hat China mit 140% verzeichnet. Lateinamerika rangiert mit einem Plus von 32% an zweiter Position [STEINFELD et al., 2006a].

Zu beachten gilt, dass der De-facto-Proteinkonsum aus tierischen Lebensmitteln pro Person in Industrieländern noch immer das 3,5-fache der asiatischen Entwicklungsländer ausmacht, sowie in der Gesamtproteinaufnahme deutlich vor den Entwicklungsländern positioniert ist [STEINFELD et al., 2006a].

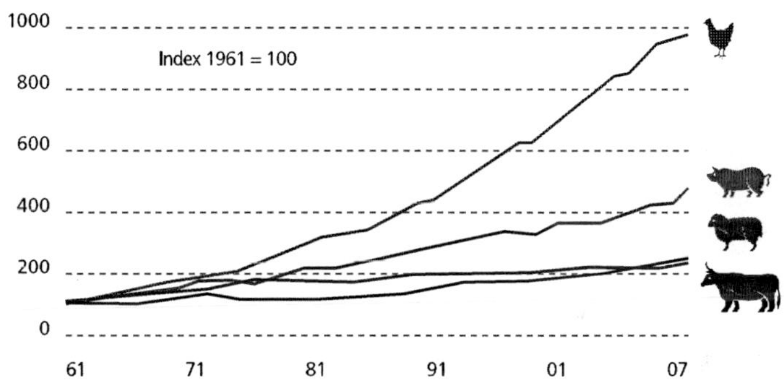

Abb. 2 Die Entwicklung der globalen Produktion von Geflügel, Rind, Schwein, Schaf und Ziege zwischen 1961 und 2007 ([Quelle nach: FAO, 2009b)]

Es muss hier betont werden, dass der durchschnittliche Fleischkonsum in den Industrieländern mit 224 g/Person/d deutlich höher als in den Schwellen- und Entwicklungsländern mit 47 g/Person/d ausfällt, was einen Faktor von 4 bis 5 ergibt. So beträgt z. B. der durchschnittliche Verzehr von Fleisch einer Amerikanerin/eines Amerikaners 123 kg/a, der einer Inderin/eines Inders hingegen nur 5 kg/a [McMICHAEL et al., 2007]. China steht beim absoluten Fleischkonsum mit einem Anteil von 31% am gesamten weltweiten Fleischkonsum an der Spitze, wobei das auf den hohen Anteil (1,3 Mrd. Menschen bzw. ca. 20%) der chinesischen Bevölkerung an der Weltpopulation zurückzuführen ist [FAO, 2009b].

3.2 Äquivalente Entwicklung der Fleischproduktion

Sowohl die Fleisch- als auch die Eierproduktion hat sich von 1980 bis 2007 mehr als verdoppelt, von 136,7 auf 285,7 Mio. t bzw. von 27,4 auf 67,8 Mio. t. Von den 285,7 Mio. t produziertem Fleisch im Jahr 2007 gingen ca. 115 Mio. t auf Schweinefleisch und 87 resp. 62 Mio. t auf Geflügel- bzw. Rindfleisch zurück. Schafe machten 14 Mio. t aus [FAO, 2009b]. Die Milchproduktion hat in der Zeit ungefähr um die Hälfte von 465 auf 671,3 Mio. t zugenommen [FAO, 2009b].

Fast in der gleichen Zeitspanne (1980-2007), in dem eine Verdoppelung des Fleischkonsums in Entwicklungsländern stattgefunden hat, hat sich die Fleischproduktion in Entwicklungsländern um das 3,5-fache erhöht, von 48,1 auf 175,5 Mio. t. Ebenso hat sich in Entwicklungsländern im selben Zeitraum die Milchproduktion fast verdreifacht und die Eierproduktion fast verfünffacht [FAO, 2009b].

Schweine und Hühner tragen mit 77% zum gesamten Produktionswachstum am Tierproduktionssektor bei. Zwischen 1980 und 2004 verdoppelte sich die Produktion an Wiederkäuern während sich die Produktion an Nichtwiederkäuern, also an Schweinen und Hühnern, vervierfachte [STEINFELD et al., 2006a]. Letztere zeichnen derzeit für 70% der gesamten Fleischproduktion (Schlachtgewicht) verantwortlich, wobei industrialisierte Systeme über die Hälfte der Schweineproduktion und fast zwei Drittel der Geflügelproduktion lukrieren [FAO, 2009b].

Das größere Wachstum der Produktion von Nichtwiederkäuern im Gegensatz zu der Produktion von Wiederkäuern geht auf die geringeren realen Preise für Futtergetreide, die höhere Effizienz bei der Futtermittel-Verwertung, die geringere Haltungsdauer und die hauptsächlich industrialisierten Produktionssysteme von Schweinen und Hühnern zurück [BOUWMAN et al., 2006; GALLOWAY et al., 2007; NAYLOR et al., 2005].

Die bisherige Erhöhung des Fleischbedarfs und der Produktion in Schwellen- und Entwicklungsländern führte auch zu verstärkten Futtermittel-Importen. So galt beispielsweise China bis 1993 als Netto-Exporteur von Soja. Heute wird für die stetig wachsenden Populationen an Schweinen und Rindern vor allem Soja aus Brasilien zugekauft [McMICHAEL et al., 2007; NEPSTAD et al., 2008]. China importiert bereits die größten Mengen an Weizen, was ebenso den Autarkiegrad senkt und die Abhängigkeit Chinas von Nahrungs- bzw. Futtermittelimporten erhöht [GOODLAND und PIMENTEL, 2000]. Bis 2030 wird der Anteil der Entwicklungs- und Schwellenländer (Südostasien, Brasilien, Teile Indiens und vor allem China) an der gesamten Fleischproduktion um 66% zunehmen [STEINFELD et al., 2006a].

Obwohl es vor allem in Europa unter Wohlhabenderen die Tendenzen hin zu einem Rückgang des Fleischbedarfs gibt, werden sich die globale Produktion und der Konsum von Fleisch nicht so stark reduzieren [AIKING et al., 2006]. Auf Grund der bisherigen Entwicklungen und Prognosen wird eher eine stark konträre Entwicklung zu erwarten sein.

3.2.1 Aufteilung der globalen Tierproduktion, Bestand und Schlachtzahlen

Von der gesamten globalen Fleischproduktion entfallen 40% auf Schweine, 30% auf Geflügel, 22% auf Rinder und 5% auf Schafe und Ziegen [FAO, 2009b]. Der Rest geht auf andere Tierarten wie Pferde, Esel und Kamele zurück.

Das Wachstum bei den Schweinen geht v. a. auf den hohen Produktionszuwachs in China zurück, das sich für 50% der globalen Schweineproduktion verantwortlich zeichnet. Bei der Geflügelproduktion geht zwar ein großer Teil des Zuwachses auf China zurück, doch teilt sich dieser gleichmäßig zwischen den Industrieländern und den Entwicklungsländern auf. Rindfleisch hat geringfügig und hier nur in Entwicklungsländern zugenommen. So wird sich auch der Rinderbestand von 2000 bis 2050 lediglich von 1,5 auf 2,6 Mrd. erhöhen, Ziegen und Schafe von 1,7 auf 2,7 Mrd. [FAO, 2009b]. Im Jahr 2008 machten Wiederkäuer, also Rinder, Ziegen, Schafe und Büffel, insgesamt ca. 3,4 Mrd. Tiere aus. Die Zahl der Schweine betrug dagegen lediglich 0,9 Mrd. Tiere. Der ohnehin riesige Bestand von Geflügel mit ca. 20,4 Mrd. Tieren wird noch weiterhin stark zunehmen. Mit einer Gesamtpopulation von 25 Mrd. (lebenden) Tieren (beinhaltet auch Kamele, Esel, Mulis, Pferde u. a.) übertreffen sie die Weltbevölkerung ca. um das 3,5-fache [FAOSTAT, 2010]. Bis 2030 wird laut FAO die Gesamtpopulation auf 30 Mrd. Tiere zugenommen haben, was eine Unterschätzung aufgrund des gesteigerten Bedarfes darstellen könnte [FAO, 2002a].

Dagegen überwiegt die Zahl der getöteten Tiere noch bei weitem. So wurden 2008 ca. 60 Mrd. Tiere für den menschlichen Konsum geschlachtet. Bezieht man die geschlachteten Fische und Meerstiere mitein, entspricht die Zahl der für den humanen Konsum bestimmten Tiere mit ca. 66,4 Mrd. fast dem 10-fachen der gesamten heutigen Weltbevölkerung mit 6,8 Mrd. Menschen. Der Großteil dieser Tiere geht mit über 57,2 Mrd. auf Geflügeltiere zurück. Rinder, Schafe, Ziegen, Büffel und Schweine haben hier einen Anteil von unter 2,5 Mrd. [FAOSTAT, 2010].

Im Jahr 2008 machte die weltweite Fleischproduktion 280 Mio. t aus [FAOSTAT, 2010]. Die gesamte Fischproduktion inklusive Fischfang machte im Jahr 2007 zusammen 140,4 Mio. t aus, wobei auf den Fischfang selbst 90,1 Mio. t zurückgehen und auf Aquakulturen 50,3 Mio. t. Dabei dienten 113,7 Mio. t dem direkten menschlichen Konsum; der Rest wurde u. a. für industrielle Zwecke und Futtermittel aufgewendet. Die durchschnittliche Zahl an getöteten Meerestieren (Fische, Mollusken, Krustentiere u. a.) lag zwischen 2003 und 2005 bei 6,4 Mrd. Der Konsum an Fisch dürfte durchschnittlich bei 16,3 kg/Person/a liegen [FAO, 2007]. Aufgrund der manifesten ökologischen Probleme und der drastischen Reduzierung der weltweiten Fischbestände sollte eine Verstärkung des Fischkonsums vermieden werden (siehe auch Kap. 10.2.1).

3.2.2 Künftiger Getreidekonsum und Futtermittelbedarf

Im Jahr 2005 lag die Weltgetreideernte bei 1,9 Mrd. t, wovon 1 Mrd. t für die direkte Ernährung des Menschen, 742 Mio. t für Futtermittel und der Rest für die Produktion u. a. von Ethanol, Stärke, Saatgut etc. verwendet wurden [FAO, 2006; FAO, 2009b]. Somit dienen fast 40% der Weltgetreideernte der Fütterung der Nutztiere. Der gesamte Futtermittelaufwand inklusive Hülsenfrüchten, Kleie, Fischmehl, Ölkuchen u. a. liegt bei ca. 1,3 Mrd. t [FAO, 2009b].

Bis zum Jahr 2030 wird die Weltgetreideernte um 800 Mio. t auf 2,7 Mrd. t zunehmen, wovon dann 1,3 Mrd. t dem direkten Getreidekonsum gewidmet werden [FAO, 2006]. Für die Fütterung der Tiere wird dann ca. 1 Mrd. t aufgewendet werden. Der Bedarf an Futtermitteln könnte jedoch deutlich höher sein, da in Entwicklungsländern fortlaufend und zunehmend traditionelle durch intensive Fütterungsmethoden mit einem höheren Einsatz von Getreide ersetzt werden. So berechnete KEYZER et al. [2005], dass weltweit für das Jahr 2030 fast 1,9 Mrd. t an Futtermitteln – das entspricht der gesamten weltweiten Getreideernte im Jahr 2005 – notwendig sein werden, um der erhöhten Nachfrage nach (intensiv produziertem) Fleisch gerecht zu werden.

Bis 2050 wird die weltweite globale Getreideernte um weitere 300 Mio. t auf 3 Mrd. t zugenommen haben, wobei 1,4 Mrd. t dem direkten Konsum gewidmet sein werden [FAO, 2006]. 430 Mio. t bzw. 41% des gesamten Zuwachses der weltweiten Getreideproduktion von 2000 bis 2050 werden auf die Futtermittelproduktion zurückgehen [HUBERT et al., 2010]. Dies würde dann einem, im Gegensatz zu den Berechnungen von KEYZER et al. [2005], moderaten Wert von 1,1 Mrd. t bzw. einem Anteil von 37%

an der gesamten globalen Getreideproduktion entsprechen. Zu berücksichtigen ist hier, dass der absolute Wert durch den Bevölkerungszuwachs relativ gesehen minimiert wird. Wenn man sich den gesamten globalen Pro-Kopf-Verbrauch an Getreide (zum direkten Konsum, für Futtermittel, zur Stärkeproduktion etc.) für das Jahr 2000 ansieht, so betrug dieser 309 kg, wobei der direkte Konsum, also nur der Verzehr, einen Anteil von 165 kg ergab.

Bis 2030 wird der Gesamtverbrauch an Getreide auf 339 kg/Person/a ansteigen, mit einem direkten Konsum von 165 kg/Person/a [FAO, 2006a]. Der direkte humane Verzehr an Getreide dürfte zwar langfristig abnehmen, doch wird hingegen der Pro-Kopf-Anteil an Getreide für Futtermittel laut DELGADO et al. [1999] ausgehend vom Jahr 2000 von 115 weiter auf 120 kg/Person/a bis zum Jahr 2020 gestiegen sein. Im Jahr 2050 wird der Anteil an Nahrungsgetreide sogar auf 162 kg/Person/a gefallen sein, während dessen der Anteil der Futtermittel an der gesamten globalen Getreideproduktion in der Relation deutlich zugenommen haben wird. KEYZER et al. [2005] konstatierte in diesem Zusammenhang, dass die zentrale Frage mittelfristig nicht die sein wird, ob wir die wachsende Bevölkerung ernähren können, sondern ob wir die Tiere ernähren können.

Um die globale Getreideversorgung aufrechtzuerhalten, muss also die Produktion von ca. 2 Mrd. t im Jahr 2005 auf ca. 3 Mrd. t bis 2050 erhöht werden. Das bedeutet eine Steigerung der heutigen Getreideproduktion um die Hälfte, was für die FAO [2006a] angesichts der angespannten Land- und Wasserressourcen und der limitierteren Ertragssteigerung nicht als gesichert anzusehen ist.

3.2.3 Auswirkungen auf den Handel mit Tierprodukten

Der Handel mit tierischen Produkten ist noch rapider gestiegen als die Produktion, ebenso hat der Anteil des Handels an der gesamten Fleischproduktion weltweit von 9,2% zwischen 1979-1981 auf 12,8% zwischen 1999-2001 zugenommen. Eine Zahl an Entwicklungsländern, wie Mexiko, Korea, Philippinen, Malaysia und Ländern im Nahen Osten, sind Netto-Importeure von Tierprodukten und sie werden wahrscheinlich in Zukunft von diesen Importen noch abhängiger werden [GALLOWAY et al., 2007]. Der weltweite Handel von Soja und Mais (zwei primäre Futtermittel), Schweine- und Geflügelfleisch hat im letzten Jahrzehnt jährlich um 2,8-7%, 5,6% resp. 6,8% zugenommen.

Die Expansion des Handels mit Fleischprodukten wird wahrscheinlich bis 2050 weiter und noch deutlicher zunehmen als deren Herstellung [GALLOWAY et al., 2007].

3.3 Gründe für die steigende Fleischnachfrage

Es gibt zwar klarerweise Interaktionen bzw. gegenseitige Beeinflussungen der unten beschriebenen Faktoren, doch es wurde eine klare Trennung ausgehend von argumentativen und demonstrativen Überlegungen vorgenommen.

3.3.1 Wirtschaftliches Wachstum

Menschliche Ernährungsweisen sind stark durch ökonomische Faktoren wie Preise und Einkommen determiniert. Wenn das Einkommen steigt, tendieren die Menschen dazu, insgesamt mehr Kilokalorien, besonders aus (fettreichen) tierischen Produkten aufzunehmen [LOTZE-CAMPEN et al., 2006].

Der frühere Anstieg des Fleischkonsums in den Industrienationen ist vor allem auf das höhere Einkommen zurückzuführen [SMIL, 2001]. Wirtschaftliches Wachstum ist gewöhnlich mit einem höheren Bedarf an Fleisch assoziiert, da es sich mehr Menschen leisten können [BELLARBY et al., 2008].

Zwischen 1991 und 2001 stieg das globale Bruttoinlandprodukt pro Kopf um mehr als 1,4% pro Jahr, wobei es in Entwicklungsländern durchschnittlich um 2,3% stieg, verglichen zu 1,8% für Industrieländer. In Ostasien war die jährliche Wachstumsrate äußerst evident, angeführt von China mit fast 7%, gefolgt von Südasien mit 3,6% – Tendenz steigend [STEINFELD et al., 2006a]. Das wirtschaftliche Wachstum bzw. das stetig steigende Einkommen führte vor allem in Entwicklungsländern zu einem erhöhten Bedarf an tierischen Produkten.

Generell ist der Fleischkonsum pro Kopf am höchsten in den Gruppen mit hohem Einkommen, vorwiegend in OECD-Ländern. Das Wachstum des Fleischkonsums jedoch ist am stärksten in den Gruppen mit niedrigem bis mittlerem Einkommen in Regionen mit großem wirtschaftlichen Wachstum. Hierzu zählen hauptsächlich Südostasien, die Küstenprovinzen in Brasilien, China und Teile Indiens [STEINFELD et al., 2006a].

So trägt auch das stetig steigende Einkommen in Entwicklungsländern zu einem höheren Fleischkonsum bei [POPKIN, 2001b].

3.3.2 Veränderte Ernährungsgewohnheiten

Zwischen 1850 und 1900 wuchs die gesamte Bevölkerung der industrialisierten Länder von Europa und Nordamerika um ca. 66%, d. h. von 300 auf 500 Mio. Menschen. Der durchschnittliche Pro-Kopf-Verbrauch an Nahrungsenergie stieg gegenüber dem vorindustriellen Niveau von weniger als 2.500 auf 2.800 bis 3.000 kcal/d an. Dieser generelle Anstieg an Nahrungsmittelenergie beinhaltete eine substantielle Verringerung des Dirketverzehrs von Getreide und große Zunahmen der Versorgung mit tierischen Lebensmitteln und folglich auch von tierischen Proteinen und Fetten. Die Zuckeraufnahme ist ebenfalls deutlich gestiegen [SMIL, 2001].[1]

Ähnliche Entwicklungen zeichnen sich derzeit mit einer deutlich steigenden Tendenz in den Entwicklungsländern ab. Mit einem höheren Einkommen und der Urbanisierung ändert sich generell die Ernährungsweise, die dann von einem höheren Anteil an verarbeiteten Produkten, tierischen Lebensmitteln, mehr zugesetztem Zucker und Fett und häufig mehr Alkohol geprägt ist [POPKIN et al., 2001; STEINFELD et al., 2006a]. Die Ernährung wird weltweit zunehmend auch von einem höheren Anteil an gesättigten Fettsäuren und einer geringeren Aufnahme und einem geringeren Anteil an Früchten und Gemüse charakterisiert, ausgenommen in den ärmsten Ländern [POPKIN, 2004]. Solche Ernährungsweisen sind neben physischer Inaktivität, Alkohol- und Tabakkonsum ein wesentlicher Grund für die Entstehung sog. nicht-kommunizierbarer Krankheiten, wie koronare Herz-Kreislauf-Erkrankungen, bestimmte Krebsarten und Diabetes mellitus Typ 2 [WHO, 2003].

Vergleicht man den Verzehr von stärkehaltigen Grundnahrungsmitteln (wie Kartoffen, Reis) und tierischen Produkten sind deutliche regionale Unterschiede zu erkennen. So beziehen die Menschen in Afrika ca. 66% ihrer Kalorien aus stärkehaltigen Grundnahrungsmitteln und lediglich 6% aus tierischen Produkten. In Europa beziehen die Menschen 33% ihrer Kalorien aus tierischen Produkten, dagegen weniger als ein Drittel aus stärkehaltigen Grundnahrungsmitteln [LOTZE-CAMPEN et al., 2006]. Der globale Durchschnitt für die Nahrungsenergie aus tierischen Produkten liegt jedoch bei lediglich 13% der gesamten Energieaufnahme [FAO, 2009b]. Der generelle Wunsch nach mehr tierischen Produkten wird durch viele Langzeitstudien in reichen Ländern bestätigt. Es besteht

1 Der Proteinbedarf war in wohlhabenderen Ländern im Gegensatz zu ärmeren Ländern nicht problematisch. Durch ihren höheren Einsatz an N-Düngern, der eine weitere Steigerung der Erträge während der 2. Hälfte des 20. Jhdts. zur Folge hatte, etablierten sich trotz der bereits ausreichenden Versorgung mit tierischem Protein mehr Fleisch- und Milchprodukte in der Ernährungsweise [SMIL, 2001].

eine klare Korrelation zwischen steigenden Einkommen und einem Ernährungswandel von einem hohen direkten Verzehr an Weizen, Leguminosen, Wurzelgemüse und generell stärkehaltigen Nahrungsmitteln hin zu einem höheren Bedarf an und Konsum von Fleisch und Milchprodukten (vgl. Abb. 3) [SMIL, 2001; STEINFELD et al., 2006a].

Dieser Ernährungswandel wird von einer reduzierten physischen Aktivität begleitet, die zu einem rapiden Anstieg von Übergewicht und Adipositas führt [POPKIN, 2001b]. Während der 80er Jahre hat in den USA die Prävalenz von Übergewicht um 30% zugenommen. In den frühen 90er Jahren galt jede/r dritte erwachsene AmerikanerIn als übergewichtig, die Tendenz ist weiterhin steigend. Ein hoher Anteil wurde überraschenderweise auch in Ländern wie Mexiko (50% der Männer; 58% der Frauen) und Thailand (ungefähr 25%) und Kuwait (mehr als 33%) dokumentiert. In den Städten Chinas stieg dieser Anteil von 9,7% im Jahr 1982 auf 14,9% in den frühen 90ern [SMIL, 2001].

Erstaunlicherweise hat sich neben der hohen Zahl an Unterernährten auch eine ebenso große Zahl an Überernährten in den letzten Jahren entwickelt. Dieses Phänomen, was eine neue Herausforderung für Entwicklungsländer darstellt, entspricht einer Doppelbelastung (»double burden«). So wurden in Entwicklungsländern schon zahlreiche Fälle einer Koexistenz von Über- und Unterernährten sogar im selben Haushalt berichtet [POPKIN, 2001a]. Mit dem rapiden Ernährungswandel (»nutrition transition«) wird die Zahl an übergewichtigen Menschen in Entwicklungsländern und ernährungsrelevante Krankheiten wie Herz-Kreislauf-Erkrankungen, Diabetes, Bluthochdruck und bestimme Krebserkrankungen weiter steigen (»epidemiologische Transition«) (siehe auch Kap. 9) [POPKIN, 2001b; STEINFELD et al., 2006a].

Weltweit übertrifft bereits die Zahl der übergewichtigen Menschen (über 1,6 Mrd.) die Zahl an unterernährten Menschen (rund 1 Mrd.) um mehr als die Hälfte, wobei 2009 die höchste Zahl an Unterernährten seit 1970 erreicht wurde [WHO, 2006; FAO, 2009a]. Ein signifikanter Teil dieses Wachstums bei Übergewicht tritt in Entwicklungsländern auf. Die WHO schätzt, dass es weltweit 400 Mio. adipöse Erwachsene (Alter über 15) gibt [WHO, 2006]. Zwischen 1998 und 2025 soll sich die Zahl an Menschen mit Übergewicht assoziiertem Diabetes mellitus Typ 2 auf 300 Mio. erhöhen – 75% dieses Wachstums wird in Entwicklungsländern auftreten [FAO, 2002b].

Der Anteil der für Entwicklungsländer neuen Ernährungsmuster wird in den nächsten Jahrzehnten wegen des Bevölkerungs- und Wirtschaftswachstums rasant ansteigen. Für SCHMIDHUBER und SHETTY [2004] sind die hauptsächlichen Promotoren des Ernährungswandels die rapid fallenden Lebensmittelpreise, die Urbanisierung mit der daraus folgenden Etablierung von Supermärkten in Entwicklungsländern, der freie

Handel und die Globalisierung mit dem Vorstoß von multinationalen Lebensmittelkonzernen.

Die Steigerung des generellen Lebensmittelkonsums und des Konsums tierischer Produkte wird zu einem hohen Grad zu der Prävalenz von Übergewicht in der Bevölkerung beitragen, das zu einem der größten weltweiten Gesundheitsprobleme avancieren wird. Durch diesen Ernährungswandel müssen einige Länder die Doppelbelastung von Hunger und Überernährung tragen, was bedeutet, dass es innerhalb der Bevölkerung auf der einen Seite Unterernährung auf Grund von Nährstoffmängel gibt und auf der anderen Seite einen Anstieg der mit einer hohen Fettaufnahme assoziierten chronischen Erkrankungen, was im Speziellen Entwicklungsländer vor eine neue und bislang eher unbekannte Herausforderung stellt.

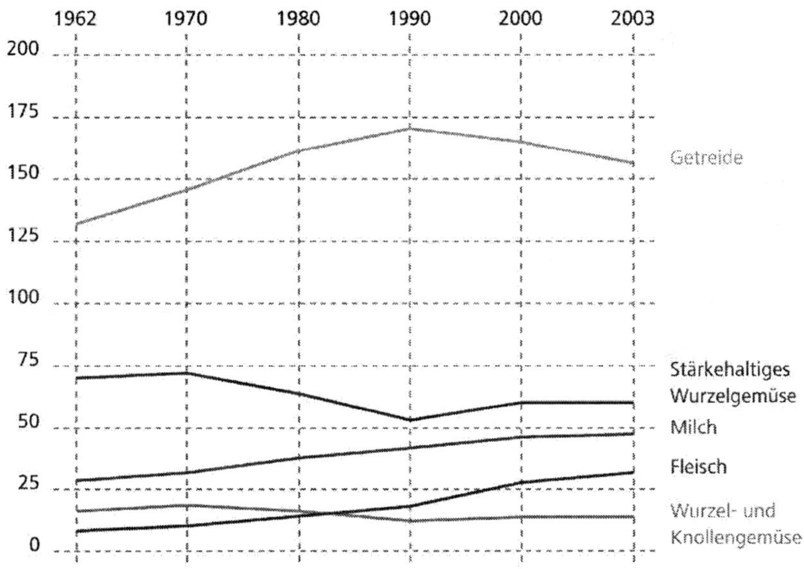

Abb. 3 Veränderungen des Lebensmittelkonsums in Entwicklungsländern zwischen 1962 und 2003 (kg/Person/a) (Quelle nach: [STEINFELD et al., 2006a])

Die Industrienationen könnten sich hier neu positionieren und eine Vorbildhaltung hinsichtlich ihrer Ernährung einnehmen, damit künftige gesundheitliche Defizite vermieden werden.

3.3.3 Anstieg der Weltbevölkerung

Die Weltpopulation verzeichnet einen ständigen Zuwachs und der generelle Bedarf an Nahrungsmittelressourcen wird damit fortlaufend steigen – unabhängig von möglichen Ernährungsveränderungen [BELLARBY et al., 2008].

Die Weltbevölkerung lag 3000 vor Christus bei 10 Mio. Menschen, wenige Jahre nach Beginn des 19. Jhdts. (1804) wurde erstmals die 1 Mrd.-Grenze überschritten [UN, 1999; SMIL, 2001]. Die Weltbevölkerung betrug dann Anfang des 20. Jhdts. (1900) 1,65 Mrd. und kurz vor Beginn des 21. Jhdts. (1999) 6 Mrd. Menschen, womit sie sich innerhalb von einem Jahrhundert fast vervierfachte [UN, 1999].[1]

Im Jahr 2000 lag die Weltpopulation bei ca. 6,1 Mrd. Menschen, ehe sich diese auf 6,8 Mrd. Menschen bis zum Jahr 2009 steigerte [UNICEF, 2007; UN, 2009b]. Laut mittleren Schätzungen der UN wird die Bevölkerung im Jahr 2050 ca. 9,1 Mrd. Menschen betragen und voraussichtlich ihr Maximum im Jahr 2075 mit rund 9,2 Mrd. erreicht haben [UN, 2004; UN, 2009a].[2] Andere Projektionen gehen von einer maximalen Bevölkerung von 9,5 Mrd. bis 2070 bzw. knapp über 10 Mrd. bis 2200 aus, ehe eine Phase der Stagnation eintritt [UN, 1999; STEINFELD et al., 2006a]. Die Berichte der UN [2004] und UN [1999] gingen in ihrer älteren Projektionen von 8,9 Mrd. Menschen für das Jahr 2050 aus, was die schwierige Einschätzbarkeit der Weltbevölkerungszahl auf einen langen Zeitraum verdeutlicht.

Derzeit leben von den 6,8 Mrd. Menschen weltweit ca. 5,6 Mrd. in Entwicklungsländern und 1,2 Mrd. in Industrieländern [PRB, 2009].

Bis 2050 wird zwar die Zahl der Bevölkerung in den derzeitigen Industrieländern noch immer um die 1,2 Mrd. betragen, doch in Entwicklungsländern wird sie bereits 7,9 Mrd. ausmachen [UN, 2009a]. Das heißt, dass fast der gesamte erwartete Zuwachs auf die jetzigen Entwicklungs- und Schwellenländer entfällt.

Abgeleitet von den mittleren UN-Prognosen bedeutet der Bevölkerungszuwachs von rund einem Drittel (34%), der bis 2050 zu erwarten ist, dass zusätzlich 2,3 Mrd. Menschen ernährt bzw. versorgt werden müssen – das sind 30 Mio. Menschen, die pro

---

1 Das Wachstum von China von 660 Mio. auf 870 Mio. zwischen 1961 und 1972 stellt den bislang rapidesten nationalen Bevölkerungszuwachs innerhalb einer Dekade dar [SMIL, 2001].

2 Der genaue Wert der mittleren Projektion der Vereinten Nationen beträgt 9,149 Mrd. Menschen. Dieser geht von einer Abnahme der Fertilitätsrate von 2,56 Kindern in den Jahren 2005-2010 auf 2,02 Kindern in den Jahren 2045-2050 gegenüber aus. Würde die Fruchtbarkeitsrate konstant bleiben, würde die Weltbevölkerung sogar 10,5 Mrd. im Jahr 2050 erreichen. Aufgrund der unterschiedlichen Annahmen reichen die Schätzungen von 8 bis 11 Mrd. Menschen [UN, 2009a]. Das PRB [2009] geht hingegen von 9,4 Mrd. bis 2050 aus.

Jahr hinzukommen. Es dürfte zwar relativ bald zu einer Stabilisierung der Weltbevölkerung kommen, doch die Herausforderung für die Ernährungssicherheit in den ärmeren Ländern wird absolut gesehen größer [UN, 2004; SMIL, 2001].

Im Allgemeinen ist eine Transformation von hohen Fruchtbarkeits- hin zu niedrigeren Fruchtbarkeitsraten festzustellen. Abgesehen von den Industrieländern, ist in großen Teilen Asiens und Lateinamerikas und selbst in Subsahara-Afrika, das die höchste Fruchtbarkeitsrate aufweist, dieser Trend zu bemerken [SMIL, 2001]. Dennoch wird mehr als 40% des gesamten Zuwachses bis 2050 auf Länder in Afrika zurückgehen, in dem die Bevölkerung sich auf 2 Mrd. verdoppeln wird [PRB, 2009].

Zu den Ländern mit den größten Bevölkerungszunahmen gehören weiters Indien mit fast 580 Mio. Menschen Zuwachs, Pakistan mit 140 Mio., die Vereinigten Staaten mit ca. 130 Mio. und China mit ungefähr 115 Mio., die zusammen über 40% des Zuwachses ausmachen werden [PRB, 2009]. Indien, China und die Vereinigten Staaten werden dann wie jetzt die bevölkerungsreichsten Länder sein, wobei Indien China an der Spitze ablösen wird [PRB, 2009].

3.4 Prognosen zur Tierproduktion und dem Konsum tierischer Produkte

Das generelle Bevölkerungswachstum und auch das wirtschaftliche Wachstum führen vor allem in Entwicklungsländern zu einem generell erhöhten Bedarf an Nahrungsmitteln und hier vor allem an tierischen Produkten. Das heißt zum einen, dass mehr Menschen versorgt werden müssen und zum anderen, dass die sich abzeichnenden Ernährungsmuster zu einem weiteren rapiden Anstieg an tierischen Produkten führen werden. Im Zeitraum zwischen 1997 und 2050 wird die globale Getreideernte um 50% und die globale Fleischproduktion um 90% ansteigen. Entwicklungsländer werden für 93% des Getreidebedarfswachstums und für 85% des Fleischbedarfswachstums bis 2050 verantwortlich sein [ROSEGRANT und CLINE, 2003]. Der Bedarf an Fleisch (Rind-, Schaf-, Ziegen-, Schweine- und Geflügelfleisch) dürfte im Zeitraum von 2000 bis 2025 jährlich um 1,8% steigen, danach um ca. 1% bis 2050 [HUBERT et al., 2010].

Laut STEINFELD et al. [2006a] wird sich die Fleisch- und Milchproduktion, ausgehend vom Jahr 2000, bis zum Jahre 2050 verdoppelt haben, und zwar bei Fleisch auf 465 Mio. t und bei Milch auf 1.043 Mio. t (vgl. Abb. 4a und 4b).Absolut gesehen wird sich der Anteil der Entwicklungsländer an der globalen Fleisch- und Milchproduktion künftig deutlich bzw. noch deutlicher von dem der Industrieländer abheben.[1] Insgesamt wird ein Anstieg des Fleischkonsums um 57% bis 2020 bzw. 60% bis 2030 erwartet [SMITH et al., 2007; BELLARBY et al., 2008].

Bis 2030 wird der Anteil der Entwicklungsländer (v. a. Südostasien, Brasilien, China und Teile Indiens) an der gesamten weltweiten Fleischproduktion auf 66% ansteigen [STEINFELD et al., 2006a].

Die jährliche Wachstumsrate des Fleischkonsums bis 2030 wird zwischen 1,4 und 3% geschätzt. Dies würde einen durchschnittlichen Anstieg des weltweiten jährlichen Fleischkonsums pro Kopf von 32,6 kg im Jahr 2000 auf 44-54 kg (abhängig vom Bevölkerungswachstum) im Jahr 2030 bedeuten [KEYZER et al., 2001].

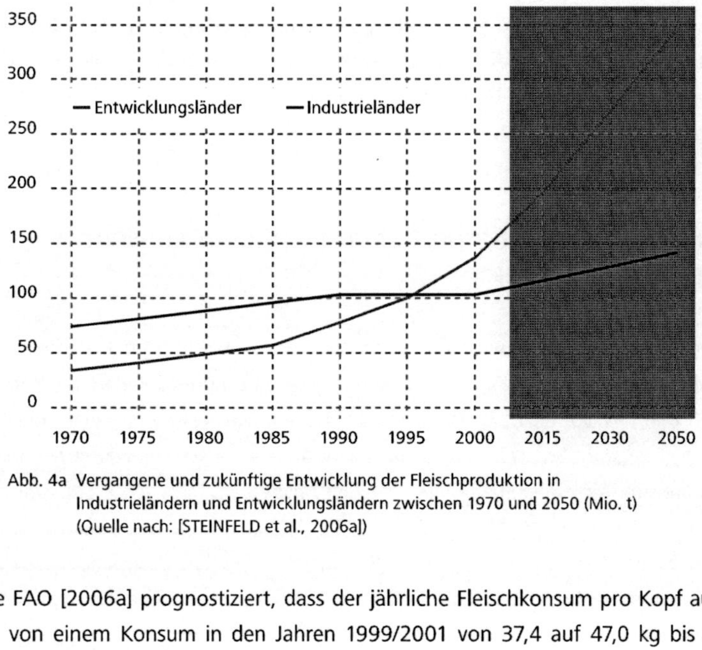

Abb. 4a Vergangene und zukünftige Entwicklung der Fleischproduktion in Industrieländern und Entwicklungsländern zwischen 1970 und 2050 (Mio. t) (Quelle nach: [STEINFELD et al., 2006a])

Die FAO [2006a] prognostiziert, dass der jährliche Fleischkonsum pro Kopf ausgehend von einem Konsum in den Jahren 1999/2001 von 37,4 auf 47,0 kg bis 2030 und auf 52 kg bis zum Jahr 2050 steigen wird. Verglichen mit dem durchschnittlichen Konsum von 26,1 kg/Person/a in den Jahren 1969 bis 1971 wird er sich somit weltweit

1 Der Großteil dieses Anstiegs wird auf den steigenden Bedarf und Konsum an tierischen Produkten in Entwicklungsländern, vor allem in Süd-, Südostasien und Subsahara-Afrika zurückzuführen sein [STEINFELD et al., 2006a].

bis 2050 innerhalb von 80 Jahren verdoppelt haben. Der Verzehr von Milchprodukten, exklusive Butter, wird im selben Zeitraum um ein Viertel von 75,3 auf 100 kg/Person/a zugenommen haben; 1999 bis 2001 betrug er 78,3 kg/Person/a [FAO, 2006a].

Diese Zahlen spiegeln nicht die Ungleichheiten im Pro-Kopf-Konsum zwischen ärmeren und reicheren Ländern wider (vgl. Abb. 5a und Abb. 5b). Die Trendlinien für die unterschiedlichen Ländergruppierungen werden sich selbst im Jahre 2050 nicht kreuzen; hier wird prognostiziert, dass Menschen in Entwicklungsländern immer noch halb so viel Fleisch und ein Drittel der Milch konsumieren werden wie in Industrieländern. Dies entspricht einem Fleischkonsum von 44 resp. 103 kg/Person/a und einem Milchkonsum von 78 resp. 227 kg/Person/a für Entwicklungs- bzw. Industrieländer [FAO, 2006a]. Eine Ausnahme beim Pro-Kopf-Konsum stellt Brasilien dar, das mit einem Fleischkonsum von 79 kg/Person/a die höchste Aufnahme von allen Entwicklungsländern aufweist und damit auf demselben Niveau wie dem der Industrieländer mit 80,8 kg/Person/a angesiedelt ist [FAO, 2009b].

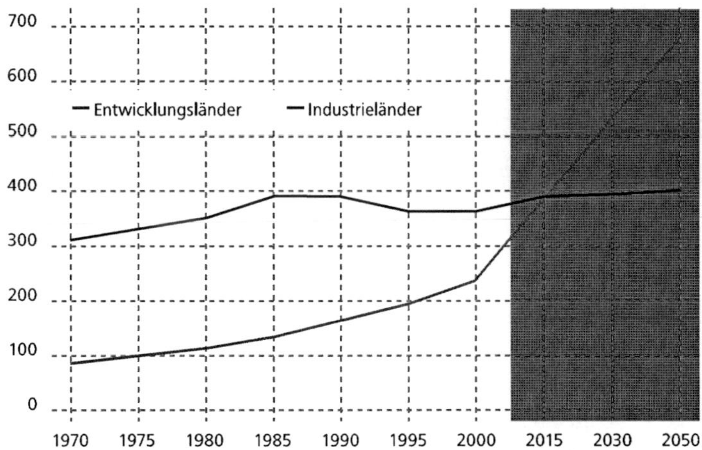

Abb. 4b Vergangene und zukünftige Entwicklung der Milchproduktion in Industrieländern und Entwicklungsländern zwischen 1970 und 2050 (Mio. t) (Quelle nach: [STEINFELD et al., 2006a])

Absolut gesehen übertrifft der Fleischkonsum in Entwicklungsländern die der Industrieländer, was aber auf der Tatsache basiert, dass alleine Indien (1,1 Mrd.) und China (1,3 Mrd.) zusammen schon 2,4 Mrd. Menschen und damit mehr als ein Drittel (35%) der Weltbevölkerung betragen.

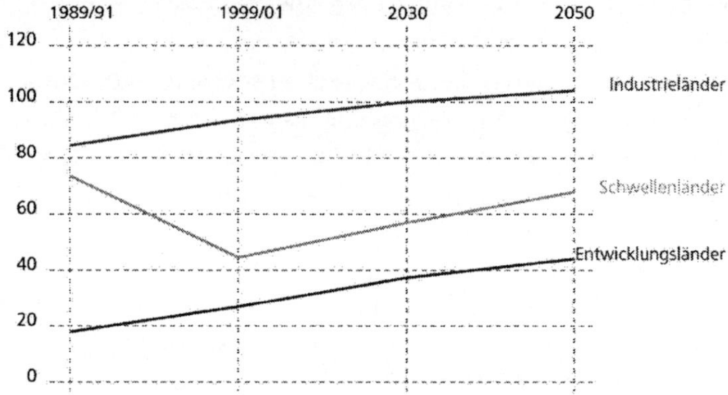

Abb. 5a Vergangene und projizierte Entwicklung des Fleischkonsums von 1989 bis 2050 (kg/Person/a) (Quelle nach: [FAO, 2006a])

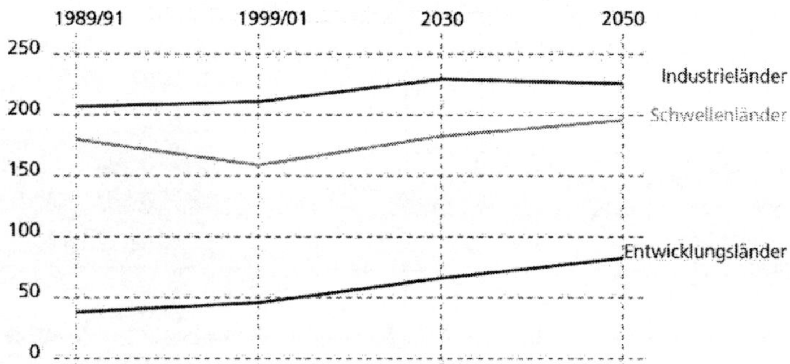

Abb. 5b Vergangene und projizierte Entwicklung des Milchkonsums von 1989 bis 2050 (kg/Person/a) (Quelle nach: [FAO, 2006a])

Auf Grund der hohen Wahrscheinlichkeit, dass Entwicklungsländer den bisherigen Trends in reichen Nationen folgen werden, kann von einem starken Anstieg des Fleischkonsums in den nächsten Dekaden ausgegangen werden [LOTZE-CAMPEN et al., 2006].

3.4.1 Zukünftige ökologische und soziale Konsequenzen

Der konstante bzw. steigende Konsum tierischer Produkte, das hohe Einkommen, die Urbanisierung und schließlich das hohe Bevölkerungswachstum werden zu weitreichenden ökologischen und sozialen Konsequenzen führen.

Um die Ernährung der schon jetzt unterernährten und hungernden Menschen sowie der 2,3 Mrd. Menschen, die bis 2050 zur Weltbevölkerung hinzugekommen sein werden, decken zu können, wird eine Steigerung des Ertrages, effizientere und intensivere Produktionsmethoden (und auch eine Vermeidung von Lebensmittelabfällen) nötig sein. Ein höherer externer Input an Wasser, Futtermitteln, Düngemitteln, Pestiziden, Herbiziden und fossilen Energieträgern wird die Folge sein. Der weltweite Trend in Richtung gesteigerter Produktion von Nichtwiederkäuern, wobei wahrscheinlich von allen Fleischsorten Geflügel das größte Wachstum aufweisen wird, ist geprägt von einer Industrialisierung und Konzentrierung des Herstellungsprozesses [BELLARBY et al., 2008; GALLOWAY et al., 2007].

Gehen die derzeitigen Entwicklungen im Stile des »business as usual«-Szenarios so weiter, wird das soziale und ökologische Konsequenzen haben: Die Intensivierung und Konzentrierung des Tierproduktionssektors wird großflächig zu Nährstoffüberschüssen (N, Phosphor) führen, die eine Gefährdung des umliegenden Landes und des Grund- und Oberflächenwassers mit sich bringen können. Das persistente Risiko zoonotischer Erkrankungen dürfte sich in diesem Kontext weiter erhöhen [WB, 2007]. Der steigende Bedarf an Fleisch wird, wie auch das IPCC feststellte, zu einem erhöhten Futtermittelaufwand führen [SMITH et al., 2007]. Dieser ist bereits mit hohen N_2O- (Dünger) und CO_2-Emissionen (Entwaldung) assoziiert und betrifft vor allem die stetig steigende Produktion an Nichtwiederkäuern. Der Tierbestand der Rinder wird zwar ein nicht so starkes Wachstum verzeichnen wie die Schweine- und Hühnerpopulationen, dennoch werden die CH_4-Emissionen weiterhin ansteigen. Der ständige Intensivierungsprozess, auch der Rindfleischproduktion, wird von einem erhöhten Einsatz von Kraftfuttermitteln wie Mais und Getreide sowie Stickstoffdüngern geprägt sein, die einen klaren Impact auf die THG-Emissionen haben.

Von dieser Entwicklung sind nicht nur das Klima, sondern auch die Wälder per se und den von ihnen abhängigen indigenen Bevölkerungen betroffen; auch ein beachtlicher Teil der weltweiten Tier- und Pflanzenarten, die vor allem in den Tropenwäldern beheimatet sind, werden zunehmend vom Aussterben bedroht sein. Maritime Spezien sind ebenso stark gefährdet, das durch die Tatsache verdeutlicht wird, dass 80 Prozent der weltweiten Fischbestände entweder moderat bis stark überfischt oder komplett erschöpft sind [FAO, 2009c]. Da eine Extensivierung der Landfläche für die Nahrungsproduktion, trotz Intensivierungsmaßnahmen hinsichtlich der Flächennutzung, um 13% erforderlich sein wird, muss sich simultan der Ressourceneinsatz erhöhen, womit eine Steigerung der ökologischen Konsequenzen zu erwarten ist [FAO, 2002a]. Landdegradierungen und ihre ökologischen und sozialen Auswirkungen, die ein bekanntes Problem der globalen Weidehaltung darstellen, werden künftig zu beobachten sein.

Da am Ernährungssektor die diversen Problemfelder wie THG-Emissionen und unnachhaltige Ressourcenentnahme entgegen der prognostizierten Verdoppelung des globalen Fleisch- und Milchkonsums reduziert werden müssen, sollten möglichst rasch effiziente und nachhaltige Lösungsansätze gefunden werden.

3.5 Resümee und Alternativen

Das generelle Bevölkerungswachstum und auch das wirtschaftliche Wachstum führen vor allem in Entwicklungsländern zu einem generell erhöhten Bedarf an Nahrungsmitteln und hier vor allem an tierischen Produkten. Der durchschnittliche globale Ernteertrag muss sich daher bis 2050 um 60-120% gesteigert haben [LAL, 2010]. Das heißt zum einen, dass mehr Menschen versorgt werden müssen und zum anderen, dass die sich abzeichnenden Ernährungsmuster zu einem weiteren rapiden Anstieg an tierischen Produkten führen werden [STEINFELD et al., 2006a].

So zeigt der Trend also deutlich in die Richtung, dass immer mehr Tiere produziert werden, die intensiv und billig gehalten werden müssen. Demnach werden sich die – wie die FAO auch ausführt – schon bestehenden, eklatanten Umweltprobleme noch weiter verschärfen. Mit dieser Entwicklung werden auch klarerweise ökologische Ressourcen wie Land verstärkt gebraucht werden, was die Gefahr einer möglichen Übernutzung erhöhen wird. Bereits jetzt müssten im Sinne der Nachhaltigkeit die negativen Umweltauswirkungen des Tierproduktionssektors um die Hälfte reduziert werden [STEINFELD et al., 2006a]. Doch auch angesichts der Tatsache, dass die Weltbevölkerung weiter steigt und die Ressourcen pro Kopf sinken, spricht alles dafür, dass sich die Situation noch weiter zuspitzen wird. Deshalb gilt es, die eigene Ernährungsweise zu überdenken und möglichst konsequent zu handeln – und das nicht nur wegen der Umwelt. So ist es möglich, dass auch Industrieländer künftig von einer verringerten Wasserversorgung und Nahrungsmittelengpässen ebenso betroffen sein werden wie bereits jetzt ärmere Länder. Durch fehlendes Geld und unzureichende Anpassungs- und Auffangstrukturen wird es jedoch Entwicklungsländer im Falle des Klimawandels und dessen ökologischen Konsequenzen für Umwelt und Ressourcen viel härter treffen als die hauptsächlichen Verursacher (Industrieländer) der bisher emittierten THG. In wie weit die Ernährung und hier eine pflanzenbetonte bzw. vegetarische Ernährungsweise eine Rolle für ökologische, aber auch gesundheitliche und soziale Aspekte spielt, werden in den entsprechenden Kapiteln analysiert.

4 Treibhausgasemissionen des Landwirtschafts- und Tierproduktionssektors

4.1 Allgemeine Fakten zum Klimawandel

Ein Bericht des Pentagon legte nahe, dass der Klimawandel ein größeres Risiko für die Welt darstellen könnte als Terrorismus, und zu katastrophalen Dürren, Hungersnöten und Aufständen führen könnte [SCHWARTZ und RANDALL, 2003].

Die Anzahl der Klimaflüchtlinge liegt zwischen 15 und 24 Mio. [LEBENSMINISTERIUM, 2008; WARNER et al., 2008]. Bis 2050 wird die Zahl der Flüchtlinge aufgrund der ökologischen Degradierung in Folge des Klimawandels auf zumindest 200 Mio. angestiegen sein [TACOLI, 2009]. Der Klimawandel dürfte zu einer Vielzahl von negativen Effekten für Mensch, Umwelt und Tier führen. Afrika wird im schlechtesten Falle in Folge des Klimawandels von Ernteeinbußen in der Höhe von 20-30% betroffen sein, wohingegen Industrieländer hinsichtlich des Ernteertrages eher profitieren dürften. RAHMSTORF und SCHELLNHUBER [2007] stellten fest, dass gerade die Ärmsten, die zu dem Problem selbst kaum etwas beigetragen haben, den Klimawandel womöglich mit ihrem Leben bezahlen müssen.

Es geht heute nicht mehr darum, ob der Mensch den Klimawandel beeinflusst hat, sondern in wie weit wir die Klimaänderungen minimieren können [LATIF, 2009].

4.1.1 Klimawandel im Focus – Status quo, Entwicklung und Prognosen

Über 1000 Jahre hinweg schwankte die mittlere bodennahe Temperatur relativ wenig, doch seit etwa 100 Jahren erhöht sie sich deutlich und dauerhaft. Seit 1900 stieg die globale Durchschnittstemperatur um ca. 0,8°C (vgl. Abb. 6) [IPCC, 2007].

Elf der zwölf Jahre in der Periode 1995-2006 gehören zu den insgesamt zwölf wärmsten Jahren seit Beginn der globalen Temperaturaufzeichnung (1850). Diese dürften sogar die wärmsten Jahre seit mehreren Jahrhunderten sein [IPCC, 2007; LATIF, 2009]. Des Weiteren stieg der Meeresspiegel in den letzten hundert Jahren beschleunigt um 0,15-0,20 m an [RAHMSTORF, 2006a]. Es ist sehr wahrscheinlich, dass die Häufigkeit von Temperaturextremen, Starkniederschlägen und Hitzewellen künftig weiterhin zunimmt (siehe auch KROMP-KOLB und FORMAYER [2005]) [IPCC, 2007]. Hitzewellen wie 2003 in Europa, bei denen ca. 30.000 Menschen an Herzinfarkten, kardiovaskulären, zerebrovaskulären und respiratorischen Erkrankungen starben, könnten gegen Ende dieses Jahrhunderts zur Norm werden [LUBER und PRUDENT, 2009; RAHMSTORF und SCHELLNHUBER, 2007].

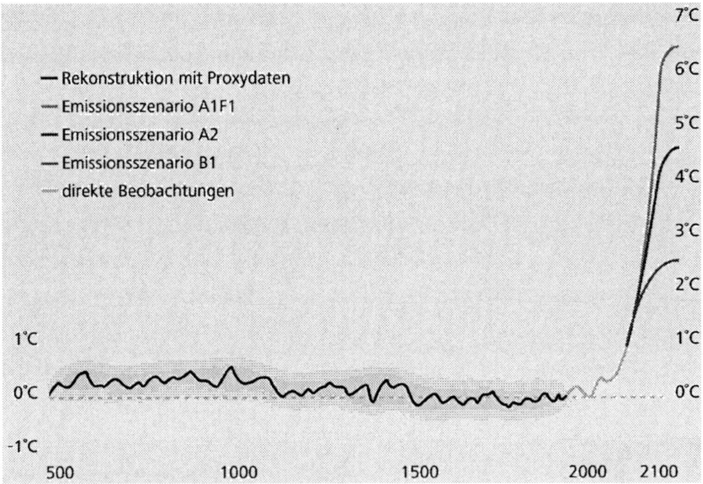

Abb. 6 Rekonstruktion der durchschnittlichen globalen Lufttemperatur zwischen 500 und 2000 relativ zu 1800-1900 (schwarze Linie) mit Projektionen bis 2100 (Quelle nach: [ALLISON et al., 2009])

In dem letzten Bericht des Weltklimarates (IPCC) des Jahres 2007, der das wichtigste Medium für politische Entscheidungsträger darstellt, wird prognostiziert, dass bis 2100 die globale durchschnittliche Temperatur wahrscheinlich um 1,8-4°C zunehmen wird [IPCC, 2007]. Im ungünstigsten Fall kann es zu einer Erhöhung um 7-8°C kommen [RAHMSTORF, 2006a]. Selbst wenn die THG-Konzentrationen auf dem jetzigen Niveau gehalten werden könnten, wird sich die Temperatur auf Grund der Trägheit des Klimas um mindestens weitere 0,5°C erhöhen. Wenn man diese nicht-vermeidbare Erwärmung zu der bereits realisierten Erwärmung von 0,8°C addiert, sind wir bereits bei 1,3°C, womit deutlich wird, dass das global angestrebte 2°C-Ziel bis 2100 eine gewaltige globale Herausforderung darstellt [LATIF, 2009].

Das Meereis der Arktis und Antarktis und das Festlandeis in Grönland werden fortlaufend schmelzen. Spätestens bis zum Ende des 21. Jhdts. könnte die Arktis im Sommer fast vollständig eisfrei sein [IPCC, 2007]. Das sommerliche Abschmelzen des arktischen Meereises hat gegenüber den IPCC-Prognosen deutlicher zugenommen, sodass schon 2040 mit einer fast komplett eisfreien Arktis im Sommer gerechnet werden könnte [ALLISON et al., 2009].

Das IPCC [2007] prognostizierte, dass der Meeresspiegel bis dahin, vor allem auf Grund der schmelzenden Polkappen, um bis zu 0,6 m ansteigen dürfte [IPCC, 2007].

Spurengas	Anthropogene Herkunft	Derzeitige (und vorindustrielle) Konzentration	Konzentrationsanstieg pro Jahr	Anteil am anthropogenen Treibhauseffekt (seit 1750)	Treibhauspotential pro Teilchen CO_2 = 1
Kohlendioxid CO_2	Verbrennung fossiler Energien; Waldrodungen und Bodenerosion; Holzverbrennung	ca. 384 ppm (280 ppm)	1,5 ppm	60%	1
Methan CH_4	Reisanbau; Viehaltung; Erdgaslecks; Verbrennung von Biomasse; Mülldeponien; Nutzung fossiler Energien	ca. .1774 ppb (730 ppb)	-5 bis +5 ppb	15%	ca. 25
Ozon O_3	Wird indirekt gebildet durch fotochemische Reaktionen; Verbrennung fossiler Energieträger durch Verkehrsmittel	ca. 0,02 ppb (< 0,01 ppb) in Troposphäre (regional unterschiedlich)	unklarer Trend	8%	ca. 2.000
Distickstoffoxid N_2O	Verbrennen v. Biomasse u. fossilen Energieträgern; Düngemitteleinsatz	319 ppb (270 ppb)	0,8 ppb	4%	ca. 298
Fluorkohlenwasserstoffe FCKW	Treibmittel in Sprühdosen; Beimengung im Leitungssystem von Kühlaggregaten; Isoliermaterial; Reinigungsmittel	ca. 0,005 ppm (0 ppm)	tendenziell Rückgang	11%	bis zu 14.000
Wasserdampf H_2O	Verbrennungsprozesse; hochfliegende Flugzeuge (führt zu Kondensstreifen u. Zirruswolken)	0,2 – 0,3 ppm in Troposphäre (regional unterschiedlich)	k. A.	< 3%	k. A.

ppm: Teilchen pro Millionen; ppb: Teilchen pro Milliarde

Tab. 2 Die wichtigsten Kenndaten zu den bedeutendsten anthropogenen THG (Quelle: nach LATIF [2009])

Andere Annahmen gehen von einem Anstieg von 0,5 bis 1,4 m gegenüber 1990 aus [RAHMSTORF, 2007]. In der sog. Kopenhagen-Diagnose, der die IPCC-Ergebnisse evaluierte, wurde evident, dass der prognostizierte Anstieg von 0,6 m bis 2100 nicht dem beobachteten raschen Anstieg des Meeresspiegels entsprach. Man geht jetzt zumindest von einer Verdoppelung des Anstieges (auf bis zu 2 m) bis dahin aus [ALLISON et al., 2009]. Zahlreiche küstennahe Gebiete, wie das Nil-Delta werden von Überschwemmungen betroffen sein und einige Inseln, wie die Marshall-Inseln und Tuvalu, werden gänzlich unter Wasser stehen. Millionen Menschen werden in Folge von Flucht und Zwangsumsiedlung betroffen sein [KOERBER et al., 2007].

Da das Klimasystem nicht linear ist, kann es überraschende Reaktionen bei einer Überschreitung von bestimmten Schwellenwerten zeigen [LATIF, 2009]. Wenn sog. Kipppunkte (»tipping points«) überschritten werden, können sprunghafte und teilweise unumkehrbare Entwicklungen ausgelöst werden. Bekannte Kipppunkte beziehen sich auf das Erliegen der atlantischen thermohalinen Zirkulation[1], das Abschmelzen des Schelfeises von Grönland und das Waldsterben. Es wurden des Weiteren sog. Kippelemente (»tipping elements«) als Bestandteile des Erdsystems identifiziert, die schon durch geringe Störungen grundsätzlich verändert werden können [LENTON et al., 2008]. So hätte ein »Umkippen« des Amazonas-Regenwaldes nicht nur Konsequenzen für die Biodiversität und die Lebenssituation vieler Millionen Menschen in Südamerika, sondern würde den THG-Effekt durch den resultierenden CO_2-Ausstoß weiter verstärken (siehe ferner LATIF [2009] und LENTON et al. [2008]) [LATIF, 2009].

Auch die Versauerung der Ozeane, die pro Jahr ca. 2 Gt C aufnehmen, das 30% der energiebedingten CO_2-Emissionen entspricht, spielt im Klimagefüge als wichtigste CO_2-Senke eine tragende Rolle. Bis zum Ende dieses Jahrhunderts kann die Aufnahme des kumulierten CO_2 um mindestens 9-14% geringer ausfallen. Die Versauerung per se stellt auch eine Gefährdung für das Meeresökosystem und dessen Lebewesen dar [LATIF, 2009].
Für den Anteil der unterschiedlichen THG am Treibhauseffekt, deren anthropogenen Herkunft, Konzentrationen und THG-Potential vgl. Tab. 2 ([nach LATIF, 2009]).

1 Die sog. thermohaline Zirkulation, eine thermisch und halin (durch Temperatur und Salz) angetriebene Zirkulation, ist Teil der ozeanischen Zirkulation, die von Hitze- und Frischwasserströmungen über der Meeresoberfläche angetrieben wird, wobei es zu einer Diffusion zwischen Wärme und Salz und damit zu einer Veränderung der Wasserdichte kommt. Die Zirkulation hat einen wesentlichen Einfluss auf den globalen Wärmehaushalt, indem es für den polwärtigen Transport von Wärme verantwortlich ist. Durch den Klimawandel wird es in der Zukunft wahrscheinlich zu einer Abschwächung der thermohalinen Zirkulation kommen, wodurch abrupte und irreversible Veränderungen initiiert werden können (für eine Weiterführung siehe ferner RAHMSTORF [2006b]).

4.1.2 Natürlicher und anthropogener Treibhauseffekt

Der natürliche Treibhauseffekt entsteht durch natürlich vorhandene Gase in der Atmosphäre wie Wasserdampf, CO_2 und CH_4. Ohne diese wäre die ursprüngliche globale Durchschnittstemperatur theoretisch bei -18°C statt 15°C anzusiedeln, womit ein Leben auf der Erde undenkbar wäre [RAHMSTORF und SCHELLNHUBER, 2007].

Die zusätzliche Erwärmung bzw. die Verstärkung des Treibhauseffektes stellt im Wesentlichen den anthropogenen Treibhauseffekt dar. Dieser ist auf den durch menschliche Aktivitäten verursachten Anstieg der Emissionen, respektive Konzentrationen klimarelevanter Gase, vor allem von CO_2, CH_4 und N_2O, zurückzuführen: Die Konzentration dieser drei Gase überschreitet heute bei weitem die natürliche Spanne, zumindest der letzten 650.000 Jahre [RAHMSTORF, 2006a]. Vor allem seit 1750, also mit Beginn der industriellen Revolution, nahm und nimmt diese durch unsere Aktivitäten stark zu [LATIF, 2009]. Wenn in dieser Arbeit von THG die Rede ist, sind immer die vom Menschen verursachten, d. h. anthropogenen THG gemeint.

4.1.3 Ursachen und Folgen der Klimaerwärmung sowie Gegenmaßnahmen

Der Anstieg des CO_2 ergibt sich hauptsächlich aus dem Verbrauch fossiler Brennstoffe und dem Abholzen von Wäldern, beispielsweise für Weideland [RAHMSTORF, 2006a]. Für die Zunahme der CH_4- und N_2O-Konzentration ist jedoch die Landwirtschaft – und hier vor allem die Tierhaltung – hauptverantwortlich [STEINFELD et al., 2006a].

Um schlimmere Folgen des Klimawandels zu vermeiden, wird eine rasche und konsequente Reduzierung der weltweiten Emissionen gefordert, damit der Temperaturanstieg bis 2100 zumindest bei +2° gehalten werden kann [STERN, 2007]. Denn selbst wenn die globalen Emissionen auf das jetzige Niveau stabilisiert werden könnten, würde die globale Erwärmung mit einer 25%igen Wahrscheinlichkeit 2°C überschreiten – selbst bei Nullemissionen ab 2030. Wenn die THG-Emissionen nicht bis 2020 ihr Maximum erreicht haben und danach abnehmen, ist ein Anstieg der Temperatur von mehr als 2°C sehr wahrscheinlich [ALLISON et al., 2009].

Auf der 15. Weltklimakonferenz in Kopenhagen 2009 wurde zumindest der globale Konsens erreicht, die Erwärmung auf 2°C zu begrenzen. Im »Copenhagen Accord« kam man zu der Übereinkunft, dass große Einsparungen erforderlich sind und dass

Entwicklungsländer, die besonders empfindlich hinsichtlich der Konsequenzen des Klimawandels sind, finanziell unterstützt werden müssen [UNFCCC, 2009]. Von den Medien und internationalen Beobachtern wurde der Gipfel jedoch als gescheitert erachtet, da keinerlei verbindliche Maßnahmen gesetzt und die »2°C-Mission« auf den Klimagipfel 2010 in Cancún vertagt wurden. Neben der Errichtung eines globalen Klimafonds, Maßnahmen zum Waldschutz und der Zusage der Industrieländer, jährlich 100 Mrd. US$ für Klimaschutzmaßnahmen in Entwicklungsländern zu mobilisieren, wurde im Paket von Cancún das 2°C-Ziel offiziell anerkannt [BMU, 2010]. Dabei wäre es dringend nötig, so bald wie möglich, globale, effiziente sowie konkrete Maßnahmen zu setzen. Um den globalen Temperaturanstieg von maximal 2°C gegenüber dem vorindustriellen Niveau zu begrenzen, sollten die globalen CO_2-Emissionen bis 2015/2020 ihren Höhepunkt erreicht haben und dann bis 2050 gegenüber 1990 mindestens halbiert werden [STERN, 2009].

Bis 2050 müssen die THG-Emissionen/Person/a auf weit unter 1 t reduziert werden, was 5-15% der THG-Emissionen/Person/a in Industrieländern im Jahr 2000 entspricht. Weit vor Ende dieses Jahrhunderts müssen die THG-Emissionen auf fast Null gesenkt werden, damit die globale Erwärmung auf maximal 2°C gegenüber dem vorindustriellen Niveau gesenkt werden kann [ALLISON et al., 2009]. Die konkrete Durchsetzung von verbindlichen globalen Klimazielen dürfte wegen des wirtschaftlichen Aspektes oft ein Hindernis sein, was die einstige Nichtratifizierung des 2012 auslaufenden Kyoto-Protokolls, der bis jetzt umfassendsten Übereinkunft zu Reduzierungsmaßnahmen, durch China und Amerika unterstreicht.

Die Finanzkrise 2008 könnte die Argumentation von Seiten der Länder verschärft haben, wonach die Leistbarkeit eines Umdenkens für viele womöglich als nicht realistisch erscheint. Jedoch wäre aus langfristiger Perspektive gerade eine ökonomische Einsparung für die einzelnen Staaten durch Klimaschutzmaßnahmen gegeben. Die Studie von STERN [2006], dem ehemaligen Weltbankchef, zeigte, dass sich die weltweiten volkswirtschaftlichen Verluste durch den Klimawandel im Falle des Nicht-Handelns auf 5-20% des globalen Bruttoinlandproduktes belaufen werden, d. h. auf bis zu 5.500 Mrd. €/a. Dem gegenüber stehen die notwendigen Kosten zur Vermeidung der schlimmsten Auswirkungen, die sich auf lediglich 1% beschränken, das sind ca. 300 Mrd. €/a [STERN, 2006]. Neuere Einschätzungen von STERN [2009] gehen wegen der Unterschätzung des Klimaeffektes in den Berechnungen mittlerweile von 2% des globalen Bruttoinlandproduktes aus, die in diesem Kontext erforderlich sind.

Um die »globale Erwärmung« zu begrenzen, müssen rasch Klimaschutzmaßnahmen gesetzt werden, die alle relevanten Bereiche betreffen, nicht nur Energie, Industrie und Verkehr, sondern natürlich auch die Ernährung.

4.2 Anteil der Landwirtschaft an den globalen Treibhausgasen

Der Anteil der gesamten Landwirtschaft an den globalen anthropogenen THG beträgt 17-32% resp. 8,5-16,5 Gigatonnen (Gt) CO_2-Äq/a. Dieser Prozentsatz ergibt sich zum einen aus direkten Emissionen der Landwirtschaft (10-12% resp. 5,1-6,1 Gt) [BELLARBY et al., 2008].[1] Zum anderen aus Landnutzungsänderungen (6-17% resp. 5,9 ± 2,9 Gt), der Produktion und Distribution von Agrochemikalien (0,6-1,2% resp. 0,3-0,6 Gt) und Landwirtschaftstätigkeiten (0,2-1,8% resp. 0,1-0,9 Gt) [BELLARBY et al., 2008]. So sind nicht nur die direkten Emissionen der Landwirtschaft durch Emissionen von Tieren und Böden, sondern auch indirekte Emissionen durch Nutzung fossiler Energie, Düngemittelherstellung und Landnutzungsänderungen miteinzubeziehen [BELLARBY et al., 2008].

Für den Beitrag der Landwirtschaft zu den globalen THG-Emissionen bzw. den THG-Quellen in diesem Sektor für die direkten und indirekten Emissionen vgl. Abb. 7 [BELLARBY et al., 2008]. Einen großen Teil der geschätzten 35% der weltweiten THG, die auf die Landwirtschaft und veränderte Landnutzung zurückgehen, verursacht der Tierhaltungssektor [STERN, 2006; McMICHAEL et al., 2007]. Bewässerung (0,05-0,68 Gt CO_2-Äq/a), landwirtschaftliches Arbeiten wie Säen, Ernten, Ausbringung von Agro-Materialien (0,06-0.26 Gt CO_2-Äq/a) und die Pestizid-Produktion (nicht signifikant; 0,003-0,14 Gt CO_2-Äq/a) haben einen geringen Anteil an den landwirtschaftlichen THG-Emissionen [BELLARBY et al., 2008]. Die Wichtigkeit der unterschiedlichen THG-Quellen in der Landwirtschaft differiert von Region zu Region bzw. von Land zu Land. In Afrika, Nordamerika, Europa und dem Großteil Asiens entstanden die meisten Landwirtschaftsemissionen durch N_2O über den Einsatz von N-Düngern und der Ausbringung von Tierexkrementen. In Lateinamerika und dem Pazifik, den osteuropäischen Staaten, dem Kaukasus, Zentralasien und im pazifischen Raum war hingegen CH_4 die dominante Quelle im Landwirtschaftssektor. Grund dafür ist der hohe Anteil an Rindern (36%) und Schafen (24%) am jeweiligen nationalen Gesamttierbestand [BELLARBY et al., 2008].

1 CH_4 (3,3 Gt) und N_2O (2,8 Gt) machen hierbei den größten Anteil aus und die direkten CO_2-Emissionen im Landwirtschaft sind mit 0,04 Gt eher geringfügig [BELLARBY et al., 2008].

Die Hauptquellen direkter und indirekter THG-Emissionen in der Landwirtschaft stellen CO_2 durch die Umwandlung von Flächen zur landwirtschaftlichen Nutzung, N_2O aus Böden und CH_4 aus der Tierverdauung dar. Dabei machten N_2O aus den Böden mit 38% und CH_4 aus der Tierverdauung mit 32% die größten Anteile aller Nicht-CO_2-Emissionen in der Landwirtschaft im Jahre 2005 aus. Die genannten THG-Quellen sind gerade für die Viehhaltung äußerst signifikant und tragen zu dem hohen weltweiten Anteil der THG-Emissionen des Viehhaltungssektors bei (vgl. Abb. 7) [BELLARBY et al., 2008].

Die Verbrennung von Biomasse trägt mit 12%, der Reisanbau mit 11% und die Verrottung von Gülle und Mist mit 7% zu den gesamten THG in der Landwirtschaft bei [SMITH et al., 2007]. Bis auf die Reisproduktion geht der Großteil der verschiedenen THG-Quellen bzw. THG-Emissionen in der Landwirtschaft auf den Tierproduktionssektor zurück [STEINFELD et al., 2006; McMICHAEL et al., 2007]. Das IPCC erwartet künftig eine weitere Steigerung der weltweiten THG-Emissionen aus dem Landwirtschaftssektor [SMITH et al., 2007].

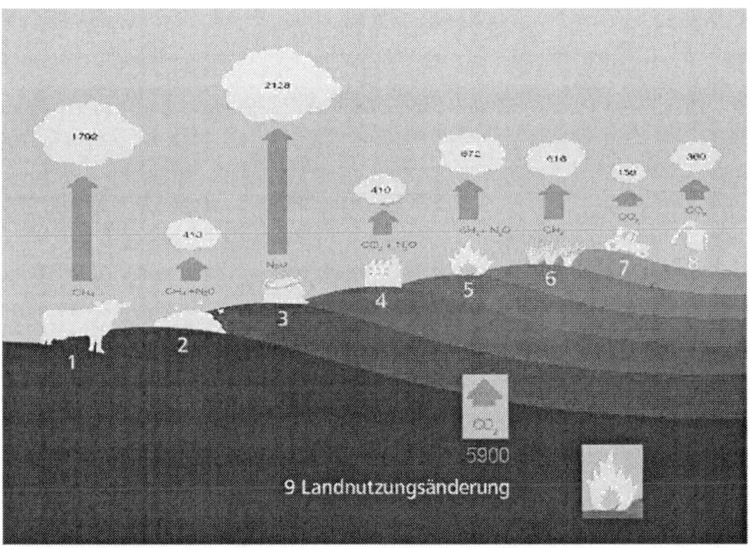

1 mikrobielle Verdauung der Rinder
2 Tierexkremente
3 Aufgetragene Stickstoffdünger
4 Stickstoffdüngerproduktion
5 Verbrennung von Biomasse
6 Reisproduktion
7 Landwirtschaftsmaschinen
8 Bewässerung

Abb. 7 Überblick über die entstehenden THG-Emissionen im Landwirtschaftssektor (Mio. t CO_2 Äq) (Quelle nach: [BELLARBY et al., 2008])

4.3 Treibhausgasausstoß durch den Tierproduktionssektor

Der Tierhaltungssektor trägt mit fast 80% der THG-Emissionen allein aus dem Landwirtschaftssektor zum Klimawandel und dessen negativen Auswirkungen auf die Umwelt bei [McMICHAEL et al., 2007; STEINFELD et al., 2006]. Hinzu kommen Emissionen aus anderen Bereichen wie den veränderten Landnutzungen.

Der Tierhaltungssektor ist insgesamt für 18% aller weltweiten, anthropogenen THG verantwortlich [STEINFELD et al., 2006]. Der Beitrag des Tierhaltungssektors ist somit ähnlich hoch wie die THG-Emissionen durch die Industrie mit 19,4% und höher als der Ausstoß des gesamten Transportsektors mit einem Anteil von 13,1 resp. 13,5% [McMICHAEL et al., 2007; IPCC, 2007; STEINFELD et al., 2006a]. Nach Berechnungen von FIALA [2009] liegt der Tierproduktionssektor hinsichtlich der gesamten globalen THG an 2. Stelle hinter dem Energieproduktionssektor (vgl. Abb. 8). Der Flugsektor alleine macht hingegen laut Schätzungen des IPCC lediglich 3,5% der weltweiten THG-Emissionen aus [IPCC, 1999].

Die Ursprungsquellen der Emissionen durch den Tierproduktionssektor sind, wie auch bei der Landwirtschaft selbst, auch in anderen Sektoren zu finden, welche oft nicht ausreichend bis gar nicht einbezogen werden. Dagegen wurden in der Studie der FAO von STEINFELD et al. [2006a] die in sämtlichen Sektoren entstehenden THG-Emissionen, die mit dem Tierproduktionssektor assoziiert sind, addiert.

Der Anteil des Tierhaltungssektors am globalen Klimawandel könnte jedoch größer sein, da der Anteil der gesamten Landwirtschaft (und damit auch des Tierproduktionssektors) am Treibhauseffekt insgesamt deutlich höher sein dürfte. Weltweit hat die Landwirtschaft zumindest einen Anteil von 22% an den gesamten globalen THG bzw. liegt in einer Spanne von 17-32% [McMICHAEL et al., 2007; BELLARBY et al., 2008]. Diese Schwankungsbreite geht u. a. auf Unsicherheitsfaktoren bezüglich der exakten Einbeziehung aller für die Landwirtschaft relevanten Emissionen aus sämtlichen Sektoren zurück.[1]

Einer Einschätzung des World Watch Institute (WWI) zufolge sind dem Tierhaltungssektor 51% aller weltweiten THG zuzurechnen [GOODLAND und ANHANG, 2009]. Einige Faktoren wie die mögliche Nutzung der potentiellen freien Flächen bzw. erhaltenen

1 So wird auch der Landwirtschaft oftmals ein zu minimaler Anteil an den globalen THG beigemessen. In der Studie von STERN [2006] bzw. dem IPCC [2007], die den Anteil der Landwirtschaft an den weltweiten THG auf 14 resp. 13,5% schätzen, werden ernährungsassoziierte Emissionen aus den Sektoren Energie, Verkehr und Landnutzung nicht oder nur unzureichend berücksichtigt (siehe auch ROGNER et al. [2007]).

Wälder als CO_2-Senken wurden in dieser Arbeit berücksichtigt. STEINFELD et al. [2006a] dürften in ihren Schätzungen von einem zu geringen Tierbestand ausgegangen sein, was von GOODLAND und ANHANG [2009] in ihren Berechnungen berücksichtigt wurde. In der Bilanz wurden jedoch auch die Atmung der Tiere sowie eine andere Bemessungsgrundlage bzw. ein anderer Zeithorizont für die Klimawirksamkeit von Methan herangezogen. Es ist zwar wahrscheinlich, dass der Tierproduktionssektor wesentlich mehr als die von STEINFELD et al. [2006] ermittelten 18% (für den Anteil an den gesamten globalen THG) emittiert, jedoch dürften 51% eine Überschätzung darstellen.

Veränderte Landnutzungen weisen die größte Schwankungsbreite auf und erschweren die exakte Zuordnung der assoziierten THG zum Tierproduktionssektor. Diese stellen jedoch im Tierhaltungssektor die wichtigste Emissionsquelle neben der Tierverdauung und dem N-Dünger dar.

Relevante THG entstehen prinzipiell in jedem der fünf großen Sektoren, die zum Klimawandel beitragen: Energie, Industrie, Abfallwirtschaft, Landgebrauch, veränderte Landnutzung und Waldwirtschaft (LULUCF[1]) und Landwirtschaft. Zusammen weisen

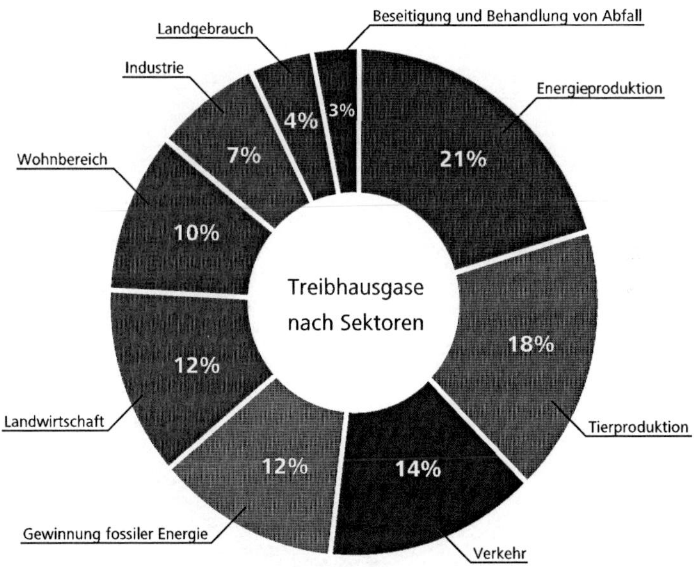

Abb. 8 Die Aufteilung der gesamten globalen THG nach Sektoren (%)*
(Quelle nach [FIALA, 2009]) * Gesamtbetrag > 100% auf Grund von Rundungen

1 LULUCF ist die englische Abkürzung dieses Sektors: Land Use and Land Use Change and Forestry.

die beiden letztgenannten Sektoren – Landwirtschaft und LULUCF – einen Anteil von 32% laut STERN [2006] resp. 35% laut STEINFELD et al. [2006a] an allen globalen THG auf. Über 50% der Emissionen aus diesen beiden Sektoren gehen allein auf die landwirtschaftliche Produktion zurück [STERN, 2006; STEINFELD et al., 2006a].

Ein Großteil der THG, die in der Forstwirtschaft entstehen – 17,4% laut ROGNER et al. [2007] – ist auf Grund der Abholzungen zur Generierung neuer Flächen für Futtermittelanbau und Weidehaltung der Tierproduktion zuzurechnen. Der hohe Impact der Entwaldungen wird durch die Tatsache verdeutlicht, dass alleine die Rodung in Brasilien im Jahr 1990 einen Anteil von 5% an den gesamten, weltweiten THG hatte [Fearnside, 2005]. Der Tierproduktionssektor tragt laut STEINFELD et al. [2006a] in puncto Landnutzungsänderungen zumindest mit einem THG-Ausstoß von 2,4 Gt CO_2-Äq zu 7% aller globalen THG bei, wobei hier noch nicht das verlorene Senkenpotential miteinbezogen wurde (siehe auch Kap. 7.4). Das meiste der geschätzten THG, die auf die Landwirtschaft sowie veränderte Landnutzung zurückgehen, verursacht somit der Tierhaltungssektor.

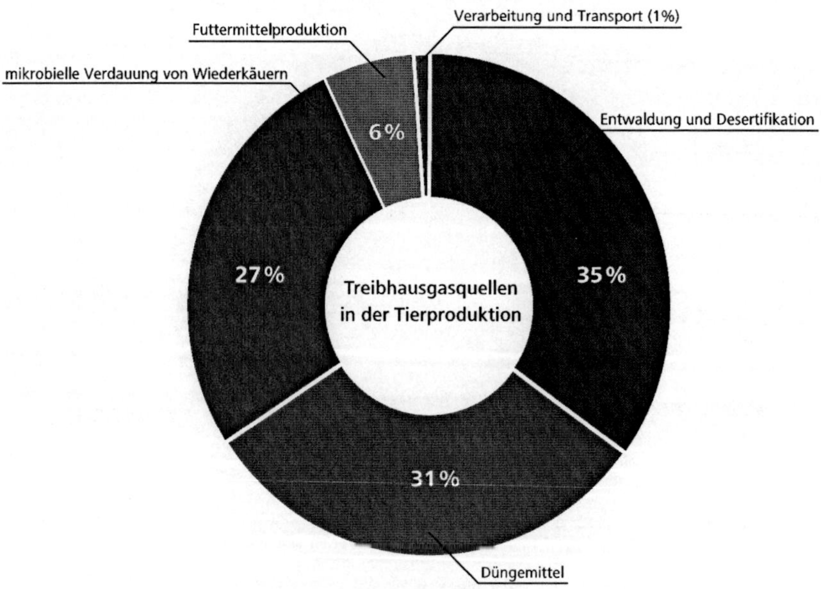

Abb. 9 Anteile der verschiedener Bereiche an den THG im Tierproduktionssektors (%) (Quelle nach: [FAO, 2009b])

4.3.1 Treibhausgasquellen im Tierproduktionssektor

Neben CO_2 stellen CH_4 und N_2O die wichtigsten Emissionen des Tierhaltungssektors dar, die an verschiedenen Stellen entlang der Produktion tierischer Produkte anfallen. Die klimarelevanten Auswirkungen der landwirtschaftlichen Tierhaltung reichen von den direkten THG-Emissionen durch das Tier und dessen organischen Dung (CH_4), über die Herstellung und den Einsatz von Mineraldüngern (CO_2, N_2O), die veränderte Landnutzung inkl. Entwaldung für die Viehfuttermittelerzeugung, den Verlust von CO_2 aus den Weideböden, bis zum Einsatz fossiler Brennstoffe bei der Futtermittelerzeugung, der Tierhaltung, der Verarbeitung und dem Transport von Getreide und Fleisch [McMICHAEL et al., 2007; BELLARBY et al., 2008]. Zusammengefasst machen alle entstehenden Emissionen entlang des Tierproduktionssektors 18% aller weltweiten anthropogenen THG aus. Davon gehen 13% auf vorwiegend extensive und 5% auf vorwiegend intensive Tierproduktionssysteme zurück [STEINFELD et al., 2006]. Von den insgesamt ca. 7,1 Gt CO_2-Äq, die im Tierproduktionssektor entstehen, geht das meiste auf Entwaldung und Desertifikation mit einem Anteil von 35% bzw. 2,5 Gt CO_2-Äq zurück. 31% bzw. 2,2 Gt CO_2-Äq entfallen auf das Düngemanagement (Produktion und Anwendung von synthetischen und organischen Düngermittel), 27% bzw. 1,9 CO_2-Äq auf die Tierproduktion selbst (mikrobielle Verdauung der Wiederkäuer) und der Rest geht auf die Futtermittelproduktion mit 6% bzw. 0,4 Gt CO_2-Äq und auf Verarbeitung und Transport mit 1% bzw. 0,03 Gt CO_2-Äq zurück [FAO, 2009b]. Die prozentuelle Aufteilung der verschiedenen Emissionsquellen im Tierproduktionssektor ist in Abb. 9 dargestellt.

4.3.1.1 Kohlendioxidemissionen durch den Tierproduktionssektor

Der Tierhaltungssektor macht 9% der weltweiten anthropogenen CO_2-Emissionen aus, wobei der größte Anteil davon auf veränderte Landnutzung[1] zurückzuführen ist [STEINFELD et al., 2006a]. Einer weiteren Einschätzung zufolge könnte dieser Anteil bei 15-20% liegen [STEINFELD et al., 1999].

1 Diese Landnutzungsänderungen müssen schließlich auch bei den indirekten Emissionen des Ernährungssektors eingerechnet werden, wodurch sich höhere Emissionswerte für die Landwirtschaft bzw. den Viehhaltungssektors ergeben. Jede Umwandlung von (Natur-)Land in Ackerfläche resultiert in der Freisetzung von CO_2, das in den Böden gespeichert ist [BELLARBY et al., 2008].

Das Erschließen neuer Weide- und Ackerflächen für Futtermittel führt – neben dem Verbrauch von fossiler Energie – über die Abholzung/Verbrennung von Waldgebieten zu indirekten CO_2-Emissionen, die nach BELLARBY et al. [2008] mit einem Anteil von 6-17% (5,9 ± 2,9 Gt CO_2-Äq) zu Buche schlagen. Die CO_2-Emissionen stellen allgemein die wichtigste Ursache neben CH_4 und N_2O in puncto Klimabilanz in der Landwirtschaft dar [BELLARBY et al., 2008]. Zumindest 2,5 Gt CO_2-Äq gehen dabei auf die Tierproduktion in Form von Weide- und Futtermittelflächen zurück [FAO, 2009b].

Die THG-Emsissionen durch Landnutzungsänderungen zeigen wegen der schweren Einschätzbarkeit der Entwaldung generell eine hohe Varianz. Veränderte Landnutzungen machten während der 90er-Jahre ca. 8,1 Gt CO_2/a aus bzw. hatten im Jahr 2000 einen Anteil von mindestens 8 Gt CO_2 [STERN, 2006; IPCC, 2001]. Dabei entfiel der Großteil auf die Landwirtschaft und hier vor allem auf Ackerflächen (68%) und Weideböden (13%); auf die Holzproduktion fielen 16%, auf veränderten Landbau 4% und 1% auf die Schaffung von Plantagen. So machten die geänderten Landnutzungen für die Landwirtschaft 20% der gesamten globalen THG in den 90er-Jahren aus [BELLARBY et al., 2008].

Dieser ermittelte Anteil von 20% an den globalen THG, gilt zugleich als die beste Schätzung für die Landnutzungsveränderungen, wobei das meiste auf die Expansion der Landwirtschaft und hier auf die Tierproduktion zurückgehen dürfte; der Wert für die globalen Landnutzungsänderungen weist generell eine Schwankungsbreite zwischen 10 und 30% auf [IPCC, 2001; WB, 2007; UNDP, 2007; IPCC, 2007].

Dass Landnutzungsänderungen global, aber speziell in Ländern mit einem hohen Anteil an Tropenwäldern, einen großen Impact für den Klimawandel haben können, zeigt der hohe Beitrag der Entwaldung allein in Brasiliens mit 5% zu den gesamten, globalen THG im Jahre 1990 [Fearnside, 2005]. Dies zeigt zum einen den generellen Impact von Entwaldungen und zum anderen die spezielle Bedeutung von Tropenwäldern (im Gegensatz zu Nadelwäldern beispielsweise) für die globalen THG-Emissionen. Bis 2050 werden 40% des jetzigen Amazonasgebietes verschwunden sein, wenn die momentanen Trends anhalten, was zu einem THG-Ausstoß von 32 ± 8 Gt führen würde. Der Gesamtgehalt an C in den Bäumen des Amazonas beträgt ca. 119 Gt, was ungefähr 1,5 Dekaden der momentanen weltweiten CO_2-Emissionen entspricht [SOARES-FILHO et al., 2006].

Bei den veränderten Landnutzungsänderungen spielen somit im Besonderen Entwaldungen für Weideland und Futtermittel eine Rolle. Durch die Abholzung von Wäldern werden große Mengen gespeichertes CO_2 frei. Wenn Wälder abgebrannt werden, kommen auch CO_2 und N_2O als Emittenten hinzu, die 6,3-8,5% des Impacts des durch die Entwaldung emittierten CO_2 ausmachen [McALPINE et al., 2009]. Mit der Entwaldung gehen auch künftige, potentielle CO_2-Speicher abhanden: Wälder stellen eine beträchtliche CO_2-Senke dar, wohingegen Ackerböden im Bezug auf den C-Gehalt, abgesehen von Wüsten und Halbwüsten, die geringsten Werte von allen Biomen aufweisen [BELLARBY et al, 2008]. Durch den Verlust dieses Speicherpotentials wird das THG-Potential von Entwaldungen indirekt verstärkt. Die CO_2-Emissionen durch Acker- und Weideböden sind ebenso mit einzuberechnen [FAO, 2009b].

Ein gewisser Teil der CO_2-Emissionen des Tierproduktionssektors geht auch auf den hohen Energiebedarf, vor allem für die Futtermittelproduktion, zurück. Der Einsatz mineralischer N-Dünger ist besonders energieintensiv; weiters benötigen Tierhaltung (Heizung), Maschinenherstellung, und Transport viel Energie [KOERBER et al., 2007; STEINFELD et al., 1998]. CO_2 wird zwar auch durch die Respiration der Wiederkäuer emittiert, aber als CO_2 neutral gehandhabt [STEINFELD et al., 1998]. Dies liegt an der Tatsache, dass Pflanzen zuvor für ihren Aufbau CO_2 der Atmosphäre entziehen, was ungefähr dem Wert des durch die Atmung der Tiere entstehenden CO_2 entspricht [FAO, 2009b].

Durch die größere Produktion von Nichtwiederkäuern im Gegensatz zu Wiederkäuern wird ein Anstieg des CO_2 aus dem Tierproduktionssektor erwartet. Dies begründet sich in der energieintensiveren Produktion von zusätzlichen Futtermitteln (N-Dünger, Traktoren, Transport), dem steigenden Transport an Futtermitteln und womöglich der verstärkten Rodung von Wäldern für den Futtermittelanbau, um den Bedarf an Tierprodukten zu stillen [UNDP, 2007; McALPINE et al., 2009].

4.3.1.2 Methanemissionen durch den Tierproduktionssektor

Zwischen 35 und 40% der globalen anthropogenen CH_4-Emissionen werden vom Tierhaltungssektor verursacht [STEINFELD et al., 2006a]. Die Tiernutzung ist die wichtigste anthropogene Quelle an den gesamten weltweiten CH_4-Emissionen und gehört zu den direkten Emissionen des Tierhaltungssektors.

CH_4, das 25-mal klimawirksamer als CO_2 ist (zu den unterschiedlichen Klimawirksamkeiten von THG sei auf FORSTER et al. [2007] und auf Tab. 2 in Kap. 3 verwiesen), entsteht beim Abbau der Nahrung durch die Umwandlung von Essigsäure in den Mägen von Wiederkäuern wie Rindern, Schafen und Ziegen.

60-80% der gesamten CH_4-Emissionen in der Landwirtschaft ergeben sich aus der beschriebenen Fermentation in den Mägen der über 3,4 Mrd. Wiederkäuer weltweit [BELLARBY et al., 2008; FAO, 2009b].

Die Anzahl der Tiere ist direkt mit dem Ausstoß an CH_4 verbunden und die Anzahl der Tiere, die aufzuzüchten sind, wird durch die Nachfrage für Fleischprodukte determiniert [BELLARBY et al., 2008]. Schweine (1-1,5 kg CH_4/Tier/a) und Hühner produzieren allgemein signifikant weniger THG durch die Verdauung im Vergleich zu Rindern (Rinder in US-Feedlots-Systemen bzw. intensive Rindermast: 50 kg CH_4/Tier/a; Milchkühe: 36-100 bzw. 119 kg CH_4/Tier/a) und Schafen (5-8 kg CH_4/Tier/a) [SUBAK, 1999; US-ENVIRONMENTAL PROTECTION AGENCY (US-EPA), 1998; FLACHOWSKY und MEYER, 2007]. Hoch konzentrierte Futtermittel fördern generell den CH_4-Ausstoß, auch via Tierexkremente, was den Impact der Futtermittelwahl verdeutlicht [BELLARBY et al., 2008].

Weitere CH_4-Quellen sind die Lagerung bzw. die Ausbringung von Stallmist, Gülle und Jauche [KOERBER et al., 2007].

4.3.1.3 Distickoxidemissionen durch den Tierproduktionssektor

Fast 65% der globalen anthropogenen N_2O-Emissionen werden vom Tierhaltungssektor verursacht [STEINFELD et al., 2006a].

N_2O entsteht vor allem durch Aufbringung synthetischer N-Dünger und durch die Lagerung und Aufbringung von Gülle [FAO, 2009b]. Weitere Quellen sind Emissionen durch Weideländer und Ackerflächen für die Herstellung von Futtermitteln [STEINFELD et al., 1998].

Mit einem Treibhauspotential von 298 ist es von den angesprochenen 3 THG das mit dem größten Erwärmungspotential für das Klima [FORSTER et al., 2007]. N-Dünger, ebenso wie Gülle und Mist, werden oft in zu hohen Dosen aufgetragen, sodass die Pflanze nicht den ganzen N, sondern durchschnittlich nur die Hälfte aufnehmen kann [BELLARBY et al., 2008]. Dieser wird in Grundwasser, Oberflächenwasser und Luft ausgetragen, wobei ein Teil des N-Überschusses direkt in Form von N_2O in die Atmosphäre freigesetzt wird [BELLARBY et al., 2008]. Der Anteil der synthetischen N-Dünger an den gesamten anthropogenen N_2O-Emissionen dürfte zwischen 20 und 50% liegen [SMIL, 2001].

Neben seiner klimatischen Relevanz trägt N_2O auch auf Grund seiner Langlebigkeit von 200 Jahren (CO_2: 100 Jahre; CH_4: 9-15 Jahre) nach Umwandlung zu anderen N-Oxiden zum Abbau des stratosphärischen Ozons bei [UHEREK, 2006]. NH_3-Emissionen aus dem Tierproduktionssektor, die zu 64% aller weltweiten NH_3-Emissionen beitragen, sind ein weiterer Effekt der hohen N-Austräge, womit sie einen maßgeblichen Anteil an der Versauerung von Ökosystemen haben [STEINFELD et al., 2006].

Bei den N_2O-Emissionen durch anorganischen N sind nur grobe Schätzungen möglich. So werden die anthropogenen Emissionen der reaktiven N-Anteile mit 80 Mio. t/a beziffert, wobei zwischen 10 und 15 Mio. t N auf synthetische N-Dünger und zumindest 30 Mio. t N als NH_3 auf die Tierhaltung zurückgehen. Ungefähr ein Viertel davon geht auf die Weidehaltung zurück [SMIL, 2001].[1]

4.3.1.3.1 Exkurs synthetische Stickstoffdünger

Die Produktion von synthetischen N-Düngern ist als sehr energieintensiv einzustufen. Zu den THG, die bei der Herstellung entstehen, kommen Emissionen aus dem Transport, der Lagerung und der Ausbringung durch Traktoren (CO_2 durch Sprit) hinzu. So zeichnen N-Dünger für den Ausstoß von 1,2% bzw. 0,3-0,6 Gt CO_2-Äq der gesamten globalen THG-Emissionen verantwortlich [BELLARBY et al., 2008]. Die Intensivierung der Landwirtschaft hat zu einem 800%igen Anstieg an Mineraldüngermitteln (von 11 auf 91 Mio. t) innerhalb von 45 Jahren seit 1960/61 geführt, wobei die Anwendung international/regional stark variiert.

Von den Entwicklungs- und Schwellenländern sind China und Indien global zu einem großen Anteil, zu 40 resp. 20%, für diesen Anstieg verantwortlich. Dagegen liegt der Gebrauch an den weltweiten Düngemitteln in Afrika bei lediglich 2%, wobei der Einsatz sogar zu gering sein dürfte, um fruchtbare Böden zu erhalten [BELLARBY et al., 2008].

---

1 ca. 64% der gesamten weltweiten NH_3-Emission entstehen durch den Viehhaltungssektor, wobei ein Teil des NH_3 über den Denitrifizierungsprozess im Boden zu N_2O umgewandelt wird [STEINFELD et al., 2006a; UHEREK, 2006]. NH_3 selbst ist zwar eher ein lokales bzw. regionales Problem als ein globales, doch ist es auf Grund seiner massiven Auswirkungen speziell auf das ganze Ökosystem (Versauerung der Vegetation und vor allem von Wäldern) nicht zu vernachlässigen. In Deutschland waren 1990 fast 80% aller natürlichen und naturnahen Ökosysteme übersäuert und der Eintrag kritischer Stoffe wie NH_3 müsste halbiert werden [BAYERISCHES LANDESAMT FÜR UMWELTSCHUTZ, 2004].

Die geringeren Preise in China auf Grund von staatlichen Förderungen für N-Dünger vor 1985 führten zu einer höheren Anwendung und zu dem Anstieg sowohl an THG als auch an Verunreinigungen und Eutrophierung von Gewässern.

4.4 Steigender Fleischkonsum und zukünftige Emissionen

Das IPCC [2007] hielt zusammenfassend fest, dass zum einen der steigende Bedarf an Fleisch zu weiteren Landnutzungsänderungen beispielsweise von Waldflächen zu Grasflächen führen dürfte, was meistens mit steigenden CO_2-Emissionen und einem erhöhten Bedarf an Futtermitteln (z. B. Weizen) verbunden ist. Höhere Rinderbestände werden zu höheren CH_4- und N_2O-Emissionen führen, obwohl intensive Haltungsformen (mit geringeren Emissionen per Produkteinheit) stärker zunehmen als Weidehaltungssysteme. Das könnte den erwarteten Anstieg der globalen THG-Emissionen verlangsamen [BELLARBY et al., 2008].

Zum anderen wird die zunehmende Intensivierung der Produktion von Rind-, Geflügel- und Schweinefleisch zur Zunahme der Tierexkremente und damit der globalen THG führen. Dies betrifft besonders Entwicklungsregionen in Süd- und Ostasien, Lateinamerika als auch Nordamerika [SMITH et al., 2007].

Zwischen 1990 und 2005 haben sich die globalen CH_4- und N_2O-Emissionen um 17% erhöht, wobei beide Gase ungefähr den gleichen Anteil ausmachten. Bis 2050 wird eine Zunahme um weitere 35-60% prognostiziert [BELLARBY et al., 2008; SMITH et al., 2007]. Die Hauptursache ist die steigende Nutztierhaltung und der erhöhte Einsatz von synthetischen N-Düngern für Futtermittel [BELLARBY et al., 2008].

Die Ursache an dem Anstieg der CH_4- und N_2O-Emissionen um 17% zwischen 1990 und 2005 lag zu 88% an drei Faktoren: Der Verbrennung von Biomasse (N_2O, CH_4), der Verdauung von Wiederkäuern (CH_4) und den Emissionen aus den Böden (N_2O) [US-EPA, 2006].

Bis 2020 wird, ausgehend vom Jahr 1990, eine Zunahme der Nicht-CO_2-Emissionen um 43% erwartet, frühere Prognosen gingen von einer Zunahme von 40% aus [US-EPA, 1998; US-EPA, 2006]. So wird prognostiziert, dass sich zwischen 1990 und 2020 die tierhaltungsbezogenen CH_4-Emissionen um 37-60% und die N_2O-Emissionen, die von dem gesteigerten Nahrungsmittelbedarf und den veränderten Ernährungsgewohnheiten abhängig sind, um mindestens 50% erhöhen [US-EPA, 2006; IPCC, 2007]. So werden die N_2O-Emissionen durch landwirtschaftliche Flächen und

CH_4-Emissionen durch Wiederkäuer gemeinsam zu über 77% aller landwirtschaftlichen Emissionen bis 2020 beitragen [US-EPA, 2006]. Der Anteil der N_2O-Emissionen an den gesamten landwirtschaftlichen Emissionen wird dann voraussichtlich 46% ausmachen [US-EPA, 2006]. Bis 2030 wird CH_4 aus der Tierverdauung von 94 auf 131% und N_2O aus den Tierexkrementen von 1,0 auf 1,4% zunehmen. Die N_2O-Emissionen aus der N-Dünger-Herstellung werden im selben Zeitraum um 30% zunehmen. Für NH_3 wird ebenfalls ein Anstieg von 38 auf 48% erwartet. Der künftige Anstieg der genannten Emissionen führt die Zunahme seit 1970 teilweise noch deutlicher fort [BOUWMANN et al., 2006].

Die einzige Region, in der eine Senkung der N_2O- und CH_4-Emissionen aus der Landwirtschaft prognostiziert wird, ist laut US-EPA [2006] Westeuropa. Grund hierfür dürfte die fallende Tendenz beim N-Düngereinsatz in den Industrieländern sein, die auf strengere Umweltauflagen (wie maximale N-Konzentrationsniveaus in Verbindung mit anfälligen Pönalzahlungen) und auf den Druck der KonsumentInnen zurückzuführen ist [BELLARBY et al., 2008].

Die jährlichen THG-Emissionen des gesamten Landwirtschaftssektors werden sich in den kommenden Dekaden auf Grund des eskalierenden Bedarfs an Lebensmitteln und veränderter Ernährungsgewohnheiten weiter erhöhen [IPCC, 2007]. Die prognostizierte Zunahme des Konsums tierischer Produkte wird sehr wahrscheinlich zu einem Anstieg der THG aus dem Tierproduktionssektor führen. Damit dürfte die bereits große Bedeutung der Tierhaltung für die globalen THG-Emissionen bzw. den Klimawandel weiter zunehmen.

5 Der Einfluss des Tierproduktionssektors auf die Ressource Land

Der steigende Nahrungsmittelbedarf wurde in der Vergangenheit stets mit einem Zuwachs der landwirtschaftlich genutzten Ackerflächen befriedigt. Obwohl die Steigerung der Produktivität seit 1950 mehr auf erhöhte Flächenerträge zurückzuführen ist, dehnen sich Ackerflächen auf Kosten von Wäldern, Feuchtgebieten und Weideland aus. Seit einiger Zeit sinkt die pro Kopf weltweit verfügbare Ackerfläche der Weltbevölkerung und wird auf Grund des zukünftigen Bevölkerungswachstums weiter abnehmen. Das verfügbare Ackerland sinkt auch auf Grund von Urbanisierung und Industrialisierung. Weideland nimmt zwar nicht so stark ab wie Ackerland, jedoch ist die Bewirtschaftungsintensität, welche durch die wachsende Weltbevölkerung angeregt wurde, auf Grund zunehmender Tierbestände deutlich gestiegen [ZICHE, 2005].

5.1 Flächenbedarf und Aufteilung des Tierproduktionssektors

5.1.1 Aufteilung der globalen Landflächen

Die gesamte Landfläche der Erde beträgt 13,0 Mrd. ha. Von dieser Fläche werden 38% (4,9 Mrd. ha) für landwirtschaftliche Zwecke genutzt. 30% (3,9 Mrd. ha) gehen auf Wälder und 32% (4,1 Mrd. ha) kaum nutzbare Flächen zurück, wie etwa bebautes oder unfruchtbares Land.[1,2]

Der Teil der landwirtschaftlich genutzten Fläche teilt sich dann auf in Weideflächen mit 68% (3,4 Mrd. ha), in Ackerflächen mit 29% (1,4 Mrd. ha) und in Dauerkulturen mit 3% (0,1 Mrd. ha) [FAOSTAT, 2010].[3]

Berücksichtigt man, dass ein Drittel der Ackerflächen dem Futtermittelanbau dient, beanspruchen Nutztiere fast 80% der weltweiten Landwirtschaftsfläche [STEINFELD et al., 2006a].

5.1.2 Anteil des Tierproduktionssektors

Die Viehzucht nimmt bei weitem den größten anthropogenen Anteil an der Landnutzung ein. Gesamtheitlich gesehen, beansprucht der Tierproduktionssektor 30% der gesamten Landoberfläche der Erde [STEINFELD et al., 2006a]. Dabei ist der Anteil des Weidelandes seit 1800 auf eine derzeitige Fläche von 3,4 Mrd. ha angestiegen – somit hat dieses seitdem um das 6-fache zugenommen [STEINFELD et al., 2006a; FAOSTAT, 2009b]. Des Weiteren dienen 0,5 Mrd. ha bzw. 33% aller Ackerflächen lediglich dem Futtermittelanbau [STEINFELD et al., 2006a]. Weideflächen und Ackerflächen nehmen somit zusammen 3,9 Mrd. ha bzw. fast 80% der globalen landwirtschaftlich genutzten Flächen ein.

Zu Beginn des 21. Jhdts. wurden 7% der weltweiten (eisfreien) Landoberfläche für den Getreideanbau für den direkten Konsum verwendet. Dagegen wurden 30% für

1 Auf Grund der gerundeten Werte ergibt sich hier nicht die exakte Gesamtfläche von 13,0 Mrd. ha.

2 Darunter fallen vor allem nicht-erschließbare Gebiete, die ungeeignet für Ackerbau, Weide- und Waldwirtschaft sind, auf Grund von Kälte, Trockenheit, Versteppung, »Versteinung«, Feuchtigkeit, Untiefe oder Unfruchtbarkeit, um Pflanzenwachstum zu ermöglichen [GOODLAND und PIMENTEL, 2000].

3 Beim Ackerbau wird zwischen temporären und permanenten bzw. dauerhaften Kulturen unterschieden. Dauerkulturen werden einmal angelegt und beanspruchen das Land für einige Jahre, ohne nach jeder jährlichen Ernte wieder angebaut werden zu müssen, wie z. B. Frucht- und Nussbäume und der Weinanbau.

die Tierproduktion (Ackerland für den Futtermittelanbau und Weideland) verbraucht. So ist lediglich ein Viertel dieser Flächen und damit ein relativ geringer Anteil für den direkten Konsum von Getreide gewidmet, was unter der Berücksichtigung der Verwendung von weniger produktiven Flächen für den Futtermittelanbau, einem Verhältnis von 1:4 entspricht [GALLOWAY et al., 2007]. Bedenkt man, dass 40% der weltweiten Getreide- und 90% der weltweiten Sojaernte an Tiere verfüttert werden, jedoch lediglich 13% der Gesamtkalorienaufnahme aus tierischen Produkten stammen, ist hier ein immenses Einsparungspotential gegeben [STEINFELD et al., 2006; FAO, 2006a; FAO, 2009b]. Während die Weltbevölkerung während des 18. Jhdts. von 1,0 auf 1,6 Mrd. Menschen durch die Expansion von kultiviertem Land heranwuchs, konnte diese Entwicklung im 19. Jhdt. nicht fortgeführt werden.

Es ist evident, dass aufgrund der sehr großen Anzahl an Menschen die nötigen höheren Ernteerträge größtenteils durch intensivere Kultivierungen anstatt durch weitere Landexpansionen erzielt werden mussten [SMIL, 2001]. Durch die höheren Ernteerträge durch den Einsatz von synthetischen N-Düngern konnte auch die Gesamtfläche an Ackerland reduziert werden. So bräuchte Amerika heute für die Nahrungsmittelproduktion ohne die Anwendung von synthetischen N-Düngern das Doppelte der jetzigen Fläche [SMIL, 2001].

Dennoch wurde seit 1945 mehr Land in Ackerflächen umgewandelt als in den zwei vorangegangenen Jahrhunderten zusammen. In den letzten vier Dekaden wuchsen die landwirtschaftlichen Flächen um ungefähr 10% – dies ging vor allem zu Lasten der Wälder und anderer Flächen in Entwicklungsländern [BELLARBY et al., 2008].

Um den generellen Nahrungsmittelbedarf und im Anschluss die veränderten Ernährungsgewohnheiten decken zu können, wurden bei der Tierfütterung nicht nur »Reste« sondern zunehmends auch eigens angebautes Getreide verwendet. Ein Trend, der derzeit global zu bemerken ist.

Der Einsatz von Getreide als Futtermittel hat 1950 in Nordamerika begonnen, sich in Europa und der damaligen Sowjet-Union fortgesetzt und sich ausgehend von einem sehr geringen Niveau rapide in Ostasien, Lateinamerika und Westasien erhöht. Dieser Bedarf an Getreide für Futtermittel hat den Bedarf an Ackerland für die Tierproduktion von einem ganz geringen Anteil auf ein Drittel des gesamten heutigen Ackerlandes gesteigert [STEINFELD et al., 2006a]. Der Grund für den steigenden Einsatz von Getreide als Futtermittel ist die langfristige Verringerung des Getreidepreises seit 1950. Die internationalen Preise für Getreide haben sich seit 1961 halbiert [STEINFELD et al., 2006a].

5.2 Konkurrenz durch andere Landwidmungszwecke

Die Betrachtung des Flächenverbrauchs ist insofern relevant, als dass es eine Konkurrenz um verfügbares Ackerland gibt. Der Gebrauch von Land erfüllt auch andere Zwecke wie Naherholung, ästhetische Aspekte und Biodiversität. Jedoch reduziert der Gebrauch von Land für Ackerflächen die Möglichkeiten zur anderweitigen Nutzung wie etwa zum Erhalt der Natur [AIKING et al., 2006].

Die qualitativ hochwertigsten Böden werden bereits durch die Landwirtschaft genutzt. Das bedeutet, dass zukünftige Landerweiterungen auf empfindlichen Böden vorgenommen werden, die wahrscheinlich keine hohen Ernteerträge gewährleisten können und durch Degeneration potentiell gefährdet sind [TILMAN et al., 2002]. Aus diesem Grund kann Land auch als wichtiger Ressourcen-Indikator fungieren.

Die gesamte verfügbare Fläche für Landwirtschaft ist nicht nur von biophysikalischen Bedingungen (z. B. verringerte Bodenqualität) und dem natürlichen Rückgang der pro Kopf nutzbaren Flächen abhängig, sondern auch vom Landbedarf für andere ökonomische und ökologische Zwecke wie Urbanisierung, Industrialisierung und Straßenbau [SMIL, 2001].

Urbanisierung und infrastrukturelle Entwicklung dürften die Ackerflächen in der Nähe von Ballungszentren reduzieren. Agrotreibstoffe wie Raps oder Mais, die vor ein paar Jahren nicht nur zu einer signifikanten Preissteigerung in ärmeren Ländern (z. B. von Mais in Mexiko auf Grund des hohen Verbrauchs an diesem Nahrungsmittel durch die amerikanischen Treibstoffindustrie für die Gewinnung von »Bio«-Ethanol, was negative Auswirkungen auf die Ernährungssicherheit für die lokale Bevölkerung hat) geführt haben, konkurrieren mit den Flächen für den Nahrungsmittelanbau.

In Zukunft wird die Landwirtschaft weiterhin, wahrscheinlich verstärkt um Land wie auch um Wasser mit anderen ökonomischen Aktivitäten wie der urbanen Entwicklung, der Industrie, der Waldwirtschaft, dem Energiesektor und dem Fischproduktionssektor konkurrieren müssen [GOODLAND und PIMENTEL, 2000; LOTZE-CAMPEN et al., 2006; GERBER et al., 2007].

Ein gewisser Anteil an Fläche ist auch der Natur zu widmen, im Sinne der Biodiversität und zur Erhaltung lebenswichtiger Funktionen der Umwelt für die Menschen und die Tier- und Pflanzenwelt, die unsere Überlebensgrundlage darstellt [LOTZE-CAMPEN et al., 2006].

5.3 Land- und Futtermittelbedarf in Tierproduktionssystemen

Die benötigte Landfläche für Tierprodukte auf Grund des unterschiedlichen Futtermittelbedarfs und unterschiedlicher Effizienz differiert beträchtlich [LOTZE-CAMPEN et al., 2006].

Die Menge und Qualität des erforderlichen Landes zur Tierproduktion hängen sehr stark vom Produktionssystem ab, so benötigen Schweine und Geflügel auf Grund der höheren Effizienz bei den Futtermitteln allgemein weniger Land. Jedoch werden für den Menschen nutzbare Ackerflächen zum Futtermittelanbau für die Schweine- und Geflügelfleischproduktion verwendet. Mit der Zunahme der Industrialisierung der Tierproduktion wird die Konkurrenz zwischen dem Futtermittelanbau und dem Lebensmittelanbau um Land und andere Ressourcen zunehmen [GALLOWAY et al., 2007]. Die Tierproduktion benötigt generell ein höheres Maß an Land als die Pflanzenproduktion, auch in Bezug auf die Produktionseinheit (kg) (siehe auch Kap. 5.6). Schweine können primär mit Getreide, aber auch mit menschlichen Futtermittelresten oder Abfällen aus der Fettproduktion aufgezogen werden [LOTZE-CAMPEN et al., 2006; NONHEBEL, 2006]. In der Praxis findet dieses System u. a. auf Grund fehlender Wirtschaftlichkeit und des generell steigenden Fleischbedarfs immer geringere Anwendung.

Ähnlich dazu können Wiederkäuer wie Rinder, Schafe und Ziegen mit einer Futtermittelmischung mit einem hohen Anteil an Getreide wie es in den Feedlots[1] Usus ist oder dem Gras von Weideflächen zur Mast aufgezogen werden [LOTZE-CAMPEN et al., 2006]. Wiederkäuer können hauptsächlich die für den menschlichen Verzehr nicht geeigneten, auf Nicht-Landwirtschaftsflächen angebauten Futtermittel verwerten, jedoch mit einer relativ geringen Effizienz [GALLOWAY et al., 2007].

5.3.1 Futtermittelbedarf und Effizienz verschiedener Tierarten

Ein wichtiger Zusammenhang zwischen der Tierproduktion und dem Verbrauch an Ressourcen wie Land, Wasser und Erdöl besteht in der geringen Umwandlungseffizienz bzw. dem hohen Futtermittelbedarf. Tiere verwandeln die in der Nahrung enthaltene

1 Feedlots sind Mastparzellen, in denen die Rinder zur Aufzucht mit konzentrierten Futtermitteln wie Soja und Weizen gemästet werden, im Gegensatz zu Weidesystemen mit Gras als Futtermittel. Diese Form von Mastbetrieb ist vor allem in den USA weit verbreitet.

Nahrungsenergie mit einer sehr geringen Effizienz in Fleisch um. So gehen bei der Umwandlung (je nach Tierart) 89-97% der gesamten in den Futtermitteln enthaltenen Energie verloren. Ebenso werden 80-96% des gesamten Proteins nicht in verwertbares Fett oder Protein umgewandelt (vgl. Tab. 3) [SMIL, 2002]. Des Weiteren gehen 99% der Kohlenhydrate und 100% der Ballaststoffe abhanden. Die Futtermitteleffizienz beeinflusst auch die THG-Bilanz tierischer Lebensmittel. Eine geringere Effizienz bei der Umwandlung von Futtermitteln führt durch den verminderten Output zu höheren THG-Emissionen [GARNETT, 2009].

Auf Grund der unterschiedlichen Umwandlungsrate neben anderen Faktoren ergibt sich für die verschiedenen Tierarten auch ein unterschiedlicher Futtermittelbedarf. So wird für Hühner ca. 2,5 kg, für Schweine 5 kg und für Rinder 10 kg Futtermittel pro kg Lebendgewicht benötigt [SMIL, 2002].

Die unterschiedlichen Angaben in der Literatur zu dem Futtermittelbedarf resultieren aus den verschiedenen Annahmen und der Berücksichtigung gewisser Faktoren, wodurch sich eine Schwankungsbreite des Futtermittelbedarfs für Hühner, Schweine und Rinder zwischen 1,7-4 resp. 2,4-5,9 und 5-13 kg ergibt [GARNETT, 2009; CASPARI et al., 2009].

	Huhn	Schwein	Rind
Futtermittel (kg/kg Lebendgewicht)	2,5	5,0	10,0
Ausschlachtgewicht/essbarer Anteil (% des Lebendgewichtes)	55	55	40
Futtermittel (kg/kg Ausschlachtgewicht)	4,5	9	25
Energieumwandlungseffizienz (% der Bruttoenergie)	11	9	3
Proteingehalt (% des Schlachtgewichtes)	20	14	15
Proteinumwandlungseffizienz (%)	20	10	4

Tab. 3 Futtermittelbedarf und Effizienz verschiedener Tierspezien bei der Umwandlung von Nahrungsenergie und -protein (Quelle nach: [SMIL, 2002])

Ein wesentlicher Grund für die geringe Futtermitteleffizienz bei der Verdauung bzw. Umwandlung ist der Grundbedarf des Tieres an Energie zur Aufrechterhaltung seiner Stoffwechselprozesse. Faktoren wie Schwangerschaft, Stress, Krankheiten und frühzeitiger Tod können den Futtermittelbedarf signifikant steigern [SMIL, 2002]. Das Input/Output-Verhältnis wird durch die Art des Futtermittels (z. B. Gras/Heu wie bei Wiederkäuern oder Getreide/Soja bei Schweinen und Hühnern), den Umwandlungsgrad, die kollaterale Verlustrate an Tieren im Betrieb, dem Ausschlachtgewicht bzw. -grad (Fleischmenge in Lebendgewicht/konsumfertigem Gewicht), dem tatsächlich verwendbaren Teil und den Küchenabfällen bzw. Kochverlusten (Fett/Knochen) bestimmt [SMIL, 2002].

Um das korrekte Input/Outputverhältnis von Futtermitteln zu ermitteln, sollten diese Faktoren berücksichtigt werden. Die in der Literatur aufscheinenden Werte stellen zumeist Unterschätzungen des tatsächlichen Futtermittelbedarfs dar, der sich in vielen Fällen lediglich auf das Lebendgewicht bezieht und den Ausschlachtungsgrad bzw. Schlachtabfälle nicht berücksichtigt (vgl. SMIL [2002]). Der Anteil der Fleischausbeute nach der Ausschlachtung beträgt bei Schweinen und Hühnern lediglich 55% und bei Rindern 40%. So liegt der Futtermittelbedarf für die tatsächliche Fleischausbeute (kg Futtermittel/kg verzehrbares Produkt) bei 4,5 kg für Hühner, 9 kg für Schweine und 25 kg für Rinder (vgl. Tab. 3) [SMIL, 2002].[1]

Der Futtermittelbedarf für Rinder ist generell schwer einzuschätzen, denn je mehr Gras hier zum Tragen kommt, desto weniger ist der Einsatz von Kraftfuttermitteln nötig; auf der anderen Seite, wenn kein Kraftfutter wie Mais und Soja verwendet wird, sinkt die Umwandlungsrate auf Grund der geringeren Verdaulichkeit von Grünfutter. Eine Rolle dabei spielt u. a. auch die Rasse des Rindes [GARNETT, 2009].

Für die Produktion von 1 kg tierischem Protein benötig man durchschnittlich 6 kg an pflanzlichem Protein [PIMENTEL, 2004a]. Jährlich werden in den USA ca. 45 Mio. t pflanzliches Protein verfüttert, um ungefähr 7,5 Mio. t tierisches Protein (Fleisch, Milch und Eier) zu produzieren [PIMENTEL, 2004b]. Die Tiere im amerikanischen Tierproduktionssystem konsumieren damit das 7-fache an Getreide als die gesamte amerikanische Bevölkerung. Dieselbe Menge könnte 840 Mio. Menschen auf Grundlage einer Pflanzen basierenden Diät ernähren [PIMENTEL, 2004a].

Generell benötigt die Intensivtierhaltung, unabhängig von der Tierart, höhere Futtermittelmengen als die Weidehaltung [BELLARBY et al., 2008].

1 Diese Betrachtung geht von der Anwendung von Feedlots für Rinder aus. Der Futtermittelbedarf von Rindern ist sehr stark von den verwendeten Futtermitteln abhängig. Wird ein signifikanter Teil des Futtermittels durch unbehandelte Weideflächen generiert, sinkt der angenommene Wert [SMIL, 2002].

5.4 Begrenzte Erntesteigerungen und Landexpansionsmöglichkeiten

Die Umwandlung von nicht-kultivierten Flächen in Ackerland wird und kann sich wahrscheinlich nicht fortsetzen, da die meisten fruchtbaren Flächen schon für den Ackerbau erschlossen wurden bzw. fast keine geeigneten Flächen mehr zur Verfügung stehen [BELLARBY et al., 2008; GOODLAND und PIMENTEL, 2000]. Ausnahmen sind einige Gebiete in humiden, tropischen Regionen, was sehr wahrscheinlich weitere Entwaldungen und Landdegradierungen zur Folge hätte [BELLARBY et al., 2008]. Dies würde auch wieder in CO_2-Emissionen resultieren und eine Gefährdung des Lebensraums und der Anbaugebiete für die Subsistenzwirtschaft von indigenen Völkern mit sich bringen. Dieses Szenario wird sehr wahrscheinlich zutreffen, da mit einer Ausweitung des globalen Ackerlandes um 13% gerechnet wird [FAO, 2002a].

In den Landwirtschaftssystemen von Amerika und Europa sind die Möglichkeiten einer weiteren Expansion des Ackerlandes gering und der globale Futtermittelbedarf dürfte daher eher zu Substitutionen unter den angebauten Gütern führen [GALLOWAY et al., 2007].

Wie bekannt, steigt der Bedarf an Tierprodukten weiter rapide an. Da der Großteil der für die Landwirtschaft geeigneten Flächen bereits genutzt wird, gibt es wenige Möglichkeiten zu expandieren. Eine Steigerung der Erträge durch Nutzung von neuen Flächen wird aus mehreren Gründen schwierig werden und eher zu einer Verringerung der globalen Ernte führen:

- Die zunehmende Landdegradierung bzw. die Intensivierung der Landbearbeitung, wie sie z. B. in Südostasien beobachtet wurde, ist direkt assoziiert mit geringerer Produktivität, Engpässen und Verschmutzung von Wasserressourcen, Bildung von Hartstein und Staunässe/Vernässung, Versalzung, geringerer Bodenfruchtbarkeit, erhöhter Bodentoxizität und höheren Pestpopulationen [PINGALY und HEISEY, 1999; PINGALY, 2001]. Auch die Expansion der Landwirtschaft auf natürliche Ökosysteme hat schwerwiegende ökologische Folgen für die Biodiversität und Mechanismen wie die Erosionskontrolle und Wasserregulierung [STEINFELD et al., 2006a].
- Es steht wenig geeignetes Land für die Landwirtschaft zur Verfügung [TILMAN et al., 2002].

- Der Einfluss des Klimawandels, der auf Grund der unterschiedlichen THG-Szenarien insgesamt schwer einzuschätzen ist, könnte sich insgesamt positiv auf Flächen und Ernteerträge auswirken. Es gibt regionale Unterschiede hinsichtlich der prognostizierten Ernteerträge: In einigen Industrieländer werden sich die Umweltbedingungen für den Ackerbau durch die Erwärmung verbessern, doch in ärmeren Ländern ist mit Ernteeinbußen auf Grund des Klimawandels und somit einer deutlichen Verschlechterung der Ernährungssituation zu rechnen [RAHMSTORF und SCHELLNHUBER, 2007].
- Bodenveränderungen [SMIL, 2001].
- Wachsende regionale Wasserengpässe [ENGELMAN et al., 2000].
- Höhere Konzentrationen von stratosphärischem Ozon – 35% aller weltweiten Getreidebestände sind durch die schadhafte Wirkung des Ozons betroffen [TILMAN et al., 2002].
- Geringere Reaktivität bzw. »Ansprechen« der Ackerpflanzen auf höhere Nährstoffgaben (zur Erntesteigerung) wie N und Phosphor [SMIL, 2001; TILMAN et al., 2002].

So wird sich der Bedarf an intensiven, möglichst ertragsreichen Anbausystemen auf den sich verringernden Ackerflächen erhöhen. Trotz der Unsicherheiten diverser Projektionen der diesbezüglichen Entwicklungen ist es sehr wahrscheinlich, dass die negativen Folgen der Umweltveränderungen gegenüber den positiven überwiegen werden [SMIL, 2001].

Um den höheren Bedarf an Flächen zu decken, gibt es drei Optionen: Entweder technologische Fortschritte um die Erträge zu erhöhen, eine immense Vergrößerung der Anbauflächen oder die Verschiebung des indirekten Konsums von Nahrungsressourcen über das Tier hin zu einem direkten Konsum von Nahrungsressourcen. Letzteres ist eine mögliche, jedoch schwierige Option. Ein möglicher technologischer Fortschritt dagegen müsste in einem so großen Ausmaß stattfinden, dass es als unwahrscheinlich gilt. Eine Expansion des Landes scheint das realistischste Szenario zu sein, obwohl aus vielseitigen Gründen (siehe zuvor genannte Punkte) eine markante Steigerung schwierig sein wird und nicht als nachhaltig und zielführend erachtet werden kann.

Dabei wird es zu einer Verschiebung von Weideland hin zu einem verstärkten Futtermittelanbau kommen [NAYLOR et al., 2005]. Einige afrikanische und lateinamerikanische Länder könnten ihre Ackerflächen auf Kosten eines weiteren signifikanten

Verlustes an Regenwald expandieren, die weltweiten Optionen einer weitflächigeren extensiven Landwirtschaft sind jedoch begrenzt [SMIL, 2001].

Mittlerweile sind die meisten potentiell verfügbaren Flächen bewirtschaftet und zukünftige Produktionssteigerungen werden somit hauptsächlich durch intensivere Produktionsmethoden auf dem momentan verfügbaren Land zu gewährleisten sein [LOTZE-CAMPEN et al., 2006].

5.5 Landdegradierung durch extensive Weidesysteme

5.5.1 Überblick über die weltweit degradierten Flächen

Ungeeignete Landwirtschaftsmethoden haben bereits weitflächig schwerwiegende Landdegenerationen hervorgerufen [KENDALL und PIMENTEL, 1994].

Durch den hohen Nitrateintrag, Überweidung, Bodenverdichtung und fortschreitende Erosion, hauptsächlich durch die Tier- bzw. Weidehaltung gelten 20-25% der gesamten weltweiten Landfläche bis zu einem gewissen Grad bereits als degradiert und unfruchtbar [STEINFELD et al., 2006a; UN, 2004b].

Trockengebiete machen 41% der gesamten Erdoberfläche aus [MILLENNIUM ECOSYSTEM ASSESSEMENT (MEA), 2005]. 70% der weltweiten Trockenregionen sind degradiert bzw. von Desertifikation (Wüstenbildung) betroffen, hauptsächlich durch Überweidung [STEINFELD et al., 2006a; UN, 2004b]. Laut dem MEA [2005] der Vereinten Nationen sind weit über 2 Mrd. Menschen, von denen über 90% in Entwicklungsländern wohnen, von Bodendegradierung und damit potenziell auch von Desertifikation betroffen [MEA, 2005]. Die sehr empfindlichen Böden, vor allem von ehemaligen Tropengebieten und Naturlandschaften, werden zunehmend für die Weidehaltung und den Ackerbau verwendet.

Die Degradierung von Weideflächen betrifft primär Afrika (2,4 Mio. km^2), aber auch Asien (2 Mio. km^2) und in einem geringeren Ausmaß Lateinamerika (1,1 Mio. km^2). 73% der Flächen in semi-ariden Trockengebieten in Afrika, wo Tierhaltung für viele Menschen die Existenzgrundlage bedeutet, sind degradiert [STEINFELD et al., 2006a].[1] Dabei werden die verfügbaren Flächen sogar zunehmend für den Futtermittelanbau

1 Ähnliche Degradierungsraten von Trockengebieten weisen auch Südamerika (73%), Asien (71%) und Nordamerika (74%) auf [STEINFELD et al., 2006a].

bzw. für die Weidehaltung für den Export in Industrieländer genutzt, anstelle für die Versorgung der einheimischen Bevölkerung [STEINFELD et al., 2006a; BARONI et al., 2006].
Ungefähr 60% der gesamten weltweiten Weideflächen gelten als überweidet und sind von möglichen Erosionserscheinungen (fortgeschrittene Erosion) bedroht [PIMENTEL und PIMENTEL, 2003]. 20 bis zu 70% der gesamten Weideflächen gelten bis zu einem gewissen Ausmaß als degeneriert, vor allem auf Grund von – durch den Tierproduktionssektor induzierte – Überweidung, Bodenverdichtung und Erosion. Die Hälfte der Weideflächen in Zentralamerika werden auf Grund extensiver Weidesysteme als degradiert eingeschätzt [STEINFELD et al., 2006a].

Hinsichtlich des Ackerlandes sind ein Drittel des Ackerlandes in Asien, die Hälfte in Südamerika und sogar zwei Drittel in Afrika degeneriert. Der Tierhaltungssektor ist in Amerika pro Jahr für 55% der gesamten erodierten Bodenmasse auf landwirtschaftlichen Flächen verantwortlich [STEINFELD et al., 2006a]. Im Falle der jahrelangen Nutzung auf demselben Areal dürften intensivere Produktionssysteme zu Landdegradierungen führen [LOTZE-KAMPEN et al., 2006].

5.5.2 Arten der Landdegradierung

Die wichtigsten Arten der Landdegradierung sind Bodenerosion durch Wind und Wasser, chemische Degradierung (z. B. Nährstoffverluste, Versalzung, Versauerung, Humusverlust, Verunreinigungen) und physikalische Degradierung (Bodenverdichtung und Staunässe[1]). Landdegradierung ist in gewissen Regionen von großer Bedeutung; wie sich diese Erscheinung auf die globale Ernährungssicherung auswirkt, bleibt unklar [LOTZE-CAMPEN et al., 2006]. Während in Industrienationen Eutrophierung und Nitrateinträge auf Grund des hohen Einsatzes an N-Düngern kritische Punkte sein können, sind in Entwicklungsregionen wie Subsahara-Afrika reduzierte Bodenfruchtbarkeit und Bodenerosion auf Grund inadäquater Wiederanreicherung der ausgetragenen bzw. verloren gegangenen Nährstoffe problematisch [LOTZE-KAMPEN et al, 2006].

Die Erosions- und Degenerierungsrate der Böden nimmt deutlich zu. In den USA verlieren 90% aller Ackerflächen 13 t Boden/ha/a, d. h. 13-mal mehr Boden als nachhaltig wäre, denn 1 t/ha/a gilt als nachhaltiger Bodenverlust. Die Bodenverlustsrate liegt bei

1 Staunässen entstehen, wenn das Wasser aus dem Boden nicht mehr abfließen kann.

amerikanischen Weideländern bei durchschnittlich 6 t/ha/a. Ungefähr 500 Jahre werden benötigt, um den Verlust von 25 mm verlorenem Boden zu ersetzen. Kunstdünger können gewisse Nährstoffverluste durch Bodenerosion abdecken, doch dies benötigt große Mengen an fossiler Energie [PIMENTEL und PIMENTEL, 2003].

5.5.3 Ökologische und soziale Folgen

Die Expansion von Weideflächen und der Futtermittelanbau in Naturgebieten werden als kritisch erachtet. Damit verbunden sind der Verlust von Vegetation, Biodiversität auf Grund von Zerstörungen von Habitaten und gestörten Wasserkreisläufen, Erschöpfung der Wasserressourcen durch reduzierte Grundwasseranreicherung, und die CO_2-Abgabe und Oxidation von organischer Materie, was natürlich einen Einfluss auf den Klimawandel hat. Die genannten Probleme treten vor allem auch in Folge der Degenerierung von Weideflächen auf [STEINFELD et al., 2006a].

Landdegradierung führt im Allgemeinen zu geringeren Erträgen. Bodenverdichtung dürfte für geschätzte Ernteeinbußen von 25-50% in Teilen der EU und Nordamerika verantwortlich sein [STEINFELD et al., 2006a].

Vor allem Westafrika, aber auch Asien, wird in Zukunft von dieser Entwicklung betroffen sein. In Afrika dürften sich die Ernteerträge auf Grund der Bodenerosion in der Vergangenheit um 2-40%, durchschnittlich um 8,2%, verringert haben [SCHERR, 1999]. In den ostafrikanischen Hochländern kann Bodenerosion neben anderen Faktoren zu einem Produktivitätsverlust von 2-3% pro Jahr führen [WB, 2007].

90% der massiv von Bodendegradierung betroffenen Trockengebiete liegen in den Entwicklungsländern [MEA, 2005]. So wird beispielsweise die Desertifikation der Böden, kumulativ gesehen, wegen der geringeren Produktivität ungefähr 500 Mio. AfrikanerInnen betreffen [STEINFELD et al., 2006a].

Weltweit entspricht der jährliche Verlust an den 75 Mrd. t Böden einem Betrag von 400 Mrd. US $/a bzw. 70 US $/Person/a [STEINFELD et al., 2006a].

Ein minimaler Anstieg der Bodendegradierung könnte bis 2020 zu einer Erhöhung des Weltpreises für Grundnahrungsmittel, besonders für Mais, Reis und Weizen, um 17-30% führen. Ein weiterer Anstieg wird zu einer signifikanten Zunahme der Verarmung im ländlichen Raum und der Malnutrition (Mangelernährung) führen, vor allem in Afrika und Südostasien [SCHERR, 1999].

Neben verminderter Nahrungsmittelproduktion und Ernährungssicherheit erschwert

Landdegradierung das landwirtschaftliche Einkommen und somit das wirtschaftliche Wachstum, wie anhand von Ghana und Nicaragua belegt wurde [SCHERR und YADAV, 1996; SCHERR, 1999]. Landdegradierung kann darüber hinaus zu Emigrationen und Entvölkerung in den degradierten Regionen führen [STEINFELD et al., 2006a].

5.6 Der Flächenbedarf unterschiedlicher Nahrungsmittel

Der Flächenbedarf für Tierprodukte variiert deutlich innerhalb der verschiedenen Tierspezies. Eine Auswertung von 16 Studien ergab, dass für die Produktion von 1 kg Rindfleisch 27-49 m^2 erforderlich sind, wogegen die Produktion von 1 kg Schweinefleisch 8,9-12,1 m^2 und 1 kg Geflügel 8,1-9,9 m^2 benötigen [DE VRIES und DE BOER, 2010]. Begründet ist dies zum einen in den Reproduktionszyklen und zum anderen in der höheren Futtermitteleffizienz von Nichtwiederkäuern. Milch und Eier benötigten zwar lediglich 1,1-2,0 resp. 4,5-6,2 m^2/kg, doch geht dies auf ihren relativ hohen Wassergehalt zurück. Wenn der Flächenbedarf auf ihre hauptsächliche ernährungsphysiologische Funktion, dem Proteingehalt, bezogen wird, ergeben sich Werte von 33-59 resp. 35-48 m^2 für 1 kg Milch bzw. Eier. Auf diese Einheit bezogen, benötigen sie damit eine ähnlich große Fläche wie Schweinefleisch (47-64 m^2) und Hühnerfleisch (42-52 m^2). Rindfleisch beansprucht mit 144-258 m^2/kg die größte Fläche [DE VRIES und DE BOER, 2010]. Auch bezogen auf die durchschnittliche tägliche Aufnahme pro Person benötigt Rindfleisch (60 g/Person/d) die meiste Fläche (1,7-3,0 m^2). Milchprodukte rangieren trotz ihrer hohen Aufnahme (545 g/Person/d) mit einem Flächenbedarf von 0,6-1,1m^2 auf dem zweiten Rang. Schweinefleisch (82 g/Person/d), Hühnerfleisch (74 g/Person/d) und Eier (36 g/Person/d) machen 0,7-1,0 bzw. 0,6-07 und ca.0,2 m^2 aus [DE VRIES und DE BOER, 2010].

Tierische Lebensmittel		Pflanzliche Lebensmittel	
	Flächenbedarf (m^2/1.000 kcal)		Flächenbedarf (m^2/1.000 kcal)
Rindfleisch	31,2	Ölfrüchte	3,2
Hühnerfleisch	9,0	Obst	2,3
Schweinefleisch	7,3	Hülsenfrüchte	2,2
Eier	6,0	Gemüse	1,7
Vollmilch	5,0	Getreide	1,1

Tab. 4 Flächenbedarf von verschiedenen Lebensmitteln pro verzehrfähiger Energie des Produkts (m^2/1.000 kcal) (Quelle nach: [Peters et al., 2007])

PETERS et al. [2007] untersuchten den spezifischen Flächenbedarf von Lebensmitteln für den amerikanischen Staat New York. Der Bedarf an Fläche wurde abschließend in m^2 pro 1.000 kcal angegeben.[1] Aus Tab. 4 ist zu entnehmen, dass der Flächenbedarf für tierische Lebensmittel deutlich höher lag. So benötigten pflanzliche Lebensmittel maximal eine Fläche von 1,1 m^2/1.000 kcal für Getreide bis zu 3,2 m^2/1.000 kcal für Ölfrüchte. Tierische Lebensmittel benötigten dagegen 5 m^2/1.000 kcal für Vollmilch bis zu 31,2 m^2/1.000 kcal für Rindfleisch.[2] Tierische Produkte ausgenommen Rindfleisch benötigten gegenüber Weizen durchschnittlich das 3,3 bis 6,5-fache an Land [PETERS et al., 2007].

REIJNDERS und SORET [2003] zeigten in ihrer Studie zu den unterschiedlichen ökologischen Impacts verschiedener Proteine, dass für Käse 5-mal mehr Land als für Lupinenkäse und für Fleisch 6- bis 17-mal mehr Land benötigt wird als ein auf Soja basierendes Fleischsimultanprodukt.

In einer holländischen Studie wurde der Flächenbedarf für unterschiedliche Lebensmittel ermittelt. Für den Anbau von 1 kg Gemüse bzw. 1 kg Obst wird eine marginale Fläche von 0,3 bzw. 0,5 m^2 benötigt. Für Getreide wurde ein Wert von 1,4 m^2/kg ermittelt. Rind-, Schweine- und Hühnerfleisch konstatierten mit 20,9 resp. 8,9 und 7,3 m^2/kg. Fleisch benötigt damit zumindest um den Faktor 5 mehr an Fläche als pflanzliche Grundnahrungsmittel. Milch, Vollmilch, Eier und Käse datierten mit Werten von 1,2 resp. 3,5 und 10,2 m^2/kg. Auffällig waren die Werte für Öle (20,9 m^2/kg) und Tee (35,2 m^2/kg), wobei hier jedoch die geringere durchschnittliche Verzehrsmenge zu beachten ist [GERBENS-LEENES et al., 2002].

Fleisch- und Milchprodukte beanspruchten zusammen fast die Hälfte (46%) aller im Inland und Ausland benötigten Acker- und Weideflächen für den täglichen Bedarf an Essen und Trinken für die holländische Bevölkerung. Öle und Fette bzw. Getränke nahmen einen Anteil von 24 resp. 11% ein. Gemüse, Obst und Kartoffeln machten zusammen 5% aus und Brot ebenfalls 5%. Die letzten vier Grundnahrungsmittel zusammen nahmen somit weniger Fläche in Anspruch als Getränke, wobei hier der Großteil auf Tee und Kaffee zurückgeht [GERBENS-LEENES et al., 2002].

Eine weitere holländische Studie zum Flächenbedarf von Tierprodukten schließt an die bisherigen Ergebnisse vorangegangener Studien an. Für die Produktion von je 1 kg

1 Beim Bezug auf die Kilokalorien wird die unterschiedliche Energiedichte von Lebensmitteln berücksichtigt.
2 Die Werte beziehen sich hier auf alle Teile der jeweiligen Fleischsorte. Wenn man lediglich die mageren Teile berücksichtigt ergeben sich für Rindfleisch, Hühnerfleisch und Eier, Werte von 54,6 resp. 14,3 und 17,9 m^2/1.000 kcal [PETERS et al., 2007].

Rind-, Schweine- und Hühnerfleisch wurde eine Fläche von 7,7 resp. 10,3 und 29 m^2 errechnet. Als Lösungsansätze, um dem künftigen Flächenbedarf gerecht zu werden, wurden die Auswahl der Tierart, eine Optimierung der eingesetzten Futtermittel, die Wahl des Anbausystems und die Wahl einer eher vegetarischen Ernährung genannt. Dass es landes- und systemspezifische Unterschiede zwischen den Ernteerträgen und damit dem Gebrauch an Land für Futtermittel gibt, zeigte die Varianz bei Schweinefleisch hinsichtlich des Flächenbedarfes um den Faktor 2 zwischen dem weltweiten (8,5 m^2) und einem sehr hohen Ertragsniveau (16,9 m^2) [ELFERINK und NONHEBEL, 2007].

Nach dem Konzept des Ökologischen Fußabdruckes[1] benötigt der Mensch derzeit 2,2 gha/Person. Das verträgliche Maß liegt bei 1,8 gha/Person, was einer Übernutzung der weltweiten Ressourcen um 22% entspricht. Ab ca. 2030 werden wir voraussichtlich die ökologischen Grenzen um das Doppelte überschritten haben – das heißt, wir würden dann die 2-fache biologische Kapazität unseres Planeten benötigen [HAILS, 2008].

In einer Berechnung des Ökologischen Fußabdruckes für 178 Länder resultierte die fleischbetonte Ernährung in Nordamerika in einer doppelt so hohen Umweltbelastung wie die Ernährungsweisen in Afrika und Asien. Tierische Produkte verursachten 35% der Umweltbelastung, waren jedoch nur für 16% der Nahrungsenergie verantwortlich [WHITE, 2000].

5.7 Der Flächenbedarf unterschiedlicher Ernährungsstile

In einer Fallstudie für den Staat New York wurden 42 verschiedene Ernährungsweisen miteinander verglichen, wobei der Anteil von Fleisch und Eiern von 0 bis 381 g/d und der Fettgehalt von 20-45% der Gesamtkalorien variierte. Eine Ernährung mit einem mittleren Fleischgehalt (190 g Fleisch, 52 g Fett) benötigt 0,48 ha. Wenn man hinsichtlich des Fleischkonsums zwei Extrema betrachtet, benötigte eine vegetarische Ernährungsweise (0 g Fleisch, 52 g Fett) 5-mal weniger Fläche als eine sehr fleischreiche

1 Ökologischer Fußabruck (Ecological Footprint) = ein Maß für die weltweite Inanspruchnahme von biologisch aktivem Land und Wasser, das für die Produktion der Konsumgüter und die Entsorgung der entstehenden Abfälle nötig ist. Die Biokapazität und die Größe des Ökologischen Fußabdrucks werden in globalen Hektar (gha) (»global hectare«) pro Person angegeben. Dieser beschreibt die weltweit durchschnittliche biologische Produktivität pro Hektar (vgl. HAILS, [2008]).

Ernährung (381 g Fleisch, 52 g Fett). Dies entspricht 0,2 bzw. 0,9 ha/Person/a an Acker- und Weideland für die vegetarische bzw. die fleischreiche Ernährung; auf Basis aller verfügbaren Weide- und Ackerflächen des Staates New York würde das einer Versorgung von ca. 6 Mio. gegenüber 2 Mio. Menschen entsprechen. Je höher der Fleischkonsum, desto mehr Fläche an Weide- und Ackerland wurde benötigt, wobei eine Veränderung der Fettaufnahme auch einen gewissen Einfluss haben kann. Wenn der Fettanteil für eine vegetarische Ernährung auf 80 g (31%) erhöht wurde, konnten gleich viele Menschen ernährt werden wie bei einer fleischreduzierten Ernährung mit weniger Fett (63 g Fleisch, 71 g Fett). Derzeit liegt in den USA die durchschnittliche tägliche Aufnahme an Fleisch bei 163 g und an Fett bei 41% (der gesamten Energiezufuhr) pro Person [PETERS et al., 2007].

Frühere Studien ergaben, dass eine vegetarische Ernährung um mehr als 3-mal weniger Fläche benötigt als eine omnivore Ernährung [PENNING DE VRIES et al., 1995; BOURMA et al., 1998 zit. n. GERBENS-LEENES et al., 2002].

Die bereits rapide Industrialisierung des Tierhaltungssektors einhergehend mit einer erhöhten Produktion an Nichtwiederkäuern wird den Bedarf an Ackerland und auch an Wasser und benötigten Nährstoffen vergrößern und somit die Konkurrenz um Ackerflächen (und auch um andere Ressourcen) zwischen dem Anbau für Futtermittel und dem Anbau von Lebensmitteln für den direkten menschlichen Konsum verschärfen [GALLOWAY et al., 2007].

Europa könnte auf seinen verfügbaren Flächen theoretisch genug pflanzliches Protein anbauen, um sich selbst zu versorgen, jedoch nicht genug, um die Tierproduktion einzubeziehen. Gerade mal 20% des verfütterten Proteins stammen aus Europa. Die restlichen 80% müssen unter anderem aus Entwicklungsländern importiert werden, was einen wichtigen Faktor für die Verarmung und die Ausbeutung der ökologischen Ressourcen dieser Länder darstellt [BARONI et al., 2006].

Um eine weltweite Ernährung, bestehend aus pflanzlichen und tierischen Produkten, zu gewährleisten, braucht es ungefähr 0,5 ha Ackerland/Person/a. Global ist für jeden Menschen die Hälfte dieser Fläche verfügbar, wobei der chinesischen Bevölkerung lediglich 0,08 ha Ackerland/Person/a zur Verfügung steht. Es sind bereits fast alle für den Ackerbau geeigneten Flächen erschlossen und die Landverfügbarkeit wird auf Grund des Bevölkerungswachstums, der Urbanisierung, des Straßenbaus und der Landdegeneration, die allesamt einer steigenden Tendenz unterworfen sind, geringer werden [TILMAN et al., 2002; GOODLAND und PIMENTEL, 2000].

Der unterschiedliche Flächenbedarf diverser Lebensmittel und Ernährungsweisen spielt ebenso eine gewichtige Rolle. Im Bezug auf die Effizienz beim Landgebrauch kann man deutliche Unterschiede zwischen tierischen und pflanzlichen Lebensmitteln erkennen (vgl. Tab. 4). So kann eine Fläche von 1 ha/a auf Basis von Reis und Kartoffeln 19 resp. 22 und auf Basis von Rindfleisch und Lamm 1 resp. 2 Menschen versorgen [WHO, 2008].

Wenn die Menschen in Entwicklungsländern pro Kopf genauso viel Fleisch essen würden wie in den Industrieländern, müsste die erforderliche landwirtschaftliche Fläche um zwei Drittel größer sein als jetzt [NAYLOR et al., 2005].

Einer konservativen Einschätzung zufolge hat der direkte menschliche Konsum von pflanzlichem Protein das Potential, den Bedarf an natürlichen Ressourcen, wie Land aber auch an fossilen Treibstoffen, um das 4- bis 6-fache zu reduzieren, im Gegensatz zum indirekten Konsum via tierischem Protein [AIKING et al., 2006]. Eine auf tierischem Protein basierende Ernährung benötigt somit um eine Größenordnung mehr Ackerland als eine auf pflanzlichem Protein basierende Ernährung [McMICHAEL et al., 2007].

Dies dürfte ein wichtiger Faktor im Zusammenhang mit der Tatsache sein, dass die fruchtbarsten Ackerflächen verbraucht, unsere Ressourcen begrenzt sind und die Weltbevölkerung weiterhin steigt. Die Degradierung von Böden und Wäldern, der fortschreitende Klimawandel, Extremereignisse und die sich verschärfende Konkurrenz um Flächen werden sich für einen zusätzlichen Druck verantwortlich machen.

Europa und auch andere Länder könnten auf Grundlage einer vegetarischen Ernährung ihren Autarkiegrad deutlich steigern und damit dem weltweiten Trend der zunehmenden Tierproduktion, wie es beispielsweise vor allem in China zu beobachten ist, entgegenwirken.

6 Der Vergleich zwischen extensiven und intensiven Tierproduktionssystemen

Bei der Betrachtung von intensiven[1] und extensiven Tierhaltungssystemen ergeben sich einige Unterschiede. Wenn es um die Gesundheit und das Wohlbefinden von Nutztieren geht, wäre die extensive Variante zu bevorzugen. Doch auf Grund der sozioökonomischen Entwicklung und dem zukünftig weiter steigenden Bedarf an Fleisch und Tierprodukten wird sich keine Wählbarkeit des einen oder anderen Systems ergeben. Es wird zwangsläufig zu einer weiteren Intensivierung der Tierhaltung kommen [GALLOWAY et al., 2007; BELLARBY et al., 2008]. Um die 9,1 Mrd. Menschen auf der Welt im Jahr 2050 zu ernähren und die bis dahin nötige Verdoppelung der Nahrungsressourcen zu erreichen, scheint eine Intensivierung des bestehenden Ackerlandes unumgänglich zu sein [BELLARBY et al., 2008; JACKSON et al., 2007]. Dies wird zu einer gesteigerten Abhängigkeit der Produktionssysteme von synthetischen N-Düngern und Pestiziden führen [JACKSON et al., 2007].

So wird auch prognostiziert, dass 80% des zukünftigen Wachstums der Getreideproduktion in Entwicklungsländern durch eine weitere Intensivierung erreicht wird [FAO, 2002a].

1 Wenn von intensiven bzw. industrialisierten Systemen die Rede ist, bezieht sich das zumeist auf die Produktion von Nichtwiederkäuern auf Grund ihrer präsenten und künftig steigenden Dominanz in diesen Systemen [GALLOWAY et al., 2007]. Unter extensiver Haltung sind vorwiegend oder fast ausschließlich Weidehaltungssyteme zu verstehen, wohingegen intensive Haltungen bzw. Massentierhaltungen durch Stallsysteme mit einem hohen Einsatz an Kraftfutter geprägt sind. Des Weiteren gibt es auch sog. gemischte Systeme (vgl. FAO [2009b]).

6.1 Wählbarkeit des Produktionssystems und Extensivierungspotential

Es wird geschätzt, dass ein größerer Teil an der globalen Landfläche extensiv (17%) mit Hilfe von weniger künstlichen Zusätzen bewirtschaftet wird, gegenüber intensiver Bewirtschaftung (10%). 40% aller Flächen werden von den Nutztieren eingenommen [JACKSON et al., 2007]. Eine exakte Quantifizierung der intensiv bzw. extensiv bewirtschafteten Flächen ist jedoch auf Grund von komplexen Interaktionen und Zuordnungsproblemen relativ schwierig [BELLARBY et al., 2008].

In den Landwirtschaftssystemen von Amerika und Europa sind die Möglichkeiten einer weiteren Expansion des Ackerlandes gering und der globale Futtermittelbedarf dürfte daher eher zu Substitutionen unter den angebauten Gütern führen. In anderen Anbausystemen, wie der Sojaproduktion in Brasilien, trägt der steigende Futtermittelbedarf zu der Expansion des Ackerlandes in natürlichen Ökosystemen bei. Dies ist mit hohen Kosten für die Biodiversität und das globale Klima verbunden [FEARNSIDE, 2005; NEPSTAD et al., 2008].

Wiederkäuer werden hauptsächlich in extensiven, Nichtwiederkäuer primär in intensiven, industriellen Systemen gehalten [STEINFELD et al., 2006b]. Die Tierproduktion befindet sich im Wandel, von extensiven (Weidehaltung) zu intensiven (Maststall für Geflügel, Schweine und Milchkühe) Systemen mit einem höheren Bedarf an zusätzlichen Futtermitteln [WB, 2007]. In den vergangenen Jahren sind die industriellen Tierproduktionssysteme doppelt so schnell gewachsen wie gemischte Systeme und mehr als 6-mal so schnell wie Weidesysteme [FAO, 2002a].

Weniger als 25% aller Rinder und damit ein relativ geringer Anteil werden in Weidesystemen gehalten. Dies entspricht 24% der gesamten Rindfleischproduktion und 21,5% der gesamten Fleischproduktion [FAO, 2009b].

Rinder in extensiven Weidesystemen, die großteils ohne externe Inputs auskommen, machen lediglich 7% der gesamten Rindfleischproduktion aus. Intensive Weidesysteme und industrielle Systeme tragen 17 resp. 6,5% bei, den Hauptanteil hieran haben gemischte Systeme (für nähere Definitionen von Tierproduktionssystemen siehe ferner FAO [2009b]). Dagegen werden mehr als die Hälfte der Schweine-, drei Viertel der Geflügel- und fast zwei Drittel der Eierproduktion in industriellen bzw. landlosen Systemen lukriert. Für Rinder sind diese Haltungssysteme mit einem Anteil von 6,5% an der gesamten Rindfleischproduktion nicht allzu signifikant [FAO, 2009b].

Eine (wesentliche) Erhöhung der ohnehin geringeren Produktion von Wiederkäuern (speziell in extensiven Weidesystemen) ist auf Grund der begrenzten Verfügbarkeit von Weideland, Nebenprodukten und nicht verwertbaren Getreideresten nicht denkbar. Die kürzliche Expansion von Agrotreibstoffen verstärkt diese Situation zusätzlich. So wird der projizierte Bedarfszuwachs an Fleisch wahrscheinlich primär durch Nichtwiederkäuer gedeckt werden [GALLOWAY et al., 2007].

6.1.1 Intensivierung der landwirtschaftlichen Produktion

Da in Entwicklungsländern Tiere auch andere, nicht-lebensmittelassoziierte Funktionen erfüllen und auf Grund der bereits genannten Aspekte können traditionelle gemischte Systeme ihre Produktion nicht substantiell verstärken. Die Folgen sind allgemein moderne Tierproduktionssysteme, vor allem mit einem höheren Anteil an Schweinen und Geflügel, besonders in Entwicklungsländern [FAO, 2009b]. Auf Grund des erhöhten Bedarfes an Tierprodukten und der steigenden Tendenz der Schweine- und Geflügelproduktion dürfte in diesen Ländern eigens angebautes Kraftfutter die traditionelle Fütterung mit Gras und Nebenprodukten als Futtermittel ablösen [KEYZER et al., 2005]. Dadurch wird insgesamt mehr Getreide für Futtermittelzwecke angebaut werden müssen (siehe auch Kap. 3.2.2).

Der Trend der Intensivierung der Landwirtschaft (verbunden mit einer höheren Anwendung von N) wird besonders in Asien fortgeführt. Viele ärmere Länder dieses Kontinents haben über 50 Mio. EinwohnerInnen, begrenzte Landverfügbarkeit mit unter 0,2 ha/Person und eine Produktion von verfügbarem Protein, die bereits bei 100 kg/ha liegt, was bereits das Ertragslimit der traditionellen intensiven Landwirtschaft darstellt [SMIL, 2001].

Für eine signifikante Steigerung des Ertragsniveaus wird künftig sehr wahrscheinlich der Einsatz von N-Düngern erhöht werden, obwohl eine biologische Anbauweise auch das Potential haben dürfte, weltweit die Ernährung zu sichern ohne weitere Landflächen in Anspruch zu nehmen [BADGLEY et al., 2006].

6.1.2 Zunahme der industriellen Produktion

Schweine und Geflügel zeichnen derzeit für 70% der gesamten Fleischproduktion (Schlachtgewicht) verantwortlich, wobei industrialisierte Systeme über die Hälfte der

Schweineproduktion (55%) und fast drei Viertel (72%) der Geflügelproduktion lukrieren; auch 61% der Eier werden intensiv produziert [FAO, 2009b]. In industriellen Haltesystemen werden Tiere mit Futtermitteln aus anderen Regionen aufgezogen und meistens weit entfernt vom Produktionsort konsumiert, was in einem höheren Druck auf ökologische Ressourcen in den Produktionsgebieten, die den Futtermittel- und Fleischbedarf in den Konsumregionen oder auch -ländern decken, resultiert [GALLOWAY et al., 2007]. Der weltweite Trend zieht sich durch ärmere wie auch durch reichere Länder und ist geprägt von einer steigenden Industrialisierung und Konzentrierung des Herstellungsprozesses. Von dieser Entwicklung sind vor allem Länder mit einem großen sektoralen Wachstum wie China und Brasilien betroffen.

Industrielle Systeme basieren im Gegensatz zu traditionellen Methoden auf einem hohen Einsatz an Getreide und Ölen. Die stark industrialisierten Schweine- und Geflügelproduktionssysteme verbrauchen über 75% der auf Getreide und Ölsaat basierenden Futterkonzentrate mit einer sehr geringen Verwendung von Beiprodukten und Getreideresten zur Fütterung (was dagegen in traditionellen Systemen Usus ist). Wiederkäuer haben einen Anteil von 69% an der gesamten Futtermittelproduktion, jedoch 72% der auf Ackerflächen angebauten Futtermittel werden von Nichtwiederkäuern konsumiert [GALLOWAY et al., 2007].

6.1.3 Intensivierung der Produktion von Wiederkäuern

Die Zahl der Wiederkäuer steigt viel langsamer an als die der Nichtwiederkäuer [FAO, 2009b]. Der Bedarf an Weideland nimmt jedoch nicht ab [GALLOWAY et al., 2007]. Dabei dürfte die benötigte Fläche nicht entsprechend an die Produktion der Wiederkäuer angepasst werden. Obwohl sich die Produktion von Wiederkäuern um 40% zwischen 1970 und 1995 erhöht hat, haben sich die benötigten Grasflächen hierfür um lediglich 4% erhöht. Das verdeutlicht, dass der Anstieg der Fleisch- und Milchproduktion durch Wiederkäuer während der letzten drei Jahrzehnte viel mehr auf die gestiegene Produktion in gemischten und industrialisierten Systemen als auf Weidehaltungssysteme zurückzuführen ist [BOUWMAN et. al, 2006].

Um den Bedarf an Tierprodukten zu decken, geht die generelle Tendenz, unabhängig von der Tierart, in Richtung Intensivierung der Landwirtschaft. Diese Entwicklung wird von einer geringeren Abhängigkeit von offenem Weideland bzw. Weidefütterungen und einem erhöhten Einsatz von konzentriertem Futter, hauptsächlich Getreide, als

Ersatz für andere Futtermittel begleitet. Dies wird durch den deutlichen projizierten Anstieg der gesamten Verwendung von Getreide für Schweine und Hühner verdeutlicht [BOUWMAN et. al, 2006]. Der Gebrauch von Ackerflächen für die intensive Produktion von Futtermitteln mithilfe von Düngemitteln und Pestiziden verursacht generell größere Kosten für Mensch und Umwelt (Einbußen bei der Lebensmittelproduktion für den Menschen, Landdegradierung, Bedrohung von Wildtierreservaten, Schadstoffbelastung von Wassersystemen etc.) [GALLOWAY et al., 2007; STEINFELD et al., 2006a].

6.1.4 Exkurs Weidehaltung

Extensive Weidehaltung bedeutet zwar im Gegensatz zu intensiven Landwirtschaftssystemen für viele Menschen die Existenzgrundlage, doch wird eine Zunahme an Weideflächen und damit an Wiederkäuern aus mehreren Gründen[1] nicht möglich sein. Der steigende Bedarf an Fleisch wird zu einer Abnahme von Weideland zu Gunsten von Ackerländern für die Futtermittelproduktion – vor allem für Nichtwiederkäuer – führen [STEINFELD et al., 2006a].

Weidehaltung an sich ist mit gewissen Problemen verbunden wie die Beeinträchtigung von Ökosystemfunktionen (Nährstoffzyklen), Veränderung der Ökosystemstruktur (z. B. Bodenerosion) und Verlust an Biodiversität [FLEISCHNER, 1994]. So hat die extensive Weidehaltung einen Impact auf den Artenreichtum der australischen tropischen Savannen, dem weltgrößten zusammenhängenden Savannenbiom [McALPINE et al., 2009]. Auf Weideflächen wurde auch eine Reduzierung der vegetativen Biomasse (Grasbedeckung, Sträucher) und von Nagetieren festgestellt [JONES, 2000]. Extensive Weidesysteme haben auch zu einem Einsatz von exotischen Gräsern zur Effizienzsteigerung geführt, die mit einem Verlust an Biodiversität und Ökosystemleistungen assoziiert sein können [McALPINE et al., 2009].

Weideflächen stellen nicht immer unberührte bzw. natürliche Flächen dar, oftmals werden diese durch Einsatz von Düngemitteln, Bewässerung etc. intensiv bearbeitet [DEFRA, 2008].

Ein Aspekt, der immer wieder diskutiert wird, ist die Rinderhaltung auf Weideflächen

1 Verluste des Ackerlandes zur anderweitigen Nutzung (Urbanisierung, Industrialisierung und Straßenbau) und die Verminderung der Bodenqualität (durch Bodenverdichtung, Versauerung, Versalzung, Verlust von Humus etc.) führen zu einer weiteren Abnahme der pro Kopf verfügbaren Ackerfläche [SMIL, 2001].

auf Grundlage von Gras als Futtermittel. Die Frage ist, ob auf den Weideflächen andere Nutzungsformen theoretisch möglich wären. Hierfür müsste man sich das fallspezifisch ansehen, denn auf der einen Seite gibt es marginale Flächen in tropischen und subtropischen Gebieten, wo es eher geringe Möglichkeiten zu einer anderweitigen Nutzung geben dürfte. Auf der anderen Seite werden Regenwälder für Weideflächen gerodet, womit hohe CO_2-Emissionen verbunden und die neu gewonnenen, marginalen und empfindlichen Flächen anfällig für Erosion sind [STEINFELD et al., 2006a]. Weideflächen können zwar als CO_2-Senken fungieren: ALLARD [2007] zeigte in seiner Studie, dass die CO_2-Sequestrierung bei einer Rinderhaltung ohne zusätzlichen Futtermitteleinsatz auf ungedüngten Weideflächen die Emissionen der Rinder ausgleichen kann. Jedoch werden beispielsweise in England zwei Drittel der Weide- bzw. Graslandgebiete mit N-Düngern behandelt [DEFRA, 2008]. Weidegebiete im Flachland können intensiv gedüngt sein, was zu N_2O und CO_2-Emissionen führt. Rinder und Schafe werden nach der Weidehaltung im Hochland abschließend auf gedüngten Weiden im Flachland gehalten, womöglich mit Futterkonzentraten als Supplemente, damit das Fleisch/Knochenverhältnis im Sinne der Rentabilität hoch genug ist. Aufgrund der Inputs können die Grasflächen damit in vielen Fällen nicht als kostenlose Ressource angesehen werden [GARNETT, 2009].

Negativ hinzu kommt oftmals der Verlust des gespeicherten CO_2 in den Böden aufgrund von Überweidung bzw. des Verlustes an Biomasse und Bodenkompression durch Viehtritt [ABRIL und BUCHER, 2001; ABRIL et al., 2005]. Die Überweidung per se zeichnet für den Großteil der 70% an weltweit degradierten bzw. von Desertifikation betroffenen Flächen verantwortlich [STEINFELD et al., 2006a].

Einige Weideflächen könnten womöglich anderweitig genutzt werden, z. B. zur Aufforstung. Die Opportunitätskosten für die Nutzung dieses Landes für Viehhaltung müssten mit den potentiellen Landnutzungsmöglichkeiten verglichen werden [GARNETT, 2009].

Zusammenfassend gesagt, kann eine Tierwirtschaft unter Ausschluss aller anderen Landnutzungsmöglichkeiten, für die keine zusätzlichen Inputs wie eigens angebaute Futtermittel und N-Dünger nötig sind und die auf eine adäquate Aufbringung von Tierdung achtet, ressourceneffektiv sein, die Bodenqualität fördern und THG vermeiden. Aufgrund des derzeitigen Produktions- und Konsumniveaus überwiegen jedoch die Nachteile der Tierproduktion in Fragen wie Ressourcenverbrauch und THG-Emissionen ganz deutlich – künftig noch deutlicher in Anbetracht des prognostizierten zukünftigen Bedarfs an tierischen Produkten [GARNETT, 2009].

6.1.5 Gründe für die intensivierte Produktion von Schweinen und Hühnern

Das größere relative Wachstum der Produktion von Nichtwiederkäuern im Gegensatz zu der Produktion von Wiederkäuern geht mitunter auf die geringeren realen Preise für Futtergetreide zurück [GALLOWAY et al., 2007]. Des Weiteren liegt es darin begründet, dass Schweine und Geflügel im Vergleich zu Rindern und Schafen höhere Reproduktionszyklen, eine modifizierbare Fütterung und eine bessere Effizienz bei der Futtermittelumwandlung von konzentrierten Futtermitteln aufweisen [BOUWMAN et al., 2006; NAYLOR et al., 2005].[1] Auch auf Grund der bereits vorwiegend industriellen Herstellung von Nichtwiederkäuern kann die Produktion dieser Tierarten schneller auf den erhöhten Bedarf reagieren [BOUWMAN et al., 2006]. Weltweit werden mit einer steigenden Tendenz mehr Nichtwiederkäuer produziert als Wiederkäuer.

6.2 Konsequenzen der Intensivierung für Umwelt und Ressourcen

Die Industrialisierung eines Teils der Wiederkäuerproduktion durch die Entstehung von intensiven Rindermasten und das rapide Wachstum der mit konzentrierten Futtermitteln genährten Schweine und Hühner haben einen Einfluss auf den Verbrauch an Flächen. Die gesteigerte Nachfrage von Nichtwiederkäuern, mit denen ein höherer Bedarf an Futtermitteln und damit auch an Ackerland verbunden ist, hat dabei einen viel größeren Effekt [GALLOWAY et al., 2007].

6.2.1 Auswirkungen auf den Landverbrauch

Durch die Intensivierung der Landwirtschaft werden Flächen eingespart. Ohne die resultierende Steigerung des Ernteertrages mit Hilfe von Monokulturen, Düngemitteln und Bewässerung würde der Bedarf an der benötigten Anbaufläche doppelt so hoch sein (68%) gegenüber dem Ertragsniveau von 1961 [MOONEY et al, 2005].

1 Die Mastdauer bei Hühnern hat sich beispielsweise in den USA von 72 Tagen im Jahr 1960 auf 48 Tage im Jahr 1995 vermindert [NAYLOR et al., 2005].

Höhere Erträge können dazu beitragen, dass weniger natürliche Ökosysteme in Ackerland umgewandelt werden und es ist sogar eine Rückumwandlung von Ackerflächen in Naturgebiete möglich, wie es in OECD-Staaten zu beobachten ist [STEINFELD et al., 2006]. Jedoch werden auf Grund der steigenden Menge an Futtermitteln für Nichtwiederkäuer in »landlosen« Systemen weitere Expansionen in Waldgebieten vor allem in Latein- und Zentralamerika zu erwarten sein. Der Großteil der zuvor bewaldeten Fläche wird noch für die Weidehaltung verbraucht, doch gibt es hier eine Verschiebung hin zum Futtermittelanbau [STEINFELD et al., 2006].

6.2.2 Konsequenzen der erhöhten Futtermittelherstellung

Auch wenn die Abhängigkeit der Wiederkäuerproduktion von Weideland sinkt und die Bedeutung von Gras als Futterressource abnehmen wird, ist trotzdem ein Anstieg des verfügbaren Landes um 33% erforderlich. Zusätzlich sind große Zuwächse an Ackerland nötig, um Rinder, Schweine und Geflügel mit Futtermitteln zu versorgen [BOUWMAN et al., 2006].

Mit der starken Tendenz Richtung intensiver, landloser Systeme ist ein hoher externer Input primär für Futtermittel, vor allem an Düngemitteln, Pestiziden, Herbiziden, Wasser zur Bewässerung und fossilen Treibstoffen verbunden [JACKSON et al., 2007].

Intensive Tierhaltung benötigt hohe Mengen an zusätzlichen Futtermitteln und generell mehr als Weidehaltungsysteme [BELLARBY et al., 2008]. Dies erfordert einen hohen Einsatz an Düngemitteln. Die Herstellung von mineralischen N-Düngern sowie die Produktion von Pestiziden sind energieintensiv und mit CO_2-Emissionen verbunden. Einen weiteren Beitrag hierzu leistet die Herstellung von Antibiotika, die in der Intensivtierhaltung eingesetzt werden [BELLARBY et al., 2008].

6.2.3 Folgen für die Umwelt

Die Intensivierung des Tierproduktionssektors wird zu einer Vielzahl an negativen Effekten für die Umwelt führen, wobei auch der Impact auf die Gesundheit des Menschen beachtet werden muss [ILEA, 2009]. Abgesehen von der Rinderhaltung fördert die intensive Tierhaltung indirekt die Abholzung von brasilianischen tropischen Regenwäldern für Sojaplantagen. Damit verbunden sind Infrastrukturanpassungen wie der

Ausbau des Schienenverkehrs und der Autobahnen, die mehr zur Zerstörung von Regenwäldern beitragen könnten als die Plantagen selbst [FEARNSIDE, 2005].[1]

Des Weiteren führt die Intensivierung durch einen höheren Einsatz an Energie, Düngemitteln (vor allem an synthetischen N-Düngern) und Pestiziden zu einem höheren Druck auf die inländischen Wasserökosysteme, zu einem Verlust an Biodiversität und zu höheren THG-Emissionen [CASSMAN und WOOD, 2005].

Auf Grund der hohen Intensivierung (und auf Grund dessen, dass mehr Düngemittel für den höheren Futtermittelbedarf nötig sein werden) wird der N-Einsatz bis 2050 um ca. 50% ansteigen. Wie sich das auf sensible Ökosysteme und den N-Zyklus auswirken wird, ist noch unklar [LOTZE-CAMPEN et al., 2006].

Die meisten Umweltprobleme in intensiven Systemen sind mit Futtermittelproduktion, Verarbeitung und Transport assoziiert, was besonders auf die Produktion von Nichtwiederkäuern zurückgeht [GERBER et al., 2007].

Die steigende Produktion und die weitere Intensivierung (in einem gemischten/industriellen System) bedeutet eine Konzentration von Aktivitäten, besonders das Anfallen von Tierexkrementen, welches zu einem Austrag in die Umwelt (Luft, Grundwasser) führen dürfte. Die intensiv genutzten Flächen dürften durch die höhere Konzentration an Emissionen durch Pestizide und Dünger Konsequenzen auf die umliegenden Flächen haben, deren ökologische Auswirkungen schwer einzuschätzen sind. Dadurch geht der vermeintliche Flächeneinsparungseffekt durch intensive Systeme für die Erhaltung der Natur oftmals verloren [MATSON und VITOUSEK, 2006].

Intensive Tierproduktionssysteme überschreiten hinsichtlich des Nährstoffoutputs oft die Kapazitäten der Umgebung. Zusätzlich verursacht der höhere Gebrauch an Ackerland größere Kosten für die Gesellschaft und Umwelt [GALLOWAY et al., 2007].

Die steigende Produktion von konzentrierten Futtermitteln für die zunehmende intensive Tierproduktion bedeutet einen großen Gebrauch bzw. Verlust von eingesetztem N via Düngemittel, Pestizide, dem Einsatz der knappen Wasserressourcen und führt in einigen Regionen zur großflächigen Umwandlung von ökologisch wertvollem Land. Dies resultiert in großen Opportunitätskosten für Mensch und Umwelt

1 Einige der Futtermittel werden nicht in demselben Land verbraucht, wo sie hergestellt werden. Brasilien stellt einen der Hauptproduzenten und zugleich Hauptexporteure an protein- und energiereichen Futtermitteln wie Soja dar. So werden soziale und ökologische Folgen oftmals von anderen Regionen wie der EU (mit)verursacht. Der höhere Futtermittelbedarf bzw. die Verwendung energiereicher Futtermittel bzw. potentieller Nahrungsmittel trägt zur Expansion von Sojamonokulturen im Urwald von Brasilien bei und Importländer verschulden indirekt eine Reduzierung der Artenvielfalt und eine negativere CO_2-Bilanz in den Herstellerländern [GALLOWAY et al., 2007; BELLARBY et al., 2008].

hinsichtlich der Lebensmittelproduktion für den Menschen, Wildtierreservate etc. [TILMAN et al., 2002; GALLOWAY et al., 2007].

Tierproduktionssysteme mit einer hohen Dichte an Tieren können die Inzidenzrate von Tierkrankheiten, das Auftreten neuer, oftmals Antibiotika-resistenter Krankheiten und die durch Tierexkremente assoziierte Verschmutzung von Luft, Grundwasser und Oberflächenwasser erhöhen. Gülle enthält mehr als 100 zoonotische Pathogene, welche nicht nur Wasserwege, sondern auch Lebensmittel kontaminieren dürfte [AYSHA et al., 2009]. Evidente Krankheiten und Krankheitserreger, die im Zusammenhang mit tierischen Produkten stehen/standen, sind die Maul- und Klauenseuche, BSE, Influenza A Virus (H5N1), Salmonella, Campylobacter etc. So haben die in den letzten Jahren aufgetretenen Tierkrankheiten zur Erkrankung und zum Tod von Menschen und zu Notschlachtungen von Millionen von Tieren geführt (siehe auch Kap. 6.2.4) [TILMAN et al., 2002; WB, 2007].

Die größten Mengen an Exkrementen, die auch einen Faktor für das Ausmaß an Emissionen von versauernden Substanzen aber auch an THG darstellen, werden durch die Schweine-, gefolgt von der Milchproduktion, verursacht [BELLARBY et al., 2008]. Tierische Exkremente bringen ähnliche Risiken für die Umwelt, jedoch auch für die Gesundheit durch Toxine, Pathogene und Antibiotika mit sich, wie menschliche Exkremente, und sollten demnach entsprechend behandelt werden [TILMAN et al., 2002]. Intensive Tierhaltung dürfte auch zu Überweidungen von Grünlandflächen bzw. Weideflächen führen, die zu einem CO_2-Verlust der Böden und Desertifikation führen können [BELLARBY et al., 2008].

Zusätzlich gibt es Bedenken über die Gesundheit und das Wohlbefinden der Tiere, besonders in den „landlosen" und intensiven Haltungssystemen, welche weltweit an Bedeutung zunehmen werden [BOUWMAN et al., 2006]. Das heißt, dass künftig das Modell Massentierhaltung massiv an Bedeutung gewinnen wird.

Ein Beispiel für die vielschichtigen Konsequenzen von Tierproduktionssystemen ist die Schweinefleischproduktion, die in der EU einen großen Einfluss auf die menschliche Gesundheit und das Wohlbefinden der Tiere hat: Erstens resultieren die intensiven Produktionssysteme in weitläufigen Umweltproblemen wegen des N-Überschusses, der die Qualität von Boden, Wasser und Luft beeinflusst. Zweitens führen hohe Futtermittelimporte nicht nur zu lokalen, sondern auch zu globalen Problemen. Zum Beispiel hat eine erhöhte Futtermittelproduktion in Thailand, Brasilien und Argentinien zu einer erhöhten Abholzungsrate geführt. Die Futtermittelherstellung ist auch sehr intensiv hinsichtlich des Wasser- und Landbedarfs, was einen erhöhten Druck auf die natürlichen

Ressourcen in Entwicklungsländern auslöst. Drittens dürfte die höhere Konzentration der Tierbestände zum Anstieg der Inzidenz von Tierkrankheiten und Tierseuchen wie Schweine-Fieber, Maul- und Klauenseuche und lebensmittelassoziierten Krankheiten führen. Intensive Produktionssysteme, besonders in der Nähe von Ballungsräumen, führen zu einem erhöhten Risiko für Tiere als auch für Menschen, sich mit Krankheiten zu infizieren. Zuletzt dürfte die Intensivierung der Tierhaltung einen negativen Impact auf das Wohlbefinden der Tiere haben (vgl. [AIKING et al., 2006]).

Die ökologischen und sozialen Kosten (Verlust von traditionellem Wissen, Verschmutzung, Artenverlust etc.) auf Grund der deutlichen Tendenz des evidenten Konzentrierungs- und Intensivierungsprozesses sind beträchtlich und könnten die zukünftigen Kapazitäten für eine ausreichende Produktion von bzw. Versorgung mit Lebensmitteln unterminieren [BELLARBY et al., 2008].

6.2.4 Exkurs zoonotische Erkrankungen

Die Intensivierung des Tierproduktionssektors führt auch zu hohen Konzentrationen an Tieren in oder in der Nähe von urbanen Gebieten. Dies ist mit einem Gesundheitsrisiko verbunden, welches auf die große Ausscheidung an tierischen Exkrementen und die Verbreitung von Tierkrankheiten wie Tuberkulose und Vogelgrippe zurückzuführen ist [WB, 2007].

Die steigende globale Nachfrage nach tierischem Protein, die u. a. mit der Expansion und Intensivierung der Tierproduktion und Lebendtransporten über weite Distanzen assoziiert ist, stellt einer der Hauptfaktoren für das Auftreten zoonotischer, d. h. von Tier auf Mensch übertragbarer Erkrankungen dar [WHO, 2004]. Intensive bzw. industrielle Landwirtschaftsmethoden wurden für das Auftreten von BSE, medikamentresistenten Bakterien und höchst pathogenen Stämmen der Avain Influenza verantwortlich gemacht [GREGER, 2007]. Der Großteil der Schweine- und Geflügelproduktion wird industriell erzeugt [FAO, 2009b]. Durch die hohe Dichte an Tieren pro Produktionseinheit ist eine größere Gefahr an zoonotischen Erkrankungen gegeben und das Risiko wird künftig steigen, da solche Systeme deutlich zunehmen werden; vor allem die Produktion von Geflügel, die von allen Nutztieren den höchsten Anteil an intensiven Systemen aufweist, wird in asiatischen Ländern deutlich ansteigen.

Von den bekannten 1.415 Spezien infektiöser Krankheiten sind 61% zoonotisch [WB, 2004]. Ungefähr 75% der neu aufgetretenen Krankheiten, die in den letzten

10 Jahren den Menschen betroffen haben, sind durch Pathogene, die von Tieren oder Tierprodukten stammten, verursacht worden [FAO, 2009b].

Tierkrankheiten haben laut WORLD BANK [2004] bis dato extraordinäre Kosten verursacht. Die Kosten, die mit dem Auftreten und der Bekämpfung der Vogelgrippe, genauer gesagt des H5N1-Virus, verbunden sind, machen mehrere 10 Mrd. US $ aus [WB, 2007]. Der Verlust durch die BSE-Krise machte allein in England 6 Mrd. US $ aus, weltweit 20 Mrd. US $ [GREGER, 2007]. In England lag der monetäre Verlust durch das Auftreten der Maul- und Klauenseuche bei 8 Mrd. US $ [WB, 2004]. Die Kosten der Maul- und Klauenseuche inklusive ihrer Gegenmaßnahmen machten seit 2001 etwa 90 Mrd. US $ für Länder der EU aus [FAO, 2009b].

Im Zeitraum von 2003 bis 2007 war der Influenzavirus H5N1 für 4.544 dokumentierte Fälle von infizierten Geflügeltieren in 36 verschiedenen Ländern verantwortlich, der mit 269 Krankheits- und 163 Sterbefällen bei Menschen assoziiert war [WB, 2007]. Die Folge war auch eine Notschlachtung von mehr als 100 Mio. Geflügeltieren, wodurch sich auch die immensen ökonomischen Kosten erklären.

Der Virus wird zwar derzeit nicht leicht auf und zwischen Menschen übertragen, doch es gibt eine große Besorgnis, dass es durch eine Mutation des Virus zu einer leichten Übertragbarkeit kommt, was die Wahrscheinlichkeit einer desaströsen Pandemie erhöht [WB, 2007]. Gerade die hohe Dichte an Tieren in industriellen Systemen wird in dem Kontext der großflächigen Ausbreitung von pathogenen Erregern als kritischer Faktor erachtet; im Besonderen ist die Geflügelproduktion von Tierseuchen betroffen. Dies ist als eine Folge des stetigen Intensivierungsprozesses zu sehen, der sich auch in Zukunft fortsetzen wird [GREGER, 2007]. So waren in den USA 2002 bereits 6% der Schweinefarmen für drei Viertel und 2% der Hühnerfarmen für 90% der gesamten nationalen Schweine- bzw. Legehennenproduktion verantwortlich. Es ist nicht selten, dass mehrere Hunderttausende oder sogar mehr als 1 Mio. Hennen auf einer einzigen Farm gehalten werden [GREGER, 2007]. Da noch mehr Tiere produziert werden müssen, kann der Zuwachs nur durch weitere Intensivierungsprozesse generiert werden, die mit einem großen Futtermittelaufwand, Entwaldung, großen Mengen Dung, Schadstoffeinträgen und einer potentiell höheren Gefahr an zoonotischen Erkrankungen einhergehen. Letztere sind schon jetzt ein immer wiederkehrendes markantes Problem [WB, 2007; GREGER, 2007]. Gerade große Hühnerproduktionseinheiten wurden in der Vergangenheit als Quelle bestimmter Krankheitserreger identifiziert. So wären hier die H7N1-Epidemie von 1999-2000 in Norditalien, die H7N7-Epidemie in den Niederlanden 2003 und die HPAI-Epidemie in Kanada 2004 zu nennen, die zur Notschlachtung von ca. 78 Mio. Geflügel geführt haben [OTTE et al., 2007]. In Anbetracht dieser Ereignisse, aber auch der Verbreitung des HNV1-Virus sollten gerade die externen Kosten durch zoonotische Erkrankungen im Geflügelsektor künftig beachtet werden (für eine Weiterführung zur Thematik zoonotischer Erkrankungen siehe ferner GREGER [2007]).

Weltweit sterben 20 Mio. Menschen aufgrund von lebensmittelassoziierten Erkrankungen, wobei der Hauptgrund tierische Produkte sind [DELGADO et al., 1999]. Salmonella, Campylobakter und E. coli O157:H7 stellen eine große Gesundheitsgefährdung im Zusammenhang mit lebensmittelassoziierten Krankheiten dar, die weltweit jedes Jahr zu Millionen von Krankheitsfällen führen und künftig an Bedeutung gewinnen werden [FAO, 2009b; SOFOS, 2007]. BSE und Influenzavirus H5N1 müssen ebenso weiterhin beachtet werden [SOFOS, 2007]. Der weltweite Anstieg von lebensmittelassoziierten Krankheiten wird auf den höheren Konsum tierischer Produkte, die Intensivierung von Landwirtschaftstätigkeiten und die steigenden Temperaturen zurückgeführt [AKHTAR et al., 2009]. Die mit tierischen Lebensmitteln assoziierten Krankheiten verursachen in den USA mehr als 8 Mrd. US $/a in Form von Krankheiten, frühzeitigen Todesfällen und reduzierter Produktivität [FAO, 2009b].

6.2.5 Folgen für das Klima

Im Bezug auf THG dürften die Emissionen des intensiven Tierhaltungssystems per Einheit bei Tierprodukten wie Fleisch und Milch geringer sein. Hühner und Schweine produzieren mit 1-1,5 kg CH_4/Tier/a allgemein signifikant weniger THG durch die Tierverdauung im Vergleich zu Rindern bzw. Milchkühen mit 36-119 kg/Tier/a und Schafen mit 5-8 kg CH_4/Tier/a [SMITH et al., 2007; US-EPA, 1998; FLACHOWSKY und MEYER, 2008]. Insgesamt ergeben sich durch die größeren Tierbestände in einer intensiveren Tierhaltung höhere THG-Emissionen, da zum einen mehr Kraftfuttermittel eingesetzt wird (CO_2 durch Landnutzungsänderungen und N_2O durch N-Dünger). Zum anderen führt die größere Anzahl an Tieren zu höheren tierbedingten Emissionen (CH_4 durch Verdauung und Exkremente[1]), was vor allem die Produktion von Wiederkäuern betrifft, die bereits in der extensiven Haltung mit beträchtlichen Emissionen assoziiert ist. Eine von der Europäischen Kommission in Auftrag gegebene Studie weist in diesem

1 Hoch konzentrierte Futtermittel fördern hierbei den CH_4-Ausstoß durch Tierexkremente, was auch einen Faktor für das Ausmaß an Emissionen von versauernden Substanzen darstellt [BELLARBY et al., 2008].

Zusammenhang speziell auf die Tierhaltungsindustrie und hier vor allem auf die Milchproduktion hin, die hinsichtlich der Erreichung der Kyoto-Ziele eine merkliche Rolle spielen könnte [EUROPEAN COMISSION, 2005].

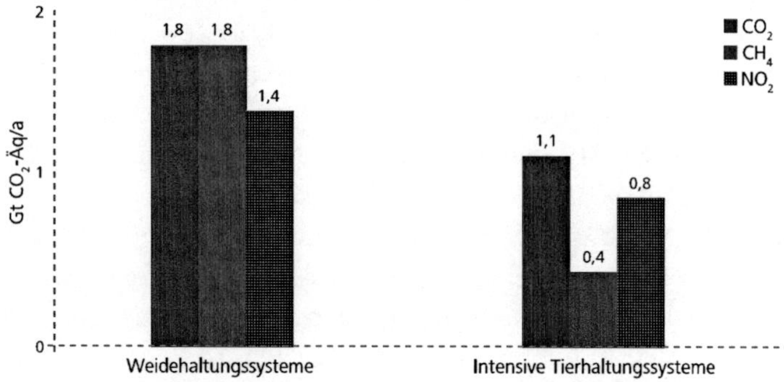

Abb. 10 Anteil der verschiedenen Tierproduktionssysteme an den THG-Emissionen (Gt CO_2-Äq/a) (Quelle nach: [McMICHAEL et al., 2007])

In Abb. 10 ist der Anteil der verschiedenen Produktionssysteme an den THG-Emissionen dargestellt, wonach der Großteil auf extensive Systeme (ca. 5 Gt CO_2-Äq/a) und damit primär auf die Wiederkäuerproduktion entfällt [McMICHAEL et al., 2007]. Auf intensive Systeme gehen hingegen nach McMICHAEL et al. [2007] ca. 2,3 Gt CO_2-Äq/a zurück.

Es ist schwierig, abzuschätzen, ob eine Ab- oder Zunahme des THG-Ausstoßes im Tierproduktionssektor auf Grund des relativen höheren Anstiegs an intensiven Systemen mit Nichtwiederkäuern gegenüber Wiederkäuern zu erwarten ist. Die Haltungsdauer ist bei den Nichtwiederkäuern geringer geworden, Futtermittel werden effizienter umgewandelt und sie stoßen von Haus aus weniger CH_4 aus als Wiederkäuer. Es könnte jedoch sein, dass die THG insgesamt auf Grund der steigenden Anzahl der gehaltenen Tiere, und hier vor allem wegen des steigenden Bedarfs an Energie für die synthetischen N-Dünger, der Gewinnung neuer Ackerflächen für Futtermittel und die damit verbundenen Transporte konstant bleiben oder sogar steigen.

Die CH_4-Produktion (v. a. durch Wiederkäuer), die N_2O-Emissionen (v. a. durch Gülle und N-Dünger für die Futtermittel von Nichtwiederkäuern) werden bis 2030 deutlich steigen und damit einen höheren Beitrag zu den globalen THG-Emissionen leisten (siehe auch Kap. 4) [BOUWMANN et al., 2006].

7 Der Einfluss des Tierproduktionssektors auf die Ressource Wald

7.1 Abnahme der globalen Waldbestände

Als vielfältige Ansammlung von Bäumen und anderen Pflanzen stellen die Wälder der Erde das größte Ökosystem dar, welches sich über sechs Erdteile erstreckt und 30% bzw. ca. 4 Mrd. ha ausmacht [FAOSTAT, 2010]. Auf lediglich vier Länder (Russland, Brasilien, Kanada, USA) verteilen sich 50% des globalen Waldbestandes [GARDNER-OUTLAW und ENGELMAN, 1999]. Tropenwälder machen ungefähr die Hälfte des gesamten Waldbestandes aus [KATES und PARRIS, 2003].

Seit der Besiedelung der Erde durch den Menschen ist ca. die Hälfte der ursprünglichen Waldfläche durch dessen Nutzung bzw. Domestizierung verschwunden [KATES und PARRIS, 2003]. Seit dem Beginn des Ackerbaus vor 8.000 Jahren wurde für Nahrung, Brennmaterial und Wohnräume verstärkt auf Wälder zugegriffen [GARDNER-OUTLAW und ENGELMAN, 1999]. Dabei ging in Asien mit 70% der größte Teil auf Grund der hohen Bevölkerungsdichte und der Landwirtschaft verloren. Der erhöhte Bedarf an Ackerfläche war 1990 weltweit für 60% der abgeholzten Wälder verantwortlich [GOODLAND und PIMENTEL, 2000].

Nur noch 22% des ursprünglichen Waldbestandes stellen heute noch weitgehend unberührte, zusammenhängende Flächen dar [GARDNER-OUTLAW und ENGELMAN, 1999]. Innerhalb von weniger als 4 Jahrzehnten hat sich die Waldfläche pro Kopf von 1,2 ha im Jahr 1960 auf 0,6 ha im Jahre 1995 halbiert. Die Waldfläche in den Industrienationen ist zwar konstant geblieben bzw. leicht gestiegen, zwischen 1960 und 1990 jedoch gingen 450 Mio. ha Tropenwald verloren, was einen größeren Waldverlust als in jeder anderen Epoche der Geschichte darstellt [GARDNER-OUTLAW und ENGELMAN, 1999]. Dagegen hätte sich der steigende Waldanteil in Europa und Nordamerika nach dem 2. Weltkrieg ohne intensivierte Anbausysteme nicht eingestellt und viel größere Gebiete an Wäldern, Grünlandflächen und Feuchtgebieten in ärmeren Regionen hätten in Ackerflächen umgewandelt werden müssen [SMIL, 2001].

Zwischen 1990 und 1995 betrug der weltweite Waldverlust 65,1 Mio. ha, wobei die Rate der gewonnen Waldflächen bei 8,8 Mio. ha lag. Das bedeutet, dass die Verlustrate um mehr als das 7-fache höher lag als die Wiederaufforstungsrate [GARDNER-OUTLAW und ENGELMAN, 1999]. In den Entwicklungsländern wurde von 1980-1995, d. h. innerhalb von 15 Jahren, mehr als 200 Mio. ha vernichtet, was einer Fläche größer als Mexiko (ca. 200 Mio. ha) entspricht. Von 1990-1995 ging dabei jedes Jahr eine Waldfläche verloren, die vom Ausmaß her größer war als die Fläche des Staates New York (ca. 13 Mio. ha) [GARDNER-OUTLAW und ENGELMAN, 1999].

Der Bestand der Tropenwälder wird jede Dekade um 5% reduziert [CHOMITZ, 2007]. Von 1990-2000 verringerten sich die Tropenwälder um ca. 12,3-14,2 Mio. ha/a [KATES und PARRIS, 2003]. Für denselben Zeitraum ermittelte die FAO einen Wert von 13,1 Mio. ha/a und 12,9 Mio. ha/a für den Zeitraum 2000-2005, wobei die tatsächliche Entwaldungsrate noch höher sein dürfte. Brasilien hat hieran einen Anteil von 21 bzw. 24%, was jedoch eine Überschätzung darstellen könnte. Unter anderem auf Grund von Wiederaufforstungsprojekten hat sich die Abholzungsrate verlangsamt, doch findet der Abholzungsprozess noch immer zu einer alarmierend hohen Rate statt [FAO, 2006b].

Zwischen 2000 und 2010 dürften die Weideländer in Lateinamerika, wo bislang der größte Verlust von Regenwäldern durch die Weidehaltung induziert wurde, aller Voraussicht nach um 2,4 Mio. ha/a zugenommen haben. Dies entspricht 65% der erwarteten gesamten globalen Entwaldung. Ungefähr die Hälfte des Getreideanbaues wird für die Futtermittelherstellung verwendet, womit 0,5 Mio. ha/a an gerodeter Fläche hinzukommen.

Dadurch ergibt sich eine entwaldete Fläche von insgesamt fast 3 Mio. ha/a, die durch die Waldrodung mit einem Ausstoß von 2,4 Gt CO_2/a verbunden ist, welcher dem Tierproduktionssektor zuzurechnen ist. In dieser Betrachtung werden jedoch nicht alle künftigen, quantitativ relevanten Entwaldungen wie z. B. in Argentinien berücksichtigt. Der Regenwaldbestand schrumpft derzeit um 5% pro Jahr [UNDP, 2007].

Die jährlichen Entwaldungsraten im brasilianischen Amazonasgebiet zwischen 1988 und 2007 variieren zwischen 1 und 3 Mio. ha/a, doch machten sie durchschnittlich 1,9 Mio. ha/a aus [McALPINE et al., 2009]. Die gesamte Entwaldung im Amazonas stieg ab dem Jahr 1990 von 10 auf 17% bis zum Jahr 2005 an. Die durchschnittliche entwaldete Fläche erhöhte sich 2000 bis 2006 um 20% gegenüber dem Betrag in den 90er Jahren. Die größte Abholzung trat im Jahr 1995 auf, gefolgt vom Jahr 2004, ehe diese bis 2006 wieder deutlich abfiel, wobei die derzeitige Entwaldungsrate noch dem Niveau der frühen 90er Jahren entspricht (vgl. Abb. 11) [CELENTANO und VERISSIMO, 2007].

Die Abholzung im Amazonasgebiet trug zu fast 50% der gesamten globalen Entwaldungsrate zwischen 2000 und 2005 bei [HANSEN et al., 2008]. In Brasilien werden die meisten Tropenwälder weltweit abgeholzt, durchschnittlich 19.500 km^2/a von 1996 bis 2005, was in der Freisetzung von 0,7-1,4 Gt t/a an THG resultierte [NEPSTAD et al., 2009].

Dagegen gibt es Wiederaufforstungsprojekte in der EU, in Japan, Südkorea, Ostasien und hier vor allem in China, wo es bereits zu einer Verdoppelung der Waldgebiete kam [ZHAO et al., 2006]. Generell sind zwei globale Trends zu beobachten: Die Abnahme von tropischen Regenwäldern und die Zunahme des nördlichen Nadelwaldgürtels in der gemäßigten Zone [KATES und PARRIS, 2003].

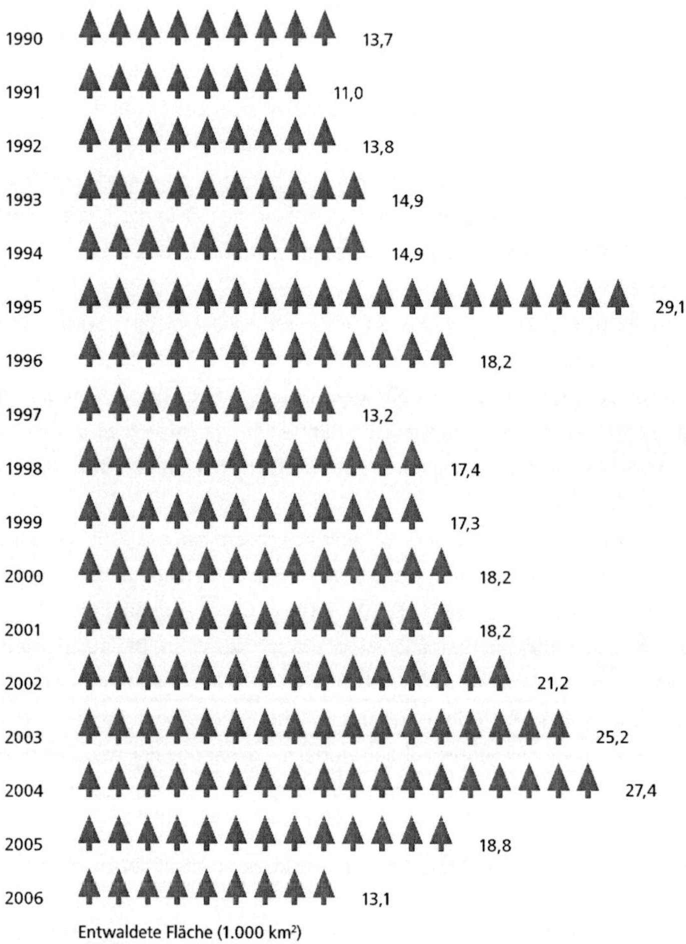

Abb. 11 Entwaldete Fläche zwischen 1990 und 2006 im Amazonasgebiet (1.000 km²) (Quelle nach: [CELENTANO und VERISSIMO, 2007])

7.2 Entwaldung durch steigende Produktion und Konsum tierischer Produkte

Die Expansion der Tierproduktion ist ein Schlüsselfaktor bei der Entwaldung, die zum größten Teil in Lateinamerika zu beobachten ist [STEINFELD et al., 2006a; McALPINE et al., 2009]. So hat sich auch zwischen 1990 und 2006 die Zahl der Rinder im Amazonasgebiet mehr als verdoppelt, während sich die Fläche zum Sojaanbau vervierfachte [BELLARBY et al., 2008]. Da, wie im Kap. 6 erläutert, nur noch wenig brauchbare Flächen zur weiteren Erschließung für Futtermittel vorhanden sind, werden in Zukunft wie bis dato vor allem Waldgebiete in Südamerika geopfert werden.

In Mittelamerika (Lateinamerika und der Pazifik) hat sich der Rinderbestand zwischen 1961 und 2004 linear mit einer Zunahme von 176 auf 379 Mio. mehr als verdoppelt [BELLARBY et al., 2008].[1]

Bis 1995 hatten Rinderweiden im Amazonasgebiet einen Anteil von 80% an den abgeholzten Flächen und damit den größten Anteil an der Entwaldung und deren negativen Konsequenzen. Zwischen 1990 und 2003 stieg der Rinderbestand im Amazonas-gebiet um das 2,4-fache (140%), von 26,6 auf 64 Mio. Tiere [BARRETO et al., 2005]. 2007 betrug die Rinderpopulation im Amazonasgebiet bereits 74 Mio., womit sie fast die Hälfte der gesamten Rinderpopulation in Brasilien ausmachte (vgl. Abb. 12) [McALPINE et al., 2009]. Es ist auch zu erkennen, dass gerade durch die rasche Expansion der Rinderzucht im Amazonasgebiet die Rinderpopulation von 1994 bis 2005 einen erheblich größeren Zuwachs verzeichnete als die brasilianische Gesamtpopulation an Rindern, der größten weltweit.

Bislang wurden 70% der abgeholzten, zuvor bewaldeten Tropenwälder im Amazonasgebiet für Viehweiden verwendet und auf dem Großteil der restlichen 30% wurden Futtermittel angebaut [STEINFELD et al., 2006a]. Seit einiger Zeit ist jedoch eine deutliche Verschiebung des Anteiles an Weideflächen zugunsten der Flächen für den Futtermittelanbau erkennbar. So war auch die durchschnittlich gerodete Fläche in Mato Grosso[2] zwischen 2001 und 2004 für den Getreideanbau, der insgesamt bereits einen Anteil von 17% an der gesamten entwaldeten Fläche ausmacht, doppelt so groß wie

1 Auch die Nutztierarten Schwein und Huhn haben in der Region seit 1961 um 30-600% zugenommen, wobei sich Soja- und Reismonokulturen und der Gebrauch von N-Düngern ebenso dramatisch erhöht haben [BELLARBY et al., 2008].

2 Auf den Staat Mato Grosso in Brasilien fallen in diesem Zeitraum allein 87% des gesamten Zuwachses der Getreideflächen und 40% der gesamten Entwaldung [MORTON et al., 2006].

jene für Weideland. Trotz der Intensivierung der Landwirtschaft kommt es zu einer weiteren Entwaldung auf Grund der größeren und schneller wachsenden Umwandlung von Waldflächen in Getreideflächen [MORTON et al., 2006].

Auf ganz Brasilien bezogen hat sich der Flächenbedarf der industriellen Sojaproduktion innerhalb von 10 Jahren, von 1994 bis 2004, auf 22 Mio. ha verdoppelt, womit diese den größten Teil der brasilianischen landwirtschaftlichen Fläche einnimmt [ELFERINK et al., 2007].

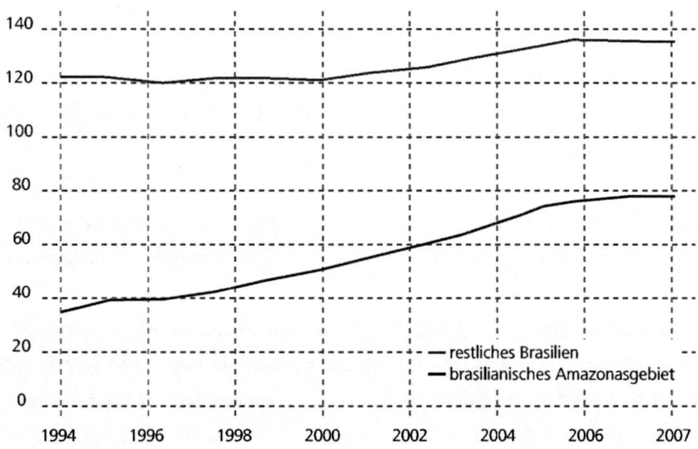

Abb. 12 Expansion der Rinderpopulation im brasilianischen Amazonasgebiet verglichen mit dem restlichen Brasilien zwischen 1994 und 2007 (n Mio.)
(Quelle nach: [McALPINE et al., 2009])

Eine steigende Nachfrage für Sojabohnen und Rindfleisch bzw. großflächige Expansionen für landwirtschaftliche Güter haben direkt zur Entwaldung in Brasilien, vor allem in dem Amazonasstaat Mato Grosso zwischen 2001 und 2004 beigetragen, neben dem bereits bestehenden Druck auf den Waldbestand durch die Rinderhaltung [FEARNSIDE, 2005; MORTON et al., 2006].

Die Inanspruchnahme von Fläche für Soja im Amazonasgebiet ist auch ein Impuls für die weitere Entwaldung durch andere Sektoren. Kleine Anbaubetriebe sowie Weidehaltungsunternehmen werden durch den Sojaanbau von bestehenden Flächen verdrängt, wodurch diese neues Land in Regenwäldern lukrieren müssen [NEPSTAD et al., 2006]. Indirekt wird ebenso ein Anreiz zur Holzgewinnung geschaffen [GARNETT, 2009].

Der Großteil des Landes zum Anbau des Exportsojas ist mit der Schweine- und Hühnerproduktion in Europa assoziiert, trotz der steigenden Signifikanz von China als Importeur von Soja [GALLOWAY et al., 2007].[1] Der Export von Soja aus Brasilien hat sich die letzten 10 Jahre verdoppelt, wobei der Großteil auf China und die EU zurückgeht. In puncto Sojaimport führt China die Länder an, die einen steigenden Wohlstand genießen und verstärkt Geflügel und Schweine konsumieren, deren Ernährung auf Futtermittelimporte basiert [NEPSTAD et al., 2008]. Von den 6 Mio. t Soja, die in die EU importiert werden, stammt die Hälfte aus Brasilien. 2004 avancierte Brasilien zum weltweiten Anführer beim Rindfleischexport, mit 38% Exporten in die EU, 12% in den mittleren Osten und 10% nach Russland [NEPSTAD et al., 2006]. Zwischen 1990 und 2006 ist der Export von Rindfleisch aus dem Amazonasgebiet um über 500% gewachsen. Diese Entwicklung hatte deutliche ökologische Konsequenzen wie THG-Emissionen durch die Entwaldung, Schadstoffbelastung, Biodiversitätsverlust und die Entsiedlung von lokalen EinwohnerInnen zur Folge [ZAKS et al., 2009].

Neben der Herstellung von Exportsoja fördert des Weiteren die steigende Fleischnachfrage in Entwicklungsländern die Ausbreitung der intensiven Landwirtschaft in den Tropenwäldern, besonders in Brasilien, Bolivien und Paraguay [McMICHAEL et al., 2007].

7.3 Prognosen und Konsequenzen für Entwicklungsländer und Umwelt

Durch die Futtermittelproduktion resultieren soziale und ökologische Schäden, wie die weitere Verarmung der Erzeugerländer, der Waldverlust, THG, Nährstoffüberschüsse etc., die oftmals indirekt von anderen Regionen wie der EU mit verursacht werden und bei der jeweiligen nationalen Ökobilanz eingerechnet werden müssten [GALLOWAY et al., 2007]. Ein Ansatz wäre eine Allokation, d. h. eine Aufteilung der entstehenden Folgekosten für die Umwelt zwischen Import- und Exportländern. So wurden in der Studie von ZAKS et al. [2009] die anfallenden THG-Emissionen der Rindfleisch- und Sojaproduktion in Brasilien zu 50% den Exportländern und zu 50% den Importländern zugerechnet.

1 So werden die verfügbaren, abgeholzten Flächen zunehmend für den Export nach Europa, auch nach Österreich und Deutschland, Asien, Australien und Nordamerika genutzt, anstelle für die Versorgung der einheimische Bevölkerung [STEINFELD et al., 2006a; BARONI et al., 2006].

Demnach gingen zwischen 1990 und 2006 von den gesamten 256,8 Mio. t CO_2-Äq, die durch die brasilianische Sojaproduktion entstanden, die Hälfte auf Exportländer, und hier auf die EU mit fast einem Drittel Anteil an den »exportierten« THG, zurück. Die Rindfleischproduktion zeichnete in Brasilien in diesem Zeitraum für 240 Mio. t CO_2-Äq an THG verantwortlich. Von den 50% an THG, die den Exportländern zugeteilt wurden, hatten Osteuropa mit 12,5% und die EU mit 12,3% die größten Anteile. Jedoch könnte auch ein noch größerer Teil auf Exportländer zurückfallen, denn allein zwischen 1990 und 2000 wurde der Großteil des produzierten Rindfleisches aus Brasilien in die EU exportiert, was 61,8% der mit dem gesamten brasilianischen Rindfleischexport assoziierten THG entsprach [ZAKS et al., 2009].

Für Entwicklungsländer in Asien und Afrika, wo bereits viele Wälder erheblich dezimiert wurden, bedeuten in Zukunft bereits geringe Abnahmen ihrer Waldbestände eine starke Belastung für die Ökosysteme und damit auch für Mensch, Tier und Pflanze. Neben dem Fleischkonsum stellen der steigende Holzverbrauch und das Bevölkerungswachstum einen erheblichen Druck auf die Tragfähigkeit der Waldbestände in vielen asiatischen Ländern dar [GARDNER-OUTLAW und ENGELMAN, 1999].

Die rapide Expansion der Sojaproduktion in Brasilien ist für verheerende Effekte auf die brasilianischen Savannen und das Ökosystem Regenwald verantwortlich. Dies wurde deutlich mit der global wachsenden Fleischproduktion in Verbindung gebracht [NEPSTAD et al., 2006; McALPINE et al., 2009]. Der hohe Futtermittelbedarf der intensiven Tierproduktion fördert indirekt die Entwaldung des brasilianischen Regenwaldes für Sojaplantagen [BELLARBY et al., 2008].

Die weltweiten Waldflächen werden bis 2030 jährlich um ca. 43.000 km^2 zurückgehen, wohingegen die Ausdehnung der Waldflächen in den Industrieländern, vor allem in Europa, rund 7.400 km^2/a betragen wird. So wird die globale Entwaldungsrate die Wiederaufforstungsrate um ca. das 6-fache übertreffen [ZHANG et al., 2006]. Bis 2050 werden 40% des jetzigen Amazonasgebietes verschwunden sein, wenn die momentanen Trends anhalten [SOARES-FILHO et al., 2006]. Der Verlust von Wäldern, insbesondere Tropenwäldern ist jedoch mit weiteren gravierenden Problemen assoziiert. So wird auch eine weitere Entwaldung mit einem höheren Risiko für das Aussterben von gewissen Arten verbunden sein. Denn ungefähr 10-20% aller bekannten Spezies leben in Brasilien; so stellt der Amazonas das Heim von jedem 5. Säugetier, Fisch, Vogel und jeder 5. Baumart dar [NEPSTAD et al., 2008].

Nicht nur die für das Ökosystem so wichtige Biodiversität ist betroffen, sondern auch weitere wichtige Ökosystemleistungen werden durch die Zunahme von Rinderweiden (neben der Verbreitung von exotischen Gräsern um die Weidelandproduktivität zu steigern) und Sojakulturen angegriffen. Das reicht von der beeinträchtigten Wasserversorgung, dem Verlust von Regulierungsmechanismen des lokalen Klimas, wie Evapotranspiration[1], über Bodenerosion und der Reduzierung des weltweiten kontinentalen Frischwasserabflusses zu den Ozeanen, den THG-Emissionen, bis zu den massiveren Kosten der Entwaldung und Degradierung für das Ökosystem [FEARNSIDE, 2005; NEPSTAD et al., 2008; McALPINE et al., 2009].

Eine weitere Flächenexpansion für Soja und Rinder könnte eine zusätzliche Inanspruchnahme von einer Fläche im Ausmaß von 1,4-1,7 Mio. km^2 alleine in Brasilien mit sich bringen, was der gesamten Getreidefläche der USA entspricht; ungefähr ein Fünftel der potentiellen Fläche liegt im Amazonas [NEPSTAD et al., 2006].

7.4 Vegetarische Ernährung und andere Lösungsansätze zum Erhalt der Regenwälder

Neben dringenden Maßnahmen auf internationaler Ebene wie eine größere Berücksichtigung der entstehenden THG durch Waldrodungen, der assoziierten Weide- und Futterflächen in den globalen Klimaagenden, und auf nationaler Ebene wie Gesetzesinitiativen zur Förderung von Subsistenzwirtschaft, Programme zum Schutz von ganzen Regenwaldarealen, finanzielle Honorierungen erhaltener Regenwaldflächen und Konsequenzen gegen illegale Entwaldung sind auch Maßnahmen den Fleischkonsum betreffend erforderlich.[2]

Laut McALPINE et al. [2009] ist es nötig, dass KonsumentInnen den Rindfleischkonsum reduzieren und dessen Förderung durch regionale und internationale Regierungen stoppen. Zukünftige Entwaldungen zu vermeiden entspricht einer win-win Situation für die Sequestrierung von CO_2, den Schutz der Artenvielfalt, die Aufrechterhaltung

1 Die Verdunstung von Wasser aus Tier- und Pflanzenwelt wird als Evaporation und aus der Bodenfläche als Transpiration bezeichnet. Die beiden werden unter dem Begriff Evapotranspiration zusammengefasst. Dieser beeinflusst den globalen und lokalen Wasserkreislauf. So kann sich Evapotranspiration über größeren Waldgebieten abspielen und einen Einfluss auf den Niederschlag bzw. das lokale Klima haben. Es wurde festgestellt, dass Evapotranspiration bei Weideländern viel geringer ist als bei unberührten Wäldern. Auf komplett entwaldeten Flächen ist die Evapotranspiration um 15-30% reduziert [McALPINE et al., 2009].

2 Die brasilianische Regierung hat sich zu dem Ziel einer 20%igen Reduktion der Entwaldungsrate bis 2020 bekannt. Geschützte Areale im brasilianischen Amazonas machen schon 1,82 Mio. km^2 aus, womit 51% der lokalen Waldregionen abgedeckt sind [NEPSTAD et al. 2009].

regionaler Wasserkreisläufe und andere wichtige Ökosystemleistungen [McALPINE et al., 2009]. Es gilt aber auch, den Schweine- und Geflügelkonsum zu beachten, da ja mit diesem der Großteil der Sojafuttermittelproduktion im Amazonasgebiet assoziiert ist.

Durch eine breitflächige vegetarische Lebensweise könnte jetzt zum einen die fortlaufende Umwandlung von Tropenwäldern in landwirtschaftliche Flächen auf ein Minimum gesenkt werden und zum anderen könnte der immer größere Druck auf unsere Land- und Ökosysteme und auch auf unser Ernährungssystem reduziert werden. Damit stünde auch die Landwirtschaft nicht mehr in Konkurrenz mit Industrie, Urbanisierung, Straßenbau und Agrotreibstoffen, die ja primär aus potentiellen Lebensmitteln wie Mais und Raps hergestellt werden. Die pro Kopf verfügbare Fläche an Ackerland, aber auch an Wald, die bis dato (vor allem in den letzten Jahrzehnten) dramatisch gesunken ist, würde wieder zunehmen. Wir könnten sogar einen Großteil der Landwirtschaftsflächen, die wir ja vor allem für die Tierproduktion benutzen, einsparen und der Natur beispielsweise in Form von Wiederaufforstungen zurückgeben. Ein gewisser Anteil an Flächen wird der Natur gewidmet werden müssen – im Sinne der Biodiversität und zur Erhaltung (über)lebenswichtiger Funktionen der Umwelt [LOTZE-CAMPEN et al., 2006].

Die Rückumwandlung von Landwirtschaftsflächen zu Waldflächen und die Protektion von nachwachsenden Wäldern birgt auch ein großes Sequestrierungspotential[1] in sich [McALPINE et al., 2009]. Wichtiger wäre jedoch die akute Abholzung zu stoppen, denn von den 2,6 Mrd. t CO_2, das primär von den Wäldern pro Jahr absorbiert wird, werden durch Entwaldung 60% bzw. 1,6 Mrd. t wieder emittiert. Dadurch reduziert sich die Netto-CO_2-Absorption auf lediglich 1 Gt, womit sie nur 40% ihres Speicher- bzw. Senkenpotentials nutzen, das in der Absenz der Emissionen aus Entwaldungen gegeben wäre [IPCC, 2007]. Die abgeholzten Flächen absorbieren in Folge weniger CO_2 aus der Atmosphäre; selbst wenn die Regeneration der Wälder nach erfolgter Entwaldung forciert wird, braucht es auch Dekaden, damit die Menge des in den ursprünglichen Wäldern gespeicherten C wieder aufgenommen werden kann. Außerdem ist der Verlust an Biodiversität und indigenen Waldkulturen irreversibel [HIRSCH et al., 2007].

Wenn das mit den Wäldern assoziierte CO_2 in der globalen Klimapolitik berücksichtigt werden würde, könnten bis 2100 zusammen zumindest 2 Bio. US $ gespart werden

1 CO_2-Sequestrierung = der Abzug und die Speicherung von CO_2 aus der Atmosphäre. Ohne diese Speicherkapazitäten, die vor allem auf Ozeane und Wälder zurückgehen, wäre die globale Erwärmung viel höher ausgefallen als bisher [LATIF, 2009].

[TAVONI et al., 2007; ELIASCH, 2008]. Zumindest gab es hier auf der Weltklimakonferenz in Cancún ein Bekenntnis zum globalen Waldschutz [BMU, 2010]. Würde diese Summe in Gegenmaßnahmen den Klimawandel betreffend investiert werden, könnte die zu erwartende Erwärmung um 0,25°C »reduziert« werden [TAVONI et al., 2007]. Dagegen könnten sich nach ELIASCH [2008] die globalen ökonomischen Kosten der Entwaldung auf bis zu 1 Bio. $/a bis 2100 belaufen.

Mehr als 1,6 Mrd. Menschen sind aus verschiedenen Lebensumständen von Wäldern abhängig. Davon repräsentieren 60 Mio. indigene Bevölkerungen, die fast vollständig von Wäldern (für Nahrung, Medizin und Brennholz) abhängig sind und 350 Mio., die in oder in der Nähe von Wäldern leben und zu einem hohen Grad von den Wäldern für ihre Subsistenz und ihr Einkommen leben [WB, 2004]. Vor allem indigene Bevölkerungen sind von dem Raubbau an der Natur betroffen, wodurch ihre Existenzgrundlage gefährdet ist. Es muss daher Schutzmaßnahmen für Wälder und die mit ihnen verbundenen Menschen geben.

Eine vegetarische Ernährung könnte u. a. diesen negativen Trends entgegenwirken, da die weltweiten Entwaldung stark mit dem Tierproduktionssektor verbunden ist.

8 Der Einfluss des Tierproduktionssektors auf die Ressource Wasser

Der globale Verbrauch der Landwirtschaft an Wasser übertrifft den Gebrauch anderer Sektoren um ein Vielfaches. Diese Tatsache verdeutlicht zum einen die relativ geringen Kosten der Landwirte für den Wassergebrauch und zum anderen den ineffizienten Umgang mit Wasser. Die geringen Kosten für Wasser bzw. der Export von wasserintensiven Gütern wie Futtermittel und Fleisch impliziert, dass Nationen wenig Anreize setzen, um die Effizienz des Wassergebrauchs zu steigern, was zur Übernutzung und künftig zur verminderten Versorgung mit dieser fundamentalen Ressource führen könnte [GALLOWAY et al., 2007].

8.1 Allgemeine Fakten zum Wasserverbrauch

Wasser ist eines der kostbarsten Güter, die wir haben und vielleicht einer, wenn nicht der wichtigste limitierende Faktor für die künftige globale Nahrungsmittelversorgung [LOTZE-CAMPEN et al., 2006]. Dabei haben über 1 Mrd. Menschen nicht einmal Zugang zu reinem Wasser; mehr als doppelt (2,5 Mrd.) so viel haben keine adäquaten sanitären Einrichtungen/vernünftige Abwasserentsorgung [STEINFELD et al., 2006a; UNESCO, 2009].

Pro Jahr sterben frühzeitig 3 Mio. Menschen in Entwicklungsländern an wasserassoziierten Krankheiten [UNESCO, 2009]. Im Jahr 2000 lebten 508 Mio. Menschen in 31 Ländern unter angespannten Wasserbedingungen, wobei bis 2025 ungefähr 3 Mrd. Menschen in 48 solchen Ländern leben werden [BERNSTEIN, 2001]. Es könnten bis dahin schon 64% der Weltbevölkerung betroffen sein, gegenüber 38% im Jahr 2005 [STEINFELD et al., 2006a; LIU und SAVENIJE, 2008].

Die Zahl der Länder, die von Wassermangel betroffen sein werden, wird von 14 auf 19-23 Länder bis zum Jahre 2025 ansteigen [ENGELMAN et al., 2000]. Bis 2023 könnte ein Drittel der Weltbevölkerung unter absolutem Wassermangel leiden; davon werden Pakistan, Südafrika, und große Teile von Indien und China betroffen sein [STEINFELD et al., 2006a].

Wasserknappheit wird in Zukunft für viele Regionen eine gewichtige Rolle spielen. Weltweit sind 80 Nationen und allein in China 300 Städte betroffen [GOODLAND und PIMENTEL, 2000]. Bis Mitte dieses Jahrhunderts werden 2 Mrd. Menschen in 48 Ländern, im schlimmsten Fall 7 Mrd. in 60 Ländern, von Wasserknappheit betroffen sein [UNESCO, 2003].

90% der 2,3 Mrd. Menschen, die bis 2050 voraussichtlich hinzukommen, werden in Entwicklungsländern geboren und damit in vielen Regionen, in denen kein adäquater Zugang zu sicherem Trinkwasser und sanitären Anlagen gewährleistet werden kann [UNESCO, 2009].

Die FAO stellte fest, dass die zunehmende Tierhaltung ein Schlüsselfaktor für den steigenden Wasserbedarf sein wird [STEINFELD et al., 2006a].

8.2 Bewässerte Flächen

Innerhalb von 100 Jahren (1900-2000) haben sich die globalen bewässerten Flächen von ungefähr 50 auf 267 Mio. ha gesteigert.[1] Das hat mitunter zu einer knappen Versiebenfachung der Frischwasserentnahme von 580.000 l/a auf 3,5 Mio. l/a. geführt [GLEICK, 2000].[2]

Von der jährlich verfügbaren Menge an Frischwasser werden 54% verbraucht. Bis 2025 könnte diese Menge allein auf Grund des Bevölkerungswachstums auf 70% und bei einer globalen Erhöhung des Wasserkonsums pro Kopf auf das Niveau von Industrieländern auf 90% ansteigen [BERNSTEIN, 2001]. 97,5% des gesamten planetarischen Wassers sind Salzwasser und nur etwa 2,5% Süßwasser bzw. Frischwasser, wovon lediglich 0,5% zugänglich in Form von Grundwasser und Oberflächenwasser sind [BERNSTEIN, 2001; UNESCO, 2003]. Der Großteil der Süßwasservorräte ist in Form von Eis in Gletschern und ständiger Schneedecke gebunden. Seen, Flüsse, Grundwasser und zusätzlich die vom Menschen angelegten Talsperren stellen die zugängliche Süßwasserressource dar.

Mit der Ausnahme von Grundwasservorkommen sind Wasserressourcen erneuerbar, jedoch bestehen große Unterschiede in der Verfügbarkeit zwischen vielen Teilen der Welt und deutliche regionale Schwankungen der saisonalen und jährlichen Niederschläge. Beispielsweise leben im asiatischen Raum mehr als die Hälfte der Weltbevölkerung, welche nur über knapp mehr als ein Drittel der Wasserressourcen verfügt [UNESCO, 2003].

Der entscheidende Faktor hinsichtlich der Ressource Wasser ist die Geschwindigkeit, mit der das sich erneuerbare Süßwasser aus den globalen Reservoiren entnommen wird. So wird für einen großen Teil der bewässerten Flächen (ein Fünftel in Amerika) Wasser aus Grundwasservorkommen und Seen entnommen, wobei die Entnahme die Wiederauffüllungsrate um das 1.000-fache übertrifft. Die geringere Verfügbarkeit geht zu Lasten künftiger Generationen [ENGELMAN et al., 2000].

Global gesehen sind 275 Mio. ha bzw. 20% aller Landwirtschaftsflächen von Bewässerung und damit auch von Frischwasserentnahme abhängig, womit diese zu 40% der weltweiten Nahrungsmittelproduktion beitragen; 80% der Landwirtschaftsflächen

1 ROSEGRANT et al. [2002] gehen von einer Verfünffachung auf 250 Mio. ha von 1900-2002 aus.
2 Die enorme Veränderung der Wasserressourceninfrastruktur wurde auch durch das steigende Bevölkerungswachstum von 1,6 Mrd. auf über 6 Mrd. Menschen und veränderte Lebensgewohnheiten herbeigeführt [GLEICK, 2000].

werden durch Regenwasser gespeist, die für 60% der Nahrungsproduktion verantwortlich sind [IWMI, 2007; UNESCO, 2009].[1]

66% der weltweiten Reis- und Weizenproduktion gehen auf bewässerte Gebiete zurück, sodass ein Wachstum des bewässerten Outputs pro Fläche und Einheit essentiell für die Versorgung der wachsenden Weltbevölkerung sein wird [LOTZE-CAMPEN et al., 2006]. Für ROSEGRANT et al. [2002] erscheinen Maßnahmen hinsichtlich der durch Regen gespeisten Gebiete essentiell, um den Druck von bewässerten Systemen zu nehmen.

Bewässerung macht 70% der Gesamtwasserentnahme aus [UNESCO, 2003]. Von 93 Ländern, die von der FAO untersucht wurden, verwenden 10 bereits 40% ihres erneuerbaren Süßwassers für Bewässerungszwecke. Die 40%-Marke stellt einen Schwellenwert dar, an dem es zur Konkurrenz zwischen Landwirtschaft und anderen Sektoren kommen kann [FAO, 2002a]. Diese Marke wird bis 2030 auch von Südasien überschritten werden, wobei die Süßwasserentnahme für Bewässerungszwecke im Nahen Osten und Nordafrika dann schon bei ca. 58% liegen wird [UNESCO, 2003].

20% des gesamten globalen Wassergebrauchs gehen auf Grundwasservorräte zurück, wobei dieser Anteil rapide ansteigt, besonders in trockenen Regionen. Die Grundwasserentnahme hat sich während des 20. Jhdts. verfünffacht, was eine rapide Absenkung des Grundwasserspiegels und somit die Gefahr eines unnachhaltigen Gebrauchs mit sich brachte [UNESCO, 2009].

65% des für die Landwirtschaft gebrauchten Bewässerungswassers in den USA wird aus Grundwasserleitern gepumpt [PIMENTEL et al., 2004]. In China und im Nordwesten Indiens übertrifft die Wasserentnahme aus Grundwasservorkommen die nachhaltige Entnahme bereits um 25 resp. 56%. Mit dem steigenden Bedarf an Wasser zur Bewässerung wird die Degradierung von Grundwasservorkommen durch die Überentnahme und Verschmutzung mit Sicherheit schlimmer werden [WB, 2007].

---

1 Regenwasser, Teil des sog. grünen Wassers (»green water«), wird vom Boden aufgenommen und langsam an die Pflanzen abgegeben, wobei es üblicherweise außer Konkurrenz mit anderen Sektoren steht. Das Wasser zur Bewässerung hingegen wird aus Flüssen, Seen und Aquifers entnommen, von dem das meiste durch Evapotranspiration aufgebraucht bzw. abhanden geht. Dieses wird als sog. blaues Wasser (»blue water«) bezeichnet, um das mit anderen Sektoren konkurriert wird. Nur ein Teil des verwendeten Wassers wird komplett »konsumiert«. Der Großteil des verbrauchten Wassers fließt wieder – gewöhnlich in schlechterer Qualität – zurück in die Wassersysteme, wo es wieder verwendet werden kann. Die Landwirtschaft ist der mit Abstand größte Konsument von Wasser, speziell in trockenen Gebieten, wo Bewässerung eine wichtige Rolle spielt [UNESCO, 2009].

8.3 Der Wasserbedarf des Landwirtschafts- und Tierhaltungssektors

Vor 50 Jahren brauchten die Menschen auf Grund einer geringeren Energieaufnahme und einem geringeren Fleischkonsum weniger Wasser für ihre Lebensmittelproduktion, was einen geringeren Druck auf die Umwelt zur Folge hatte. Die Wasserentnahme aus den Flüssen betrug damals 33% der heutigen Rate [IWMI, 2007].

Wassermangel schränkt die Nahrungsmittelproduktion für hunderte Millionen Menschen ein. Die Landwirtschaft und somit auch der Tierproduktionssektor[1] sind für die Entnahme von 70% des Frischwassers aus Flüssen, Seen und Grundwässern verantwortlich, was einen wichtigen Faktor für die landwirtschaftliche Produktion darstellen kann [IWMI, 2007; UNESCO, 2009]. In einigen Entwicklungsländern liegt dieser Wert bei mehr als 90% [UNESCO, 2009]. Die Industrie benötigt hingegen ca. 20% und die Städte bzw. Haushalte ca. 10% [IWMI, 2007].

Der Wasserbedarf für unsere Nahrungsmittelproduktion ist beträchtlich. Unser täglicher Bedarf an Trinkwasser liegt bei 2-4 l, für unsere Nahrungsmittelproduktion dagegen benötigen wir ungefähr das 1.000-fache dieses Betrages [RENAULT, 2003]. Ein großer Teil des Wasserverbrauchs bei der Produktion von Lebensmitteln geht auf tierische Produkte und hier auf die Futtermittelherstellung zurück. In der intensiven Fleischproduktion benötigt diese immense Mengen an Wasser und konkurriert direkt mit anderen Endverbrauchern [LOTZE-CAMPEN et al., 2006; GALLOWAY et al., 2007]. In den USA werden für die Produktion von Futtermitteln und Fleisch zur Bewässerung ca. 5% der gesamten Wasserentnahme verwendet. Dies erscheint national gesehen wenig, doch lokale Effekte des überhöhten Wassergebrauchs können signifikant sein. Ungefähr 15% der Flächen für den Getreideanbau werden bewässert. Die meisten amerikanischen Maisanbaugebiete (Nebraska, Kansas, Ostcolorado, Teile des bekannten Wasserressorts von Oklahoma, dem Oklahoma Panhandle, und Nordtexas) beziehen ihr Wasser vom Ogallala Wasserdepot. Dieses ist das größte unterirdische Grundwasserressort in Amerika, dessen Grundwasserspiegel bis jetzt primär auf Grund des Wassergebrauchs durch die Landwirtschaft stetig und deutlich sank [GALLOWAY et al., 2007]. Daraus resultierten höhere Pumpkosten und eine deutliche Reduzierung des bewässerten Landes im Nordwesten von Texas von 2,4 auf 1,6 Mio. ha [ENGELMAN

1 Der Tierproduktionssektor dürfte sich zumindest für 8% des globalen Frischwasserverbrauchs verantwortlich zeichnen [STEINFELD et al., 2006].

et al., 2000]. Das Ogallala-Wasserressort versorgt auch über 2 Mio. Menschen mit Trinkwasser. Durch eine steigende Ressourcenentnahme wird sich die Konkurrenz um Wasser zuspitzen und Engpässe und Konflikte wegen des Gebrauchs sind zu erwarten [GALLOWAY et al., 2007].

Im Falle eines Business as usual-Szenarios projizieren ROSEGRANT et al. [2002] einen Anstieg der globalen Wasserentnahme um 22% bis 2025. Dieser wird hauptsächlich auf die Bereiche Haushalt, Industrie und Tierhaltung zurückgehen. Auf die Tierproduktion entfällt dabei 50% des Anstieges [STEINFELD et al., 2006a]. Ohne Gegenmaßnahmen wird bis 2023 ein potentieller Produktionsverlust von 350 Mio. t Nahrungsmittel zu erwarten sein. Zum Vergleich: Diese Menge entspricht grob der gesamten amerikanischen Getreideproduktion mit 364 Mio. t im Jahre 2005 [STEINFELD et al., 2006a]. Die Länder mit absolutem Wassermangel werden einen substantiellen Anteil an Getreide importieren müssen, was in gewissen Regionen auf Grund finanzieller Mängel in Hungersnöte und Malnutrition münden wird [STEINFELD et al., 2006a].

Nachdem die Entwicklung von traditionellen Bewässerungssystemen und die Wasserversorgung teurer und die Entsalzung von Wasser in naher Zukunft keine große Rolle spielen wird, sind Wassereinsparungen an jeder Stelle notwendig. Der steigende Wassergebrauch für den Haushalt und die Industrie werden die Herausforderung zusätzlich verstärken, da sie in direkter Konkurrenz mit dem Tierhaltungssektor stehen [LOTZE-CAMPEN et al., 2006; GALLOWAY et al., 2007].

Der zunehmende Wassermangel als auch die Wasserverknappung werden wahrscheinlich die Lebensmittelproduktion beeinträchtigen, da Wasser vom Landwirtschaftssektor durch ihre Konkurrenten Industrie und Haushalt zweckentfremdet werden wird [IWMI, 2007]. Weitere negative Einflüsse sind die Urbanisierung per se und die Beeinträchtigung der Wasserqualität durch giftige Abfälle, Abgase, Reifenabrieb und industrielle Schadstoffe [ENGELMAN et al., 2000].

8.4 Der Wasserbedarf verschiedener Lebensmittel

Die spezifischen Wassermengen, die für Lebensmittel benötigt werden, variieren stark [LOTZE-CAMPEN et al., 2006]. Je höher wir unsere Ernährung in der Nahrungskette ansiedeln und je mehr zusätzliche Verarbeitungsprozesse anfallen, desto höher ist der Wasserbedarf der Lebensmittel. Diese Werte schwanken regional gesehen stark auf Grund klimatischer Bedingungen und technologischer Standards [HOEKSTRA und CHAPAGAIN, 2007].

Generell benötigen tierische Produkte mehr Wasser als pflanzliche Produkte, da die Tiere viel Futtermittel, Trinkwasser, Servicewasser (z. B. für die Reinigung der Produktionsstätten) verbrauchen, bevor ein bestimmter Output erzielt wird [HOEKSTRA und CHAPAGAIN, 2007; RENAULT und WALLENDER, 2000]. Die Tiere selbst benötigen lediglich 1,3% des gesamten Wasserverbrauchs in der Landwirtschaft. Das meiste an Wasser im Tierproduktionssektor wird für die Futtermittelherstellung verbraucht [STEINFELD et al., 2006a; BARONI et al., 2006]. Um den erforderlichen Wasserbedarf, der für die Produktion von einem Lebensmittel entlang der gesamten Produktkette benötigt wird, festzustellen, wird zur Bilanzierung das Konzept des virtuellen Wassers verwendet [HOEKSTRA, 2003].

Allgemein liegt der Wasserbedarf bei pflanzlichen Produkten ungefähr bei 2.000 l/kg Lebensmittel und bei tierischen um die 5.000 l/kg Lebensmittel [RENAULT, 2003]. Für die Produktion von 1 kg Getreide benötigt man generell um die 1.000-2.000 l Wasser. Eine höhere Menge wird für tierische Produkte benötigt; um 1 kg Rindfleisch zu erzeugen benötigt man zumindest 12.560-15.550 l, was einer Unterschätzung entsprechen mag. Ausgehend von einem unteren Wert von 13.500 l für den Wasserbedarf von 1 kg Rindfleisch, entspricht dies ca. 75% des empfohlenen grundlegenden menschlichen Bedarfes an Wasser für Trinken, Hygiene, sanitäre Bedürfnisse und zur Zubereitung von Nahrungsmitteln im Haushalt für ein ganzes Jahr; das sind ca. 50 l/Person/d bzw. 18.000 l/Person/a [LIU und SAVENIJE, 2008; HOEKSTRA und CHAPAGAIN, 2007].
In der Literatur unterliegen die ausgewiesenen Werte für den Wasserbedarf zur Produktion von tierischen Produkten generell einer großen Schwankungsbreite; regional wurden starke Unterschiede festgestellt, wie die Arbeit von HOEKSTRA und CHAPAGAIN [2007] aufzeigt. Für die Produktion von 1 kg Rindfleisch wurden beispielsweise Werte von 12.560 bis 70.000 l ermittelt, wobei letzterer Wert eine Überschätzung darstellen könnte (vgl. Tab. 5).

Neben tierischen Produkten haben auch Öle mit 5.100 l/kg einen hohen Wasserbedarf, wobei hier jedoch wie auch z. B. bei Eiern die geringere Verzehrsmenge beachtet werden sollte. Gemüse und Früchte haben mit je 200 l /kg den geringsten Wasserbedarf [LIU und SAVIINJE, 2008].

Von 1961-2000 stieg der Wasserkonsum in den damaligen EU-15 Staaten von 3.340 auf 4.050 l/Person/d an, wobei der Anstieg vor allem auf dem tierischen Anteil der Nahrung basierte. Die Wassermenge für die Produktion tierischer Produkte ist zumindest. um den Faktor 3 höher im Vergleich zu pflanzlichen Produkten. Durch die Tatsache, dass der Anteil tierischer Produkte an der gesamten zugeführten Nahrungsenergie

	LIU und SAJIIVE, 2008	HOEKSTRA und CHAPAGAIN, 2007 (GD)	GLEICK, 2007	PIMENTEL et al., 2004	CHAPAGAIN und HOEKSTRA, 2003 (GD)	HOEKSTRA und HUNG, 2003 (GD)	ZIMMER und RENAULT, 2003 (Kalifornien)	OKI et al., 2003 (Japan)
Rindfleisch	12.560	15.500	15.000 bis 70.000	43.000	15.980	k. A.	13.500	20.700
Schweinefl.	4.500	4.860	k. A.	6.000	5.910	k. A.	4.600	5.900
Hühnerfl.	2.400	3.920	3.500 bis 5.700	3.500	2.830	k. A.	4.100	4.500
Milch	1.000	990	k. A.	k. A.	870	k. A.	790	560
Eier	3.500	3.340	k. A.	k. A.	4.660	k. A.	2.700	3.200
Fisch	5.000	k. A.	k. A.	k. A.	k. A.	k. A.	k. A.	k. A.
Käse	k. A.	4.920	k. A.	k. A.	5.290	k. A.	k. A.	k. A.
Soja	3.200	1.790	1.100 bis 2.000	2.000	k. A.	2.300	2.750	2.500
Öle	5.100	k. A.	k. A.	k. A.	k. A.	k. A.	k. A.	k. A.
Kartoffeln	230	k. A.	500 bis 1.500	630	k. A.	160	105	k. A.
Mais	840	910	1.000 bis 1.800	650	k. A.	450	710	1.900
Weizen	980	1.330	900 bis 2.000	900	k. A.	1.150	1.160	2.000
Reis	1.300	3.000	1.900 bis 5.000	1.600	k. A.	2.660	1.400	3.600
Gemüse	200	k. A.	k. A.	k. A.	k. A.	k. A.	k. A.	k. A.
Früchte	500	k. A.	k. A.	k. A.	k. A.	k. A.	k. A.	k. A.

GD = Globaler Durchschnitt

Tab. 5 Der Wasserbedarf unterschiedlicher Lebensmittel (l/kg Lebensmittel) (Eigendarstellung nach: [LIU und SAJIIVE, 2008; HOEKSTRA und CHAPAGAIN, 2007; GLEICK, 2007; PIMENTEL et al., 2004; CHAPAGAIN und HOEKSTRA, 2003; HOEKSTRA und HUNG, 2003; ZIMMER und RENAULT, 2003; OKI et al., 2003])

mit 13% deutlich niedriger liegt, wird die Signifikanz von Lebensmitteln tierischen Ursprungs auf Grund ihrer hohen Gesamtwerte hinsichtlich des Wasserverbrauchs deutlich [RENAULT, 2003; FAO, 2009b]. Der Impact tierischer Lebensmittel ist somit hinsichtlich des Wasserbedarfs um ein Vielfaches größer als bei der Produktion von pflanzlichen Lebensmitteln.

8.5 Konsequenzen und Handlungsoptionen

8.5.1 Prognosen und mögliche Konsequenzen

Der Wasserbedarf für die wachsende Bevölkerung und zur Beseitigung des globalen Hungers wird ausgehend vom jetzigen Wasser-Produktivitätsniveau bis 2025 auf 3.800 km^3/a und bis 2050 auf 5.600 km^3/a ansteigen. Das entspricht der gesamten derzeitigen Wasserentnahme für Industrie, Haushalt und Bewässerung [SIWI, 2004].

Die Wasserengpässe um die Bewässerung werden größer werden, wobei Landwirte die Erträge angesichts der Verminderung der relativen Wasserversorgung nicht so schnell steigern werden können wie in der Vergangenheit. So dürfte die jährliche Steigerungsrate des Getreidezuwachses von 1,5% pro Jahr zwischen 1982 und 1995 auf 1,0% zwischen 1995 bis 2025 fallen. Dabei dürfte sie in Entwicklungsländern stärker abnehmen, und zwar von 1,9 auf 1,2%. Der weltweite Getreidebedarf dürfte sich jedoch um 47% bzw. 828 Mio. t erhöhen. Das projizierte Wachstum des Fleischkonsums wird den Getreidekonsum in Form von Futtermitteln, besonders von Mais, substantiell erhöhen [HUBERT et al., 2010]. Ein Teil des jetzigen Drucks auf die Ressource Wasser ergibt sich aus dem steigenden Bedarf an Futtermitteln. Mit dem steigenden Konsum von Fleisch und Milchprodukten hat sich die Futtermittelproduktion auf Kosten anderer Anbauprodukte rapide erhöht, denn die Fleischproduktion benötigt durchschnittlich 8 bis 10-mal mehr Wasser als die Getreideproduktion [UNESCO, 2009]. Die Lebensmittel- und Futtermittelnachfrage wird sich in den nächsten 50 Jahren fast verdoppeln. Die zunehmende Tierproduktion benötigt einen höheren Anteil an Getreide zur Fütterung, was einen Anstieg der Getreideproduktion um 25% erfordert [IWMI, 2007].

Gegenüber 1995 soll sich die gesamte, globale Wasserentnahme bis 2025 um 22% auf 4.772 km^3/a erhöht haben [ROSEGRANT et al., 2002]. Bis 2050 wird die Wasserentnahme für die Landwirtschaft um 13% steigen und damit Ressourcen aus anderen Ökosystemen abziehen [IWMI, 2007]. Der fortschreitende Klimawandel und der erhöhte

Lebensmittelbedarf werden wahrscheinlich weltweit den Bedarf an Bewässerung um 30% erhöhen, um die Ernährung zu sichern [PIMENTEL et al., 2004].

Es kann in Zukunft auch verstärkt zu Spannungen und Konflikten zwischen unterschiedlichen Bereichen (Landwirtschaft, Städte, Industrie) kommen, auf regionaler und auch auf internationaler Ebene. So beziehen beispielsweise neben Ägypten, mit dem Hauptanteil von 97%, auch der Sudan, Äthiopien, Burundi, Kenia, Ruanda, Tansania, Zaire, Eritrea und Uganda Frischwasser aus dem Nil [PIMENTEL et al., 2004].

8.5.2 Handlungsoptionen für einen effizienteren Umgang mit den Wasserressourcen

Für viele ExpertInnen wird Wasser im laufenden Jahrhundert ein entscheidender begrenzender Faktor für die Steigerung der Agrarproduktion sein. Wenn eine nachhaltige Bewässerungslandwirtschaft erreicht werden soll, müssen 10-20% des heute verwendeten Wassers eingespart werden, obwohl die Produktion um 40% gesteigert werden muss, damit eine wachsende Weltbevölkerung mit Nahrungsmitteln versorgt werden kann [ZICHE, 2005; LOTZE-CAMPEN et al., 2006].

In der Möglichkeit, Nahrungsmittel anzubauen, die weniger Wasser pro Kalorien benötigen, liegt ein großes Potenzial zur Erhöhung der Effizienz. Neben Maßnahmen gegen überreichliche Anwendungen durch ungeeignete Bewässerungsmethoden und auftretende Verluste von Wasser »vom Acker bis zum Teller«[1] können veränderte Ernährungsweisen und funktionierende internationale Märkte zielführend sein [GLEICK, 2000].

Da die durch Regen genährte Landwirtschaft 60% des gesamten Getreides ausmacht, würden hier verbessertes Wassermanagement und Produktivitätssteigerungen einen beträchtlichen Druck von der bewässerten Landwirtschaft und den Wasserressourcen nehmen [ROSEGRANT et al., 2002]. Da die Nutzungseffizienz von bewässernden Systemen weltweit bei ca. 38% liegt, muss hier klarerweise mittels effizienterer Bewässerungstechniken entgegengesteuert werden [UNESCO, 2003].

Der exzessive Verbrauch an Wasser (und auch an N) in den industrialisierten Anbausystemen resultiert aus deren geringen Preisen (auch für Getreide), die durch generelle

1 Die derzeitige Effizienz des landwirtschaftlichen Wassergebrauchs dürfte bei lediglich 40% liegen [GLEICK, 2000].

protektionistische Gesetze, Regelungen und Fördermaßnahmen in der Landwirtschaft begünstigt bzw. verzerrt werden [GALLOWAY et al., 2007]. Des Weiteren müssten die Preise für die Bewässerung in den Industrienationen um ca. 50-120% vom momentanen Niveau steigen, um den diesbezüglichen Wasserverbrauch um 10% zu senken. Ein höherer Preis für Wasser könnte zu einer gedämmten und regulierten Nutzung dieser Ressource führen.

Der derzeitige Gebrauch an Wasser durch den Tierhaltungssektor, besonders die Mengen an extrahiertem Grundwasser in vielen größeren Futtermittelanbaugebieten, ist oftmals nicht nachhaltig [GALLOWAY et al., 2007]. Durch eine steigende Ressourcenentnahme wird sich laut GALLOWAY et al. [2007] die Konkurrenz um Wasser zuspitzen. Wasserressourcen müssen daher künftig effizienter genutzt und die Kontaminierung des gebrauchten Wassers reduziert werden [ENGELMAN et al., 2000].

Die Nahrungsmittelverschwendung mit einem ungefähren Anteil von einem Drittel an der gesamten Produktion stellt einen indirekten Verlust von Wasser dar, was ein weiterer Ansatzpunkt wäre [IWMI, 2007].

8.6 Fazit zum Wassergebrauch

Der Konsum von Fisch und Fleisch wird weiterhin ansteigen, womit auch der Druck auf die Wasserressourcen und die Umwelt zunimmt [IWMI, 2007]. Da die Landwirtschaft – und damit auch der Tierhaltungssektor – für mehr als zwei Drittel (70%) des Frischwasserkonsums verantwortlich ist, was auf Grund des immensen Wasserbedarfs tierischer Lebensmittel, vor allem für Futtermittel, plausibel ist, wäre hier ein deutliches Einsparpotential gegeben (vgl. Tab. 5).

Auf der Konsumebene können Ernährungsgewohnheiten und Ernährungsstile den Wasserbedarf für Lebensmittel senken [RENAULT, 2003]. Eine Ernährung benötigt im Durchschnitt 1.200 m^3/Person/a an Wasser, wobei es große regionale Unterschiede aufgrund verschiedener Ernährungsformen gibt. Der Wasserbedarf variiert zwischen 600 m^3/Person/a in den ärmsten Regionen und 1.800 m^3/Person/a in den wohlhabendsten mit den fleischreichsten Ernährungsweisen [SIWI, 2004].

Eine modifizierte Ernährung bzw. eine vegetarische resp. vegane Ernährung könnte demnach zur Einsparung wichtiger Wasserressourcen beitragen und dem negativen Trend der Wasserknappheit gegensteuern. So hat eine Ernährung mit einem geringen Anteil an tierischen Produkten, wie z. B. in Nordafrika, einen Wasserverbrauch von

2.500 l/Person/d, eine Ernährung mit einem hohen Anteil an tierischen Produkten, wie in Europa oder Amerika, benötigt dagegen das Doppelte an Wasser. Der Wasserbedarf der Ernährung kann, abhängig von dem Anteil an tierischen Produkten, um einen Faktor 10 schwanken [RENAULT, 2003].

Eine vegetarische Ernährung benötigt im Vergleich zu einer typischen amerikanischen Ernährung mit Fleisch nur die Hälfte an Wasser, d. h. 2.700 statt 5.400 l/Person/d [LOTZE-CAMPEN et al., 2006]. Eine Ernährung mit einem Anteil von 20% tierischen Produkten benötigt 1.300 m^3/Person/a, wobei eine rein vegetarische Ernährung lediglich die Hälfte benötigt [SIWI, 2004]. Eine vegane Ernährung benötigt demnach und abgeleitet von den Ergebnissen verschiedener Studien zum Wasserbedarf von Lebensmitteln die geringsten Mengen an Wasser. Im Vergleich zu dem großen Einsatz an Wasser für die Nahrung ist der menschliche Bedarf an Trinkwasser und für sanitäre Zwecke mit weniger als 60 l fast vernachlässigbar [LOTZE-CAMPEN et al., 2006].

8.7 Verminderung der Wasserqualität durch Schadstoffeinträge

Aufgrund der Abwasserbelastung sind 50% der Bevölkerung in Entwicklungsländern durch verschmutzte Süßwasserquellen gefährdet [UNESO, 2009].

Die FAO konstatiert, dass die Tierhaltung wahrscheinlich die größte sektorale Quelle für Wasserverschmutzung, Eutrophierung[1], anoxische[2] Zonen in Küstengebieten, Degradierung von Korallenriffen, Gesundheitsprobleme, auftretende Antibiotikaresistenz und viele andere Probleme ist. Zu den größten Verschmutzungsquellen gehören dabei Tierabfälle, Antibiotika und Hormone, Chemikalien aus Gerbereien, synthetische Düngemittel und Pestizide für die Futtermittelherstellung und Sedimente von erodierten Weideflächen [STEINFELD et al., 2006a].

Die Futtermittelproduktion, die Aufbringung von Tierdung auf Anbauflächen und die Landbesetzung durch extensive Systeme gehören zu den wesentlichsten Gründen für die unnachhaltigen Nährstoff- und Pestizideinträge in die Böden und die Abschwemmungen in die weltweiten Wasserressourcen [STEINFELD et al., 2006a].

1 Eutrophierung bedeutet die Überlastung der Gewässer beispielsweise mit N und Phosphor, was zu Algenwachstum, und schließlich zum »Kippen« der Gewässer und zu Fischsterben führen kann.
2 anoxisch bedeutet sauerstoffarm bzw. » tot«.

8.7.1 Nährstoffverluste bei der Fütterung

Das meiste der bei der Fütterung zugeführten Nährstoffe wird vom Tier wieder ausgeschieden. Tiere verwerten den N ziemlich ineffizient. So scheidet eine produktive Milchkuh im Jahresschnitt 79% des gesamten verdauten N und 73% des Phosphors aus [STEINFELD et al., 2006a]. SMIL [2001] geht hingegen von einem Wert von ca. 70% für den nicht verwerteten N bei einer Milchkuh aus. Die analogen Raten liegen für Hühner bei 80%, für Schweine bei 90% und für Rinder bei 95% [SMIL, 2001].

2004 hatten Rinder mit 58% N den größten Anteil aller Nutztiere an den gesamten ausgeschiedenen Nährstoffen. Die Werte für Schweine und Hühner lagen hingegegen bei 12 resp. 7%.

Der Großteil des jährlich ausgeschiedenen N und Phosphors geht auf gemischte Produktionssysteme mit einem Anteil von 70,5% zurück, gefolgt von Weidehaltungssystemen mit 22,5%. Asien hat geografisch gesehen mit 35,5% den größten Anteil an der jährlichen, globalen Exkretion von N und Phosphor. Der Tierhaltungssektor ist in den USA für ungefähr 32% des N- und 33% des Phosphoraustrages in Frischwasserressourcen verantwortlich.

Von den drei primären Nutztierarten stammt somit absolut gesehen der Großteil der ausgeschiedenen Nährstoffe von Rindern, doch sind die N-Konzentrationen in den Exkrementen von Schweinen und die Phosphorkonzentrationen in den Hühnerexkrementen am höchsten. Das ist der Grund, warum es in der Umgebung von intensiven Produktionsgebieten, was vor allem die Produktion von Schweinen und Hühnern betrifft, zu einem Nährstoffüberschuss kommt, der die Absorptionskapazität der lokalen Ökosysteme überschreitet und die Oberflächen- und Grundwasserqualität reduziert [STEINFELD et al., 2006a].

8.7.2 Auswirkungen des Nährstoffeintrages

8.7.2.1 Generelle Auswirkungen des Nährstoffeintrages

Die hohen Konzentrationen an Nährstoffen in Frischwasser und marinen Ökosystemen können zu einer Überstimulation des Algenwachstums führen. Folgen der Eutrophierung von Gewässern können der Verlust von Fischspezies, Blockierung von Bewässerungskanälen mit Seegras und unangenehmer Geschmack und Geruch des Wassers sein

[STEINFELD et al., 2006a]. Einige Algen können Toxine produzieren und weitläufige Probleme wie anoxische Zonen verursachen, die schwerwiegende Folgen für Aquakulturen und Fischereien haben [STEINFELD et al., 2006a]. Das betrifft beispielsweise große Teile des Golfs von Mexiko und das Great Barriere Reef in Australien [SMIL, 2001].

8.7.2.2 Nitrateintrag in Wasserressourcen

Ein weiterer negativer Aspekt ist der Austrag von Nitrat ins Grundwasser. 87% des akkumulierten Nitrats im Grundwasser in den EU-Ländern stammt aus Ackerböden. Hohe Werte an Nitrat wurden in Wasserwegen in der Nähe von Weidegebieten beobachtet [SMIL, 2001]. Zusätzlich entsteht ein großer Teil des eingetragenen N in Nicht-Ackerböden durch die Nitrifizierung des NH_3, das seinen Ursprung in gedüngten Feldern und in Tierexkrementen hat [SMIL, 2001].

Durch die steigende Verwendung von synthetischen N-Düngern ist die Kontaminierung mit Nitrat nicht nur auf Farmen bzw. Ackerböden beschränkt geblieben, sondern erreichte auch Flüsse und Flusssysteme. Die durchschnittlichen Nitrat-Konzentrationen von den am stärksten betroffenen europäischen Flüssen (Themse, Rhein, Maas und Elbe) lagen vor einigen Jahren um 2 Größenordnungen über dem Durchschnitt von unverschmutzten Flüssen. 1990 übertrafen noch ein Zehntel der europäischen Flüsse bei der Nitratkonzentration das (erlaubte) MCL-Niveau[1] der EU [SMIL, 2001]. Jedoch sollte dieses Problem mit der Implementierung der EU-Wasserrahmenrichtlinie, das im Jahr 2000 in Kraft trat, gelöst worden sein.

Hohe Nitratkonzentrationen in Wasserwegen können ein Gesundheitsrisiko darstellen. Exzessive Konzentrationen im Trinkwasser dürften nach der bakteriellen Umwandlung zu Nitrit bei Babys zu Methämoglobinämie bzw. Cyanose (Blausucht) führen. Bei Erwachsenen kann es möglicherweise zu Kindesverlust und Magenkrebs führen, wobei die tägliche Nitrataufnahme durch Lebensmittel (Gemüse) mindestens genauso hoch sein dürfte wie aus Trinkwasser [SMIL, 2001].

Trotz des merklichen Anstiegs der Nitratkonzentration in vielen Strömen und Grundwasserbecken in Nordamerika, Europa und Asien sind hier klare negative Konsequenzen auf die Gesundheit nicht festzustellen.

---

1 MCL (Most Critical Level) = der von der EU festgelegte oberste Schwellenwert für den Schadstoffeintrag.

Jedoch könnte das potenzielle Gesundheitsrisiko für Entwicklungsländer aus strukturellen und auch hygienischen Gründen von Relevanz sein. Die Überschreitung der Nitratkonzentration über 50 mg/l wurde bislang durch unsachgemäße Handhabung und Kontaminierung mit tierischen und auch menschlichen Exkrementen verursacht. Das potenzielle Risiko wird sich dabei durch die künftig stark ansteigende N-Anwendung erhöhen und möglicherweise zu einem Problem werden [SMIL, 2001].

8.7.3 Krankheitserreger, Pharmazeutika und Schwermetalle

8.7.3.1 Krankheitserreger

Der Tierhaltungssektor generiert auch viele zoonotische Mikroorganismen und Parasiten, die für die Gesundheit des Menschen relevant sind. Zu den wichtigsten bakteriellen und viralen Pathogenen gehören Salmonella, Clostridium botulinum, Campylobacter und Escherichia coli. Weitere nicht auf Menschen übertragbare Krankheiten können ebenfalls von Bedeutung sein: Maul- und Klauenseuche, Rinderpestvirus sowie Schweinefieber. Rinder sind eine »potentielle Quelle« für Parasiten und gefährden Menschen und viele Wildtiere (siehe auch Kap. 6.2.5) [STEINFELD et al., 2006a].

8.7.3.2 Pharmazeutika

Pharmazeutika, vor allem Antibiotika und Hormone, werden in großen Mengen an Nutztiere verfüttert. Antibiotika werden lediglich zu 20% therapeutisch eingesetzt. Zu 80% fungieren sie als Wachstumspromotoren und zur Prophylaxe [WISE et al., 1998]. Der massive Einsatz von Antibiotika am Tierproduktionssektor dürfte für das vermehrte Auftreten von Antibiotika resistenten menschlichen Isolaten hauptverantwortlich sein [AKHTAR et al., 2009].

Hormone werden vor allem bei Rindern und Schweinen eingesetzt um die Futterumwandlung zu steigern. In Europa ist die Verabreichung von Hormonen an Nutztiere verboten. In den USA werden 50% aller produzierten Antibiotika Tieren verabreicht, die im Anschluss via Fäzes und Urin ins Wassersystem gelangen [WISE et al., 1998]. Denn ein hoher Anteil an den eingesetzten Pharmazeutika wird vom Tier wieder an die Umwelt abgegeben, womit diese auch ins Grund-, Oberflächen- und Trinkwasser gelangen. Hormone haben potentielle Effekte auf endokrine Störungen bei Menschen und Tieren, was unter anderem Berichte von höheren Brust- oder Hodenkrebsraten bei Säugetieren hervorheben [STEINFELD et al., 2006a].

8.7.3.3 Schwermetalle

Für die Gesundheit und für das Wachstum werden auch Schwermetalle wie Kupfer, Zink, Selen, Kobalt, Arsen, Eisen und Mangan in der Tierzucht eingesetzt. Da nur 5-15% der verabreichten Schwermetalle vom Tier verdaut werden, gelangt der Großteil in die Umwelt.

Der Tierhaltungssektor trägt außerdem maßgeblich zu der Wasserverschmutzung durch Pestizide bei. In den USA landen 37% der eingesetzten Pestizide für Soja und Getreide in den Wasserwegen [STEINFELD et al., 2006a]. Zu beachten sind in diesem Zusammenhang Schwermetalle, aber auch toxische Stoffe, die via Akkumulierung in Fischen und anderen Meerestieren in unsere Nahrungsmittelkette gelangen können.

9 Ernährungssicherheit, Gesundheit und Faktoren

9.1 Hunger, Mangelernährung und Ernährungssicherheit

In den letzten zwei Jahrhunderten hat eine fundamentale Transformation der Ernährungsweisen in allen wohlhabenderen Ländern stattgefunden. Am Beginn stand die agroindustrielle Revolution im 19. Jhdt., die das nötige Know-how und ein höheres Einkommen mit sich brachte, um mehr Nahrung zu konsumieren. Bessere Landwirtschaftspraktiken, genetische Verbesserungen des Saatguts, der Einsatz von synthetischen Düngemitteln und Pestiziden brachten vor allem in industriellen Ländern des 19. Jhdts. eine immense Steigerung der Nahrungsmittelproduktion und eine Senkung der Lebensmittelpreise mit sich [SCHMIDHUBER und SHETTY, 2005].

Während die Bevölkerung im 20. Jhdt. um das 3,7-fache zugenommen hat, haben sich die weltweiten Getreideerträge und die daraus gewonnene Nahrungsmittelenergie um das 7-fache erhöht. Somit genossen die Menschen wie nie zuvor so eine adäquate bis mehr als reichliche Versorgung mit Lebensmitteln, absolut und relativ gesehen [SMIL, 2001].

In Anbetracht der beschriebenen rapiden Entwicklungen auf der Bedarfsseite wird dennoch heftig diskutiert, ob die Lebensmittelversorgung die Ernährungssicherung noch gewährleisten kann [LOTZE-CAMPEN et al., 2006]. Ob zum jetzigen Zeitpunkt überhaupt von einer »Ernährungssicherheit« oder »gesicherten Ernährung« gesprochen werden kann, ist durchaus diskutabel. Die regelmäßigen Weltberichte der FAO zu Hunger und Unterernährung zeigen deutlich auf, dass bei großen Teilen der Weltbevölkerung nicht von einer nachhaltigen Ernährung, also Ernährungssicherheit, gesprochen werden kann [FAO, 2009a].

Weltweit wird zwar von 2000 bis 2050 eine Steigerung der durchschnittlichen Energieverfügbarkeit durch Nahrung von 2.790 auf 3.130 kcal/Person/d erwartet, doch ist das nicht mit einer simultanen Verbesserung der globalen Ernährungssicherung gleichzusetzen [FAO, 2006a].[1] Es kann auch künftig von großen Unterschieden bei der verfügbaren Nahrungsenergie zwischen Ländern und Regionen ausgegangen werden [SCHMIDHUBER und SHETTY, 2005].

---

1 Ausgehend von dem empfohlenen Bedarf einer Frau bzw. eines Mannes, im Alter von 25 bis unter 51 mit einem PAL (physical activity level)-Wert von 1,8 für überwiegend stehende und gehende Arbeit an Nahrungsenergie von 2.400 resp. 3.100 kcal/d, kann man sehen, dass die weltweit zur Verfügung stehende Energie mit ca. 2.800 kcal/Person/d schon jetzt reichen würde, um die Weltbevölkerung/gesamte Menschheit zu ernähren [DGE, 2008]. Der Energiebedarf für diese Altersgruppe entspricht ungefähr dem durchschnittlichen Bedarf aller Altersgruppen.

Das derzeitige weltweite Ernährungssystem deckt die Versorgung von ca. 85% der Weltbevölkerung. Auf der einen Seite ist der reiche und geringere Teil der Weltbevölkerung exzessiv mit Protein und Energie versorgt und mit Problemen des Überflusses konfrontiert – derzeit gibt es mehr als 1,6 Mrd. Übergewichtige weltweit, d. h. ca. ein Fünftel der Weltbevölkerung ist überernährt [WHO, 2006]. Auf der anderen Seite ist ein großer Teil der Weltbevölkerung, ungefähr jeder Siebente, von Hunger und Unterernährung betroffen: ca. 15% – und das sind nicht weniger als 1,02 Mrd. Menschen; innerhalb von einem Jahr (2008-2009) hat die Zahl der hungernden Menschen um 100 Mio. Menschen auf über 1 Mrd. zugenommen (vgl. Abb. 13a) [FAO, 2009a]. Die Ursache für den größeren Anstieg in den letzten paar Jahren dürfte vor allem an der Nahrungsmittelpreiskrise und dem generellen Wirtschaftsabschwung gelegen sein [FAO, 2009b; GREBMER et al., 2009].

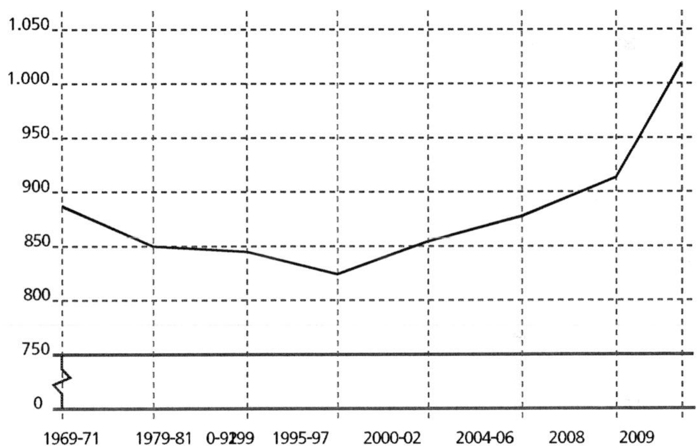

Abb. 13a Die Zahl der weltweit unterernährten Menschen von 1969/71 bis 2009 (n Mio.)
(Quelle nach: [FAO, 2009a])

Der größte Teil der an Hunger leidenden Menschen, über 1 Mrd. im Jahr 2009, lebt in Entwicklungsländern[1]. In Industrieländern sind immerhin noch 15 Mio. Menschen von Hunger betroffen (vgl. Abb. 13b) [FAO, 2009a].

1 Korrekter wäre hier eine generelle Differenzierung zwischen Industrie-, Schwellen- und Entwicklungsländern, da beispielsweise China aufgrund seines v. a. starken ökonomischen Wachstums nicht mehr zu den Entwicklungsländern im engeren Sinn gezählt werden kann; jedoch findet dies nicht in allen Studien Berücksichtigung.

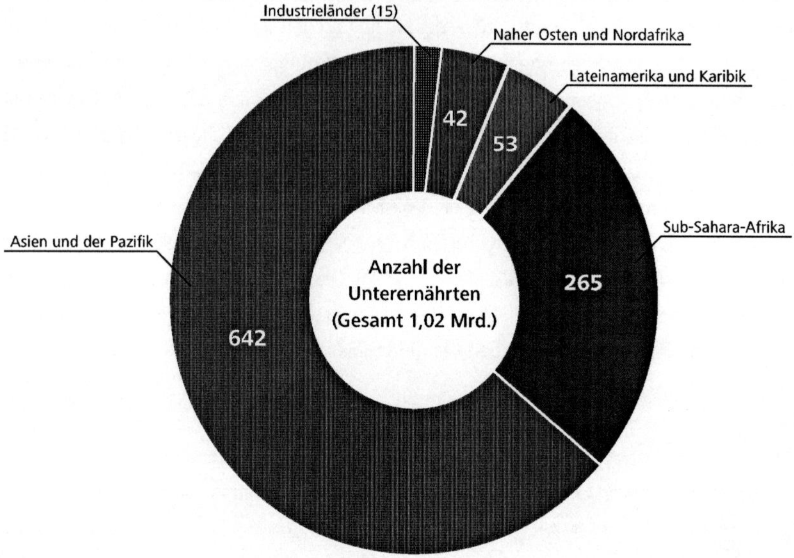

Abb. 13b Unternährung im Jahr 2009 nach Regionen (n Mio.) (Quelle nach: [FAO, 2009a])

Weltweit sind in mindestens 60 Ländern die Menschen massiv von Hunger betroffen, d. h. fast in jedem 2. Land der Welt. Von akuten Hungerkrisen sind 29 Länder weltweit betroffen, das bedeutet jedes 6. Land [GREBMER et al., 2009].

Trotz ihrer anerkannten Schlüsselrolle hinsichtlich der Ernährungssicherung machen Frauen und Mädchen mehr als 70% aller Hungernden aus [WELTHUNGERHILFE, 2009; ZIEGLER, 2008].

Über 24.000 Kindern unter 5 Jahren sterben pro Tag aus größtenteils vermeidbaren Gründen wie Unterernährung, das sind an die 9 Mio./a [UNICEF, 2009]. Dagegen waren 2005 zumindest 20 Mio. Kinder unter 5 Jahren weltweit übergewichtig [WHO, 2005]. Zumindest 8.000(!) Kinder sterben pro Tag an den Folgen von Hunger, das sind 3 Mio. Kinder/a [UNICEF, 2007]. So gilt bereits jetzt das Millenniumsziel des Welternährungsgipfels im Jahr 1996, nämlich eine Halbierung des Anteiles unterernahrter Menschen zwischen 1990 und 2015, schon als weit verfehlt [UN, 2006b].

Des Weiteren sind weltweit über 2 Mrd. Menschen nicht adäquat mit Mikronährstoffen wie Eisen, Jod oder Vitamin A versorgt [BLACK, 2003].

In vielen Ländern wird die Zahl der hungernden Menschen abnehmen, jedoch wird sich die Situation in einigen, vor allem afrikanischen Ländern noch weiter verschlechtern, vor allem auf Grund der rapid steigenden Anzahl an Menschen in den betroffenen Ländern [ZICHE, 2005]. Die Zahl an Unterernährten könnte sich zwar bis 2080 auf 300 Mio. reduziert haben, doch wird der Klimawandel zu diesem Zeitpunkt in Ländern mit geringerem Einkommen zu so massiven Ernteverlusten von durchschnittlich ca. 10-20% führen, dass im Zuge dessen 1 bis 3 Mrd. Menschen in ärmeren Ländern von einer geringen Ernährungssicherheit betroffen sein werden [FISCHER et al., 2005].

9.2 Faktoren für den Welthunger

Grundsätzlich kann man in Bezug auf den Welthunger von einem Verteilungsproblem sprechen, da ja genug Nahrungsmittel zur Welternährung vorhanden wären. Fehlernährung und Unterentwicklung werden durch einen ungleichen Zugang bzw. eine ungerechte Verteilung und nicht durch eine mangelnde globale Produktion von Lebensmitteln verursacht [SMIL, 2001]. Einer der wesentlichsten Faktoren für den Welthunger ist nicht der Mangel an Nahrungsmitteln, sondern Armut und damit das Fehlen der Leistbarkeit. Fast die Hälfte der Weltbevölkerung, und zwar 48% bzw. rund 3,3 Mrd. leben von weniger als 2 US $/d [PRB, 2009].

Der ungleiche Zugang zu Nahrungsmitteln ist neben geringem Einkommen, Krieg und inneren Unruhen ein wesentlicher Grund für die fehlende Ernährungssicherheit [SCHMIDHUBER und SHETTY, 2005]. Auch die Überproduktion in reicheren Ländern dürfte einen negativen Einfluss auf die Entwicklung der Landwirtschaft in ärmeren Ländern haben, was ein Faktor für Hunger und Verarmung sein kann (siehe Kap. 13.3) [ELINDERS, 2005]. Des Weiteren resultiert aus dem rapiden Wachstum des Tierhaltungssektors durch die Konkurrenz um Land und andere Ressourcen auch ein höherer Preisdruck auf Grundnahrungsmittel, wie Getreide, und ein negativer Druck auf die vorhandenen natürlichen Ressourcen, was potentiell die Ernährungssicherung reduziert [FAO, 2009b].

Es wird zu beobachten sein, ob zukünftig landwirtschaftliche Tätigkeiten in (größere) Konflikte mit der Erhaltung von lokalen Umweltbedingungen geraten werden. Hinsichtlich der Ressourcennutzung gibt es bereits jetzt Gebiete, in denen um Wasser und Land, beispielsweise um Weideland konkurriert wird [STEINFELD et al., 2006a].

9.3 Gesundheit in Entwicklungs- und Industrieländern

Obwohl es auch in Industrieländern zu Mangelernährung und Hunger kommen kann, was die Zahl an hungernden Menschen von 15 Mio. zeigt, ist die Mehrheit der Bevölkerung von einer Nahrungsknappheit nicht betroffen, sondern ganz im Gegenteil: von einem Nahrungsmittelüberfluss. Die Zahl an Übergewichtigen bei Erwachsenen (ab dem Alter von 15 Jahren) liegt bei ca. 1,6 Mrd. Menschen und zumindest 400 Mio. sind adipös [WHO, 2006; FAO, 2009a]. In den USA stieg die Prävalenz von Adipositas von 22,9% im Zeitraum von 1988-1994 auf 30,5% im Zeitraum 1999-2000; die Prävalenz von Übergewicht stieg hingegen von 55,9 auf 64,5% [FLEGAL et al., 2002]. Für die EU-27 Staaten wird geschätzt, dass 35,9% der Erwachsenen übergewichtig sind und weitere 17,2% adipös. Das heißt, dass über 53% der Bevölkerung der EU übergewichtig oder adipös sind. In absoluten Zahlen sind das 143 Mio. resp. 61 Mio. [IASO, 2008]. Gerade in der Europäischen Union stellen Übergewicht und Adipositas eine große Gefährdung für die Gesundheit dar, die ebenso schon stark Kinder betrifft [ELMADFA, 2010]. Bis zum Jahr 2015 wird voraussichtlich die Zahl an übergewichtigen Erwachsenen bereits auf ungefähr 2,3 Mrd. angestiegen sein, von denen mehr als 700 Mio. adipös sein werden [WHO, 2006].

Hauptfaktoren, die zu Überernährung führen, sind neben zu geringer Bewegung, die zu hohe Aufnahme an energie-, fett- und zuckerreichen Nahrungsmitteln und die geringe Aufnahme an Vitaminen, Mineral- und Mikronährstoffen [WHO, 2006].

33-50% aller in den Industrieländern lebenden Menschen sind übergewichtig, oft adipös und leiden zunehmend an sog. Zivilisationskrankheiten bzw. sind u. a. einem erhöhten Risiko für Herz-Kreislauf-Erkrankungen, Diabetes mellitus Typ 2, Bluthochdruck und bestimmte Krebserkrankungen ausgesetzt, wobei diese Tendenzen gerade auch in Entwicklungsländern stark zunehmen [STEINFELD et al., 2006a; POPKIN, 2001b]. Daher zählt auch die Reduzierung der Fettaufnahme, eine geringere Aufnahme an gesättigten Fettsäuren sowie eine verstärkte Aufnahme von mehrfach ungesättigten Fettsäuren mit einem insgesamt niedrigen Verhältnis von Omega-6- zu Omega-3-Fettsäuren zu den wichtigsten Health Claims dieser Zeit [ELMADFA und FREISLING, 2005].

In Entwicklungsländern kommt neben der Welthungerproblematik die Entwicklung einer »neuen Konsumklasse« hinzu. Länder, wie China, Indien und Südkorea, werden zunehmend von westlichen Ernährungsmustern mit einem hohen Fleischkonsum und mehr Fast Food geprägt. Damit verbunden sind die für eine industriegesellschaftliche

Ernährungsweise typischen Umwelt- und Gesundheitsprobleme, wie rasant steigendes Übergewicht, Zivilisationskrankheiten etc. [BRUNNER, 2005; POPKIN, 2001b]. Die zunehmende Urbanisierung führt zu einem Wechsel von traditionellen Nahrungszubereitungsmethoden hin zu mehr Convenience- und Fast Food, Take-Aways und Heimlieferservices, was mit negativen Ernährungsgewohnheiten assoziiert sein kann. Dass der Großteil des Bevölkerungswachstums zwischen 2000 und 2030 in urbanen Gebieten stattfinden wird (in Sub-Sahara-Afrika und Asien wird die urbane Bevölkerung um fast 5% pro Jahr wachsen), kann hinsichtlich der Prävalenz von Zivilisationskrankheiten verschärfend wirken [SCHMIDHUBER und SHETTY, 2005].

Durch diesen Ernährungswandel (»food transition«) müssen einige Länder diese Doppelbelastung (»double-burden«) tragen, was keine positiven Einflüsse auf die Ernährungssicherheit haben dürfte. Eine Studie zeigte, dass bei der Hälfte von 36 untersuchten Ländern die Zahl der Übergewichtigen die der Untergewichtigen übersteigt [MENDEZ et al., 2005]. In China hat die Rate an Übergewichtigen und Adipösen zwischen 1989 und 1997 deutlich zugenommen, und zwar bei Männern um mehr als das 2-fache von 6,4 auf 14,5% und bei Frauen um knapp die Hälfte von 11,5 auf 16,2% (für Ausführungen zum globalen Gesundheitsstatus und zu Veränderungen der Ernährungsgewohnheiten siehe auch Kap. 3.3.2 [POPKIN et al., 2001b].

Bis 2030 könnten die mit Übergewicht assoziierten Krankheiten zu den Todesfällen Nummer 1 unter den weltweit ärmeren Menschen avancieren [BURSLEM, 2004].

9.4 Maßnahmen und Lösungsansätze für die Ernährungssicherung

Natürlich ist das Problem der Unterernährung bzw. Ernährungssicherheit ein komplexes. Die Kombination des globalen Wirtschaftssystems mit der persistenten Ungleichheit zwischen Arm und Reich und der Erschöpfung der ökologischen Ressourcen für die Lebensmittelproduktion sowohl an Land als auch im Meer beeinträchtigt die mögliche Reduzierung dieses fundamentalen Gesundheitsproblems [McMICHAEL et al., 2007]. Jedoch könnte laut BRUNNER [2005] die Abschaffung ausbeuterischer Systeme, auch im Nahrungsmittelbereich, wie beispielsweise die Brandrodungen des Regenwaldes in Lateinamerika vor allem im Auftrag der westlichen Fleischindustrie, zu einer Besserung für die indigene Bevölkerung und ihren fundamentalen ökologischen Ressourcen führen.

Ein erster Schritt in Richtung Ernährungssicherheit wäre, jede politische Benachteiligung, wie überbewertete Währungen, Exportsteuern sowie Protektionismus zu Gunsten der heimischen Industrie bzw. Landwirtschaft, auszuschalten.
Investitionen in Bildung, Gesundheit, Sicherheit, Agrarforschung und Infrastrukturen (Straßen, Brücken, Häfen) wären weitere Schritte. Ebenso sind die Bildung von Institutionen und Informationssystemen, Eigentumsrechte, verlässliche Rechtssprechung und die Ausschaltung von Korruption wichtige Maßnahmen. Dabei ist es für ZICHE [2005] »schizophren, die Korruption in Entwicklungsländern zu kritisieren und Bestechungsgelder zu ignorieren, die Firmen aus Industrieländern zahlen.«

Es gibt auch eine Verbindung zwischen Hunger und Gewalt. Hunger ist oft ein Auslöser von Gewalt und Hunger ist oft die Folge von Gewalt. Neue Konflikte treten selten in Gebieten auf, wo Ernährungssicherheit herrscht. Wenn es nunmehr um nachhaltige Landwirtschaft und Ernährung geht, sollte klar sein, dass es sich nicht nur um ein technisches Problem, sondern vielmehr um hohe Weltpolitik handelt [ZICHE, 2005]. So konstatierte auch der ehemalige UN-Sonderermittler für das Recht auf Nahrung, Jean Ziegler, dass »jedes verhungerte Kind ein ermordetes ist« [ZIEGLER, 2007].

Der erwartete künftige rapide Anstieg des Konsums tierischer Produkte wird zum größeren Teil auf Entwicklungsländer zurückgehen [STEINFELD et al., 2006a]. Daraus sollte aber nicht abgeleitet werden, dass Industrieländer in der Position sind, den sich „entwickelnden" Ländern diese Entwicklungen abzusprechen und einen ernährungsbezogenen Nachhaltigkeitsimperativ zu postulieren. Vielmehr wäre es für die Industrieländer sinnvoll, eine Vorbildwirkung zu übernehmen und ihre bisherigen Ernährungsmuster in Richtung Nachhaltigkeit zu verändern und somit möglicherweise einen besseren Weg aufzuzeigen, um den sich entwickelnden Ländern mögliche Fehlentwicklungen zu ersparen [BRUNNER, 2005; GARNETT, 2009]. Denn der Pro-Kopf-Fleischkonsum in den Industrieländern wird voraussichtlich sogar 2050 fast 2,5-mal höher sein als in den Entwicklungsländern [FAO, 2006b]. Damit sollte den Industrieländern bzw. den Hauptverursachern der bisher aufgetretenen Umwelt- und Klimaproblematiken, die nicht nur mit dem Fleischkonsum assoziiert sind, auch die Hauptverantwortung zukommen.

Auf Grund der Tatsache, dass die hungernden und unterernährten Menschen und auch die »Überernährten« und ein neuer, zusätzlicher Teil der Weltbevölkerung zu ernähren sein werden, kann eine vegetarische Ernährungsweise zu einer allgemeine Sicherung der Ernährung, die zu unseren Existenzgrundlagen gehört, beitragen. Grund ist die Ressourceneinsparung bei einer vegetarischen resp. veganen Ernährung [PIMENTEL und PIMENTEL, 2003; BARONI et al., 2006]. Studien zur Ernährungssicherheit haben ergeben, dass vegetarische Ernährungsweisen um bis zu 3-mal weniger Ressourcen benötigen, was für das Fortbestehen kommender Generationen von Wichtigkeit sein kann [PENNING DE VRIES et al., 1995].

Da womöglich bald keine Überproduktion mehr möglich sein wird, auf Grund lokaler Ressourcenengpässe, könnten soziale und ökologische Probleme entstehen. Lebensnotwendige Ressourcen werden unter einer immer größeren Anzahl an Menschen aufgeteilt werden müssen, womit dann das Thema »Ernährungssicherheit« künftig nicht nur die ärmeren Länder betreffen könnte. Es stellt sich die Frage, ob künftig der hohe Konsum an tierischen Produkten in den Industrieländern und für die Eliten der ärmeren Länder aufrechterhalten werden kann.

Klarerweise ist das Thema Ernährungssicherung sehr vielschichtig, das auch mit fehlendem politischen Willen, Krediten, Schulden und protektionistischen Maßnahmen in Form von Subventionen und Schutzzöllen assoziiert ist. Im Jahr 2006 wurde die landwirtschaftliche Produktion und der Export der OECD-Länder mit 349 Mrd. US $ unterstützt, was eine Benachteiligung für ärmere Länder bringt [ZIEGLER, 2008]. Handelsbarrieren, Ressourcenausbeutung, lokale Engpässe, Konflikte, klimatische Gegebenheiten, Epidemien, suboptimale Infrastruktur sind weitere Faktoren. So fordert der Generaldirektor der FAO, Dr. Diouf, lediglich 30 Mrd. US $ zur Bekämpfung zumindest des weltweiten akuten Hungers. Bedenkt man die jährlichen weltweiten Militärsubventionen von 1.200 Mrd. US $, scheint dies nicht unleistbar zu sein [FAO, 2008c].

Für ZIEGLER [2008] tragen die Privatisierung, die Liberalisierung des Marktes und die marktassoziierte Landreform, häufig forciert durch die Weltbank und den Internationalen Währungsfond, zu den katastrophalen Konsequenzen für das Recht auf Nahrung bei.

9.5 Essay zu »Welthunger, Ernährungssicherung und Wohlstand«

Leider muss an dieser Stelle gesagt werden, dass schon zum jetzigen Zeitpunkt nicht von einer gesicherten Ernährung gesprochen werden kann, um dem möglichen Zynismus, der dieses Thema umgibt, entgegenzuwirken. Denn angesichts der Tatsache, dass fast 1 Mrd. Menschen akut hungern und mehr als 33% der Weltbevölkerung von einer mangelnden Ernährung betroffen sind, kann ganz und gar nicht von einer »sicheren«

Ernährung gesprochen werden. Da dieses Problem schon seit Jahrzehnten existiert sowie evident ist und fast ausschließlich Entwicklungsländer (be)trifft, wird es in den Industrienationen nur am Rande thematisiert. Wenn es dann tatsächlich Maßnahmen gegen die stagnierende Anzahl an hungernden Menschen gibt, dann meistens im Sinne eines »good will«-Aktes bzw. um potentiell neue Märkte zu erschließen, Profite zu maximieren und fremde Ressourcen zu nutzen. Zur Kenntnis sei jedoch zu nehmen, dass das Schicksal der Menschen in ärmeren Ländern eigentlich unweigerlich mit unserem verbunden ist. Kein Wohlstand ohne Armut. Der Großteil unseres Konsums hat sein Fundament in ärmeren Regionen: Erdöl, Diamanten, Metalle, Erze und Lebensmittel wie Bananen, Kakao, Kaffee sowie Futtermittel, Baumwolle etc. – all diese Güter werden aus Regionen wie Afrika, aus dem asiatischen und südamerikanischen Raum bezogen. Man muss konstatieren, dass viele Länder, aus denen wir unsere Rohstoffe beziehen, eigentlich zu den reichsten Ländern gehören – müssten! Als Fallbeispiel soll die Situation von Nigeria erwähnt werden, dass mit 140 Mio. EinwohnerInnen eine der höchsten Raten an Hungernden aufweist – trotz der vorhandenen Bodenschätze wie Erdöl und Gold.

Industrienationen, Weltbank, Internationaler Währungsfond etc., die ja Teil dieses obskuren Wirtschaftssystems sind, hegen ein geringes Interesse an den dubiosen Praktiken diverser multinationaler Konzerne wie Shell, Monsanto etc. zur Rohstoffgewinnung, was wieder ein eigenes Kapitel wäre.

Der Konsum in den Exportländern fördert die teils katastrophalen Zustände in den Produktionsländern, die mit Tod, Krieg, Gewalt, Armut, Krankheiten, Hunger, schlechter Ernährung, Wassermangel und generell miserablen Lebensumständen verbunden sind. Da wir aber unsere Konsumgewohnheiten in den Industrieländern und unseren hohen Bedarf an Gütern wie Lebensmitteln, hier vor allem Fleisch, decken können, wäre ja zynisch gesagt ein Umdenken unseres Konsumverhaltens in diesem Sinne kontraproduktiv. Die Tatsache, dass auf der einen Seite Nahrungsmittel an Tiere verfüttert werden und auf der anderen Seite Menschen nicht einmal über das Existenzminimum an Nahrungsmittelressourcen verfügen, ist durchaus als amoralisch zu bezeichnen.

Da wir nicht davon ausgehen können, dass das kapitalistische System – auf Grund von Profitmaximierungen als oberste Prämisse – fundamentale Verbesserungen für die Menschen in den betroffenen Regionen generieren wird, ist unser Konsumverhalten von immenser Bedeutung. Bürgeraktionen, Initiativen von Nichtregierungsorganisationen (NGO, Non-Governmental Organisation), die essentielle Arbeit von kleineren Vereinen können zu einer Verbesserung des heutigen Status Quo führen.

Auch wenn das Projekt »Fairer Handel« als eine reformistische und eine zu kurz greifende Maßnahme zu werten ist, ist sie als positive Alternative mit Signalwirkung zu sehen. Mit der Unterstützung von fair gehandelten Produkten fördert man die gerechtere Entlohnung der HerstellerInnen in Entwicklungsländern, die Warenpreise über dem regulären Weltmarktpreis erhalten. Es werden Projekte im Bildungs- und Infrastrukturbereich finanziert und Frauen bewusst gefördert, ebenso wie der biologische Anbau unterstützt.

10 Der Vergleich zwischen vegetarischen und omnivoren Ernährungsweisen hinsichtlich des ökologischen Potentials

Im Folgenden wurden Studien (LCAs, Stoffstromanalysen, empirische Studien, Metaanalysen) ausgewählt, die die ökologischen Auswirkungen der Ernährungsweise bzw. den Ernährungssektor und Lebensmittel unter entsprechender Anwendung von Indikatoren (CO_2-Äq, Landgebrauch, Versauerungspotential, Wasserverbrauch etc.) für Umwelt-, Klimabelastung und Ressourcengebrauch untersuchten.

10.1 Energieeffizienz pflanzlicher und tierischer Produkte

In einer Studie von ESHEL und MARTIN [2006] wurden vegetarische und omnivore Ernährungsweisen auf ihre Energieeffizienz untersucht. Bei dem Verhältnis zwischen eingesetzter und gewonnener Energie (Input/Output) in Form von Kilokalorien wurde ein deutlicher Unterschied zwischen tierischen und pflanzlichen Produkten festgestellt. So lag die Energieeffizienz (kcal) bei Hühnerfleisch bei 18,1, bei Rindfleisch und Eiern bei 6,4 resp. 6,1. Hingegen lag sie bei pflanzlichen Produkten deutlich höher; für Soja, Mais und Äpfel ergaben sich Werte von 415 resp. 250 und 110 [ESHEL und MARTIN, 2006].

Die Arbeit von PIMENTEL und PIMENTEL [2003] zeigte, dass ein auf Fleisch basierendes Ernährungssystem mehr an Energie-, Land- und Wasserressourcen benötigt als eine ovo-lacto-vegetabile Ernährung (zu den Aspekten Land und Wasserressourcen siehe Kap. 5 und 8). Für die Produktion von 1 kg tierischem Protein werden ungefähr 6 kg pflanzliches Protein benötigt (für den Futtermittelbedarf unterschiedlicher Tierarten siehe Kap. 5.5). Bei der Umwandlung von pflanzlichem in tierisches Protein sind zusätzliche Inputs erforderlich: Zum einen die Kosten der Fütterung der Tiere, inklusive der Futtermittel, und zum anderen die indirekten Kosten, um die Tierhaltung aufrecht zu erhalten.

Es wird auch mehr fossile Energie für die Tierhaltung benötigt. Dabei ist der Input bei Hühnern mit 4 kcal an fossiler Energie für 1 kcal tierisches Protein noch am geringsten, wie aus Abb. 14 zu entnehmen ist. Milch hat hier ein Verhältnis von 14:1, Schwein ebenfalls 14:1, Eier 39:1, Rind 40:1 und Lamm 57:1. Man könnte durch Weidehaltung die Hälfte an Energie einsparen.[1] Der durchschnittliche Wert für die Produktion von 1 kcal tierischem Protein ist für alle untersuchten Tierproduktionssysteme 25 kcal an benötigter fossiler Energie. Dieser Energieeinsatz ist um das 11-fache höher als die Produktion von 1 pflanzlicher Kilokalorie (aus Maisprotein), welche 2,2 kcal fossile Energie benötigt [PIMENTEL und PIMENTEL, 2003].[2]

Hinsichtlich des Energiebedarfs gaben FOSTER et al. [2006] an, dass für die Produktion von 1 kg Rindfleisch 28 MJ, für 1kg Schafsfleisch 23 MJ, für 1 kg Schweinefleisch 17 MJ,

1 Hierbei müssten jedoch der hohe THG-Ausstoß der Wiederkäuer, Landdegradierung und weitere ökologische Konsequenzen ebenfalls berücksichtigt werden. Mit dem Verweis auf Kap. 2 ist es von Bedeutung, dass die Berücksichtigung lediglich eines Indikators bzw. eines Aspekts zu wenig für eine Beurteilung des gesamtheitlichen ökologischen Impacts von Lebensmitteln oder Ernährungsweisen ist.

2 Dieser Wert bezieht sich auf Mais, wobei die geringere Proteinqualität von Mais mit einberechnet wurde [PIMENTEL und PIMENTEL, 2003].

für 1 kg Geflügel 12 MJ und im Gegensatz dazu für 1 kg Kartoffeln 1,3 MJ an Energie erforderlich sind [FOSTER et al., 2006].

In der Arbeit von DE VRIES und DE BOER [2010], in der 16 Studien ausgewertet wurden, ergab sich für Rindfleisch, Schweinefleisch und Geflügel ein Energiebedarf von 34-52 resp. 18-45 und 15-29 MJ pro kg Fleisch. Der höchste Wert von Schweinefleisch mit 45 MJ/kg Fleisch dürfte jedoch ein Extrem darstellen.

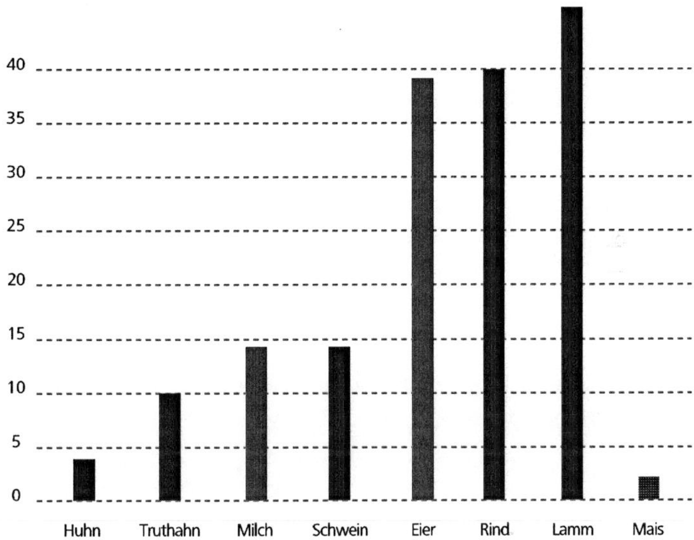

Abb. 14 Der fossile Energiebedarf für die Produktion von 1 kcal tierischem und pflanzlichem Protein (Verhältnis, kcal) (Quelle nach: [PIMENTEL und PIMENTEL, 2003])

10.2 Treibhausgasausstoß und Umweltimpacts pflanzlicher und tierischer Lebensmittel

Eine Studie im Auftrag der Europäischen Kommission über den Konsum in den EU-25 Länder und dessen assoziierten Umweltfolgen ergab, dass Lebensmittel und Getränke für 20-30% des ökologischen Impacts des gesamten europäischen Konsums und mit über 50% den größten Anteil am Eutrophierungspotential haben. Knapp ein Drittel der entstehenden THG durch den gesamten Konsum in der EU geht auf Lebensmittel zurück. Fleisch- und Milchprodukte tragen dabei am meisten zu den ökologischen Konsequenzen bei [TUKKER et al., 2006].

Innerhalb der Gruppe Lebensmittel und Getränke haben Fleisch und Fleischprodukte (12,4%), gefolgt von Milchprodukten (5,1%), den größten ökologischen Impact. Von den Lebensmitteln selbst (Anteil von 23,4% an den gesamten Umweltauswirkungen) machen somit tierische Produkte ungefähr 75% aller Emissionen aus, mit großem Abstand folgen pflanzliche Produkte mit 3,3% [TUKKER et al., 2006].

In einer Analyse von DE VRIES und DE BOER [2010] wurden 16 LCA-Studien miteinander verglichen, um die Umweltimpacts verschiedener Tierprodukte zu erfassen. Dabei wurden zum besseren Vergleich fünf Kriterien berücksichtigt: Die Methodik der Studie (Erfassung des Status quo), Herkunft (ausschließlich OECD-Länder), Produktionsweise (konventionell), Allokationsmethode (ökonomische Allokation) und Systemgrenzen (zumindest die Primärproduktion der Landwirtschaft von »cradle to farm gate«, d. h. Landwirtschaft inklusive Vorleistungen).[1]

Die Studie ergab, dass die Produktion von Rindfleisch 14-32 kg CO_2-Äq, Schweinefleisch 3,9-10,0 kg CO_2-Äq und Geflügel 3,7-6,9 kg CO_2-Äq pro kg Fleisch ausmacht. Für 1 kg Milch und 1 kg Eier ergab sich ein THG-Potential von 0,84-1,3 resp. 3,9-4,9 kg CO_2-Äq und damit niedrigere Werte im Vergleich zu Fleisch aufgrund ihres relativ hohen Wassergehaltes. Jedoch auf die wesentlichste Funktion tierischer Produkte, den Proteingehalt bezogen, erzielten Milch und Eier ähnliche Emissionswerte wie Geflügel [DE VRIES und DE BOER, 2010].

In einer Studie von NGUYEN et al. [2010] über den THG-Impact der europäischen Rindfleischproduktion wurden brisanterweise die Opportunitätskosten und die Landnutzungsänderungen für die Weide- und Futtermittelproduktion eingeschätzt. Es ergab sich dadurch ein zwischen 3,1 und 3,9-mal höheres THG-Potential für Rindfleisch, was dann abhängig vom Produktionssystem zwischen 62,4 und 84,1 kg CO_2 lag [NGUYEN et al., 2010]. Dies impliziert, dass Landnutzungsänderungen einen großen Einfluss auf die entstehenden THG innerhalb des Tierproduktionssektors und hierbei vor allem auf die Schweine- und Hühnerproduktion aufgrund ihrer hohen indirekten Landintensität (Ackerflächen für Futtermittel) haben dürften.

Auf Grund verschiedener Annahmen, Haltungssysteme und der unterschiedlichen

1 Innerhalb des beobachteten Systems fehlen zumeist die Bereiche Handel, Verarbeitung und Haushaltsphase. Diese dürften eher geringere Auswirkungen auf die Gesamtbilanz haben, jedoch können diese in gewissen Fällen auch signifikant sein. Im Falle von Tierprodukten sind jedoch die THG, die in dem Landwirtschaftsbereich anfallen, derart dominant, dass andere Phasen des Produktzyklus eine eher untergeordnete Rolle spielen [FOSTER et al., 2006; KATAJAJUURI, 2007]. Bei tierischen Produkten müssen massive THG-Emissionen wie im Falle eines Flugtransportes hinzukommen, dass der THG-Impact noch signifikant steigt [JUNGBLUTH, 2000; DE VRIES und DE BOER, 2010].

Einrechnung von Korridoren ergibt sich eine breite Varianz bei den entstehenden THG am Tierproduktionssektor (vgl. Tab. 6).

Bezogen auf den THG-Ausstoß pro funktionaler Einheit (kg Produkt) ergibt sich eine breite Schwankung zwischen den einzelnen Tierprodukten und zum Teil innerhalb derselben Tierart. Der Grund für die Streuung sind mehrere Faktoren: Zum einen die unterschiedlichen Annahmen im Studiendesign wie festgelegte Systemgrenzen (ob Vorproduktion, Nachproduktion oder auch Handel und Endverbraucher berücksichtigt wurden; letztere werden selten in LCAs betrachtet, wobei die Konsumphase einen signifikanten Teil der Emissionen entlang der gesamten Produktkette ausmachen kann), verwendete Äquivalenzfaktoren für Methan und Lachgas (in den meisten LCAs werden als Äquivalenzfaktoren 1 für CO_2, 21 für CH_4 und 310 für N_2O verwendet; aktuellere Faktoren wären 1 für CO_2, 23 resp. 25 für CH_4 und 296 und 298 für N_2O [FORSTER et al., 2007; COMMITTEE ON CLIMATE CHANGE, 2008]); zum anderen die landspezifische Energieversorgung (ob Energie aus Wasserkraft, Kohlekraft oder erneuerbaren Ressourcen), die unterschiedlichen Haltungssysteme (landabhängig oder landunabhängig), die Produktion, Art und Effizienz der eingesetzten Futtermittel, die Tierbehausung und das Güllemanagement. Die Futtermitteleffizienz hängt stark von der Tierart, den Reproduktionszyklen der Tiere, der Futterzusammenstellung und dem Produktionszeitraum ab.

Besonders auffällig in dem diskutierten Kontext ist die Produktion von Rindfleisch, woran sich die eben genannten Faktoren gut veranschaulichen lassen. So können die THG in CO_2-Äq pro kg Rindfleisch um den Faktor 4,5 schwanken – von 8 für pastorale Systeme in Afrika über 19,9 für Stiermastsysteme (Stierkalb; 24 Mon. Lebenszeit) in der EU bis hin zu 36,4 für Rindermast (Mutter-Kuhhaltung) in Japan [SUBAK, 1999; NGUYEN et al., 2010; OGINO et al., 2007]. Es ist evident, dass diese Studienergebnisse nur bedingt miteinander verglichen werden können. Rinder in pastoralen Systemen wie in Afrika weisen eine längere Lebensdauer als in westlichen Tierproduktionssystemen auf und werden hauptsächlich mit dem verfügbaren Gras und Nebenprodukten aus dem Ackerbau genährt, was ihnen hinsichtlich des CH_4-Ausstoßes eine schlechtere Bilanz verglichen mit intensiven Tierhaltungssystemen einbringt. Durch die geringere Aufnahme von Kraftfutter ist eine geringere Umwandlungseffizienz bei der Verwertung von Grünfutter gegeben, wodurch diese mitunter zu einem höheren CH_4-Ausstoß der Wiederkäuer in Weidesystemen beitragen [SUBAK, 1999]. Rinder in intensiven Systemen wie in Japan werden dagegen fast ausschließlich mit Kraftfutter wie Soja und Mais ernährt. Durch diese Futtermittel bzw. die höhere Umwandlungseffizienz entsteht zwar weniger CH_4 als in Weidehaltungssystemen, doch ergeben sich durch den enormen Input der eingesetzten Futtermittel in der intensiven Tierhaltung insgesamt deutlich mehr THG. Durch den hohen Einsatz von Kraftfutter entstehen in intensiven Systemen zusätzliche Emissionen zum einen durch die aufgebrachten N-Dünger (N_2O) und zum anderen durch dessen Transport (CO_2). So erzielt letztendlich das US-Feedlots-System verglichen mit dem pastoralen System in Afrika einen fast doppelt so hohen Wert (vgl. Tab. 6) [SUBAK, 1999].

Durch die verschiedenen Bezugsgrößen (Lebendgewicht, Schlachtgewicht, essbarer Anteil, essbares Protein) entsteht eine hohe Variation bei den emittierten THG [FLACHOWSKY und MEYER, 2008]. So resultiert der höchste Wert an THG bei Rindfleisch von OGINO et al. [2007] aus der geringen Fleischausbeute (40%) und der Mutterkuhhaltung. Wenn die THG-Emissionen für das Ausschlachtgewicht (ohne Knochen, Knorpel etc.) berechnet werden, ergeben sich klarerweise höhere Werte als beim Bezug auf das Lebendgewicht. So verweist auch OGINO et al. [2007] darauf, dass bei einem vermeintlichen Fleischanteil von 40% die THG-Emissionen beispielsweise in der Studie von CASEY und HOLDEN [2006b] einen Wert von 32,1,0 statt 13,0 kg CO_2-Äq/kg Rindfleisch aufweisen würden.

Die Fläche, die für den Anbau von Soja gerodet wurde und die damit verbundenen CO_2-Emissionen und die verlorene Bindungskapazität (sprich CO_2-Senken) fehlen bislang in den durchgeführten LCA-Studien [DE VRIES und DE BOER, 2010]. Diese können einen beträchtlichen Teil ausmachen und sollten in zukünftigen LCAs Berücksichtigung finden. Die Entwaldung, vor allem für Weidehaltung und Sojaanbau, trägt durchschnittlich zu 20% aller globalen THG bei [IPCC, 2007; WB, 2007]. Des Weiteren gehören Wälder neben Ozeanen zu den größten CO_2-Senken, denen als sog. Kippelement in Hinsicht auf den Klimawandel eine besondere Rolle hinzukommt: ein Umkippen des Regenwaldes könnte in einer Verstärkung des Treibhauseffektes durch den Ausstoß großer Mengen an CO_2 resultieren und zu Konsequenzen für viele Millionen Menschen in Südamerika und die Biodiversität führen (vgl. Kap. 4.1.1) [LATIF, 2009]. Diese ökologischen und sozialen Opportunitätskosten müssen neben ökonomischen künftig in Studien, aber auch in globalen Klimaagenden Berücksichtigung finden.

Durch die Heterogenität der Rindfleischproduktion, selbst in OECD-Ländern, ergeben sich daher recht unterschiedliche Resultate beim Umwelt- und Klimaimpact. Dagegen ist die Produktion von Schweinen, Hühnern und Eiern größtenteils aufgrund der weltweit standardisierten Produktionsmethoden homogen [DE VRIES und DE BOER, 2010].

Es gibt Vorschläge der Verbesserung der Futtermitteleffizienz, doch können diese nur marginale Änderungen in der THG-Bilanz von tierischen Produkten bringen. Aufgrund der wachsenden Zahl an Tieren sind technologischen Maßnahmen klare Grenzen gesetzt. Es ist auch zu bedenken, dass eine größere Dichte an Tieren zu einer Konzentration von lokalen Umweltbelastungen führt und die Gefahr zoonotischer Krankheiten erhöht.

Im Zuge des deutschen Projektes »Ernährungswende« wurden einzelne Lebensmittel in puncto THG-Emissionen miteinander verglichen. Dabei wurden die entstehenden THG entlang der Produktkette in den Bereichen Landwirtschaft, Transport, Kühlung, Verarbeitung und Handel berücksichtigt. Die von WIEGMANN et al. [2005] und FRITSCHE und EBERLE [2007] mithilfe des Berechnungssystems GEMIS erstellten Werte zogen die anfallenden THG entlang der gesamten Produktkette (ausschließlich Konsum) in Betracht.

Die Studien kamen zu dem Resultat, dass sich tierische Lebensmittel um ein vielfaches negativer auf das Klima auswirken als pflanzliche. Beispielsweise entstehen bei der Produktion von 1 kg Rindfleisch fast 90-mal und bei Käse fast 60-mal mehr THG als bei der Produktion von 1 kg Gemüse, wie aus Tab. 7 hervorgeht [WIEGMANN et al., 2005; FRITSCHE und EBERLE, 2007; KOERBER et al., 2007; GEMIS 4,4]. Allgemein belasten konzentrierte tierische Produkte wie Käse, Sahne und Wurst das Klima mehr als Rohprodukte. Bei Milchprodukten steigen die THG prinzipiell mit dem Fettgehalt des Produktes. So werden für die Herstellung von 1 kg Käse etwa 8,0 bis 10,1 l Milch benötigt, wodurch sich der Klimaimpact deutlich erhöht [WIEGMANN et al., 2005; FOSTER et al., 2006]. Butter und Speiseöle weisen zwar relativ hohe Werte in den jeweiligen zwei Gruppen auf, doch sollte ihre geringere Verzehrsmenge beachtet werden. Gesamtheitlich gesehen verursachen Milchprodukte auf Grund ihrer durchschnittlich großen Verzehrsmenge sogar den größten Anteil an den ernährungsbedingten THG-Emissionen in Deutschland und liegen damit noch vor Fleisch [WIEGMANN et al., 2005; FRITSCHE und EBERLE, 2007].

In der Studie von WIEGMANN et al. [2005] hatte Käse mit 8,3 kg CO_2-Äq/kg eine deutlich schlechtere THG-Bilanz als Fleisch mit rund 5,1 CO_2-Äq/kg (vgl. Abb. 17 in Kap 10.3). Dafür übertraf Fleisch hinsichtlich der entstehenden SO_2-Äq die Emissionen von Käse deutlich. Gemüse und Obst wiesen dagegen THG-Werte von 0,2 resp. 0,5 kg CO_2-Äq/kg auf [WIEGMANN et al., 2005].

Diese beiden Ergebnisse von Fleisch und Milch hinsichtlich ihres unterschiedlichen THG- und Versauerungspotentials sollten induzieren, dass a) ein negativer THG-Impact

THG-Emissionen unterschiedlicher tierischer Lebensmittel	
Milch	1,5 BIO (FPCM[1]) (11 von 21 Farmen) (NL) [THOMASSEN et al., 2008] 1,5 (ECM[1]) (keine Allokation[2]) (IRL) [CASEY und HOLDEN, 2005] 1,4 (FPCM) (10 von 21 Farmen) (NL) [THOMASSEN et al., 2008] 1,3 (ECM) (ökonom. Allokation zw. Milch und Fleisch) (IRL) [CASEY und HOLDEN, 2005] 1,3 INTENSIV (FPCM) (6 von 18 Farmen) (D) [HAAS et al., 2001] 1,3 BIO (FPCM) (6 von 18 Farmen) (D) [HAAS et al., 2001] 1,2 BIO (UK) [WILLIAMS et al., 2006] 1,1 (UK) [WILLIAMS et al., 2006] 1,1 BIO (ECM) (keine Allokation) (SWE) [CEDERBERG und STADIG, 2003] 1,0 (Extensiv) (FPCM) (6 von 18 Farmen) (D) [HAAS et al., 2001] 1,0 (1 Farm) (ECM) (SWE) [CEDERBERG und MATSON, 2000] 1,0 (mittelgroße Produktion) (8 von 23 Farmen) (SWE) [CEDERBERG und FLYSÖ, 2004] 0,9 BIO (1 Farm) (Allokation nach Futtermittelbedarf: 85% Milch; 15% Fleisch) (ECM) (SWE) [CEDERBERG und MATTSSON, 2000] 0,9 (große Produktion) (9 von 23 Farmen) (SWE) [CEDERBERG und FLYSÖ, 2004] 0,9 BIO (6 von 23 Farmen) (SWE) [CEDERBERG und FLYSÖ, 2004]
Käse	26,0 (US) [CALIFORNIA ENERGY COMISSION, 2005] *** 13,0 (FIN) [NISSINNEN, 2005] *** 13,0 (individuelle Allokation: 88,5% Milch; 9,5% Fleisch; 2% Kalb) (FIN) [USVA et al., 2009] 8,8 (dürfte wegen des hohen Anteils an Wasserkraft in der schwedischen Energiegenerierung eine Unterschätzung darstellen) (SWE) [BERLIN, 2002]
Rindfleisch	36,4 Mutter-Kuh-Haltung und Rindermast (angenommener Fleischanteil: 40%) (JPN) [OGINO et al., 2007] 32,3 (angenommener Fleischanteil: 40%) (JPN) [OGINO et al., 2004] 28,7 (Schlachtgewicht) (EU) [WEIDEMA et al., 2008] 27,3 Stierkalb (Schlachtgewicht) (EU) [NGUYEN et al., 2010] 25,3 Mutter-Kuh-Haltung (UK) [WILLIAMS et al., 2006] 22,3 BIO (Fleisch, knochenlos) (SWE) [CEDERBERG und STADIG, 2003] 19,9 Stierkalb (24 Mon.) (EU) [NGUYEN et al., 2010] 18,1 BIO (UK) [WILLIAMS et al., 2006] 17,9 Stierkalb (16 Mon.) (EU) [NGUYEN et al., 2010] 16,0 Stierkalb (12 Mon.) (EU) [NGUYEN et al., 2010] 15,8 (UK) [WILLIAMS et al., 2006] 15,0 Feedlots-System (US) [SUBAK, 1999] 13,0 (LW) (IRL) [CASEY und HOLDEN, 2006b] 12,2 Weidehaltungssysteme (LW) (IRL) [CASEY und HOLDEN, 2006b] 11,3 Weidehaltungssysteme (Primär) (IRL) [CASEY und HOLDEN, 2006a] 11,1 BIO Mutterkuh (LW) (IRL) [CASEY und HOLDEN, 2006b] 8,0 Subsistenzwirtschaft bzw. Weidesystem (AFR) [SUBAK, 1999]
Lammfleisch	17,5 (UK) [WILLIAMS et al., 2006] 10,1 BIO (UK) [WILLIAMS et al., 2006]
Schweinefleisch	11,2 (Schlachtgewicht) (EU) [WEIDEMA et al., 2008] 6,4 (UK) [WILLIAMS et al., 2006] 5,6 BIO (UK) [WILLIAMS et al., 2006] 5,0 (SWE) [CEDERBERG, 2003] */*** 4,4 (BE) [NEMRY et al., 2001] **/***

Hühnerfleisch	6,7 BIO (UK) [WILLIAMS et al., 2006] 5,5 Freie Haltung (UK) [WILLIAMS et al., 2006] 4,6 (UK) [WILLIAMS et al., 2006] 3,6 (Schlachtgewicht) (EU) [WEIDEMA et al., 2008]
Fisch[3]	4,2 Lachsfarm (Lachsfilet) (CND) [PELLETIER und TYEDMERS, 2007] 3,6 Lachsfarm inkl. Verarbeitung und Transport (UK) [TYEDMERS und GARRET, 2008]**** 3,0 Lachsfarm, transportiert nach Paris (NOR) [ELLINGSEN et al., 2009] 2,7 Lachsfarm, transportiert nach Ostnorwegen (NOR) [ELLINGSEN et al., 2009] 2,3 Lachsfarm, Schlachthaus (NOR) [ELLINGSEN et al., 2009] 2,3 Fischfarm (Lachsfilet) (SWE) [ELLINGSEN und AANONDSEN, 2006] 1,3 Wildfang (Dorschfilet) (SWE) [ELLINGSEN und AANONDSEN, 2006]
Eier	7,0 BIO (UK) [WILLIAMS et al., 2006] 6,2 FL (UK) [WILLIAMS et al., 2006] 5,5 /20 Eier (UK) [WILLIAMS et al., 2006] 5,3 KÄ (UK) [WILLIAMS et al., 2006]

AFR = Afrika, BE = Belgien, CND = Kanada, D = Deutschland, EU = Europäische Union, FIN = Finnland, IRL = Irland, JPN = Japan, NL = Niederlanden, NOR = Norwegen, SWE = Schweden, UK = England, USA = Vereinigte Staaten

B = BIO, FL = Freiland, KÄ = Käfig, LW = Lebendgewicht

Tab. 6 THG-Emissionen unterschiedlicher tierischer Lebensmittel (kg CO_2-Äq/kg Lebensmittel) (Eigendarstellung nach: [CEDERBERG und MATTSSON, 2000; HAAS et al., 2001; BERLIN, 2002; FOSTER et al., 2006; WILLIAMS et al., 2006; OGINO et al., 2004; CASEY und HOLDEN, 2005; CEDERBERG und STADIG, 2003; CEDERBERG und FLYSÖ, 2004; OGINO et al., 2007; SUBAK, 1999; CASEY und HOLDEN, 2006a; CASEY und HOLDEN, 2006b; WEIDEMA et al., 2008; ELLINGSEN und AANONDSEN, 2006; THOMASSEN et al., 2008; ELLINGSEN et al., 2009; NGUYEN et al., 2010; USVA et al., 2009; PELLETIER und TYEDMERS, 2007])

* Primärproduktion (86%), Verarbeitung (8%), Transport (3%) und häuslicher Konsum (3%)
** Primärproduktion (72%), Verarbeitung (5%), Transport (5%) und häuslicher Konsum (3%)
*** zitiert nach [FOSTER et al., 2006]
**** zitiert nach [ELLINGSEN et al., 2009]

1 FPCM (Fat and Protein Corrected Milk), ECM (Energy Corrected Milk) = funktionelle Einheiten, die auf den Fett- und Proteingehalt angepasst wurden (bei der Einheit ECM 4% Fett und 3,4% Protein).

2 Allokation bedeutet die Zuordnung von THG zu verschiedenen Outputs, die in einem System generiert werden. So wird entweder keine Allokation zu einem »Nebenprodukt« vorgenommen oder eine Massenallokation (hier Zuordnung zu 96,6% Milch und 3,4% zu Fleisch) oder eine ökonomische Allokation (85% zu Milch und 15% zu Fleisch), vgl. GARNETT [2009], CASEY und HOLDEN [2005].

3 Zu den ökologischen Auswirkungen u. a. auf Biodiversität, die beim Fisch großteils nicht in LCAs erfasst werden, siehe Kap. 10.2.1.

nicht gleichzusetzen ist mit einem negativen ökologischen Gesamtimpact des Lebensmittels, b) sämtliche ökologische Impacts zu berücksichtigen sind, wie etwa die in vielen Studien nicht einbezogene Biodiversität, c) für eine gesamtheitliche Betrachtung auch die komplexen Zusammenhänge der Lebensmittelproduktion mit gesundheitlichen, ökonomischen und sozialen Aspekten erfasst werden müssen, um ein Gesamtbild über die multiplen und weitreichenden Auswirkungen eines Produktes zu bekommen und diese beurteilen zu können.

In einer Studie der Europäischen Umweltagentur wurde der Material-, der CO_2-, und der Wasser-Footprint unterschiedlicher Lebensmittel untersucht. Rindfleisch, Butter und Käse hatten generell größere Fußabdrücke, besonders hinsichtlich der CO_2- und Material-Footprints, während Gemüse, Weizenprodukte, Kartoffeln und Früchte wie Äpfel (saisonal) generell niedrigere Footprints aufwiesen [EEA, 2010].

Tierische Lebensmittel		Pflanzliche Lebensmittel	
	CO_2-Äq (kg/kg Lebensmittel)		CO_2-Äq (kg/kg Lebensmittel)
Butter	23,8	Speiseöl	1,9
Rindfleisch	13,3	Tofu	1,1
Käse	8,5	Feinbackwaren	0,9
Rohwurst	7,8	Teigwaren	0,9
Sahne/Schlagobers	7,6	Mischbrot	0,8
Hühnerfleisch	3,5	Weißbrot	0,7
Schweinefleisch	3,2	Obst	0,5
Eier (K/FL)*	1,9/2,6	Weizenkörner	0,4
Topfen/Frischkäse	1,9	Tomaten	0,3
Joghurt	1,2	Kartoffeln	0,2
Milch	0,9	Gemüse	0,2

* K = Konventionell, FL = Freiland

Tab. 7 THG-Emissionen von bestimmten tierischen und pflanzlichen Lebensmitteln (kg CO_2-Äq/kg Lebensmittel) (konventioneller Anbau inkl. Transport, Kühlung, Verarbeitung und Handel; Deutschland) (Quelle nach: [WIEGMANN et al., 2005; FRITSCHE und EBERLE, 2007; KOERBER et al., 2007; GEMIS 4,4])

REIJNDERS und SORET [2003] verglichen verarbeitetes Sojaprotein und Fleischprotein anhand ihrer Umweltwirkungen durch die Primärproduktion und Verarbeitung. Um einen Faktor 4,4-100 war der Impact des Fleischproteins größer, abhängig von der Schadstoffkategorie. In Tab. 8 sind die ökologischen Effekte von Soja- und

Fleischprotein auf Ressourcen, Calciumphosphat-Einsatz und diverse Emissionen von Nähr- bzw. Schadstoffen im Vergleich dargestellt.

Tierisches Protein benötigte im Schnitt 6 bis 17-mal mehr an Land, bis zu 26-mal mehr Wasser und um 6 bis 20-mal mehr Energie. Bei dem Vergleich von Milchkäse und Lupinenkäse war der Impact des Milchkäses um den Faktor 5-21 höher, ebenso verbrauchte Fischprotein ungefähr bis zu 14-mal mehr Energie als pflanzliches Protein. Die AutorInnen verweisen darauf, dass bei der Betrachtung der Primärproduktion und Verarbeitung die vegetarischen Alternativen zu Fleisch, Käse und Fisch einen geringeren Umweltimpact haben dürften. Der Einfluss von Logistik, Verpackung, Kühlung, Kochen und gewisse Verarbeitungsschritte wurden jedoch nicht beachtet. Es existieren weitere Aspekte wie der Transport von Lebensmitteln, der einen großen Einfluss auf die ökologische Gesamtbilanz haben kann [REIJNDERS und SORET, 2003].[1]

Bei einem Vergleich bestimmter Umweltauswirkungen von unterschiedlichen Ernährungsweisen zeigte sich, dass die omnivore Ernährung 2,9-mal mehr Wasser, 2,5-mal mehr Primärenergie, 13-mal mehr Dünger und 1,4-mal mehr Pestizide gegenüber einer vegetarischen benötigte [MARLOW et al., 2009].

Im Rahmen des PROFETAS-Programms[2] wurde pflanzliches mit tierischem Protein in Bezug auf deren Umweltauswirkungen verglichen. Das PROFETAS-Programm hat das Ziel, die Auswirkungen einer Umstellung von tierischem zu pflanzlichem Protein als eine Möglichkeit für die Entkoppelung des steigenden Lebensmittelbedarfs von dem begleitenden Anstieg der Umweltprobleme zu untersuchen. So wurde in der Studie von AIKING et al. [2006] stellvertretend für tierisches Protein die Schweinefleischproduktion in Betracht gezogen. Zum einen macht die Schweinefleischproduktion bzw. der daraus folgende Schweinefleischkonsum einen großen Anteil an der gesamten Aufnahme an tierischem Protein aus. Zum anderen ist für die Schweinefleischproduktion die Absenz von sekundären Produkten wie Milch und Eier charakteristisch. Schweine sind auch bei der Umwandlung pflanzlicher Ressourcen effizienter als viele andere Tierarten. Schließlich verursacht die Schweineproduktion große Umweltprobleme in

1 So könnte eingeflogenes Gemüse einen größeren ökologischen Impact haben als lokal produziertes, biolgisches Fleisch. Tiefgefrorenes Gemüse könnte bei der Primärproduktion ebenso einen höheren Impact als die erwähnte Fleischvariante haben. CARLSSON-KANYAMA [1998] zeigte, dass eine vegetarische Ernährungsweise mit exotischen Früchten theoretisch umweltbelastender sein könnte als Mahlzeiten mit lokal produziertem Fleisch.

2 PROFETAS = PROtein Foods, Environment, Technology and Society. Das PROFETAS-Programm ist ein multidisziplinäres, holländisches Programm, das Optionen für eine nachhaltigere Lebensmittelproduktion und einen nachhaltigeren Konsum untersucht.

Entwicklungs- und Industrieländern. Für die pflanzliche Proteinkette wurde zum Vergleich die Produktion von grünen Erbsen herangezogen.

Die LCAs ergaben für die Schweinefleischproduktion ein 61-mal höheres Versauerungspotential, ein 6,4-mal höheres THG-Potential und ein 6-mal höheres Eutrophierungspotential im Vergleich zur Erbsenproduktion. Die Herstellung von Schweinefleisch benötigt ebenso 1,6-mal mehr Pestizide, 3,4-mal mehr Düngemittel, 3,3-mal mehr Wasser und 2,8-mal mehr Land. Hinsichtlich der verwendeten Umweltindikatoren ist die Erbsenproduktion deutlich besser. In Bezug auf den Wasserverbrauch dürften die Relationen deutlich höher sein (für eine detaillierte Analyse zum Wasserverbrauch siehe Kap. 8). Typische Futtermittel für Schweine, wie etwa auf Grundlage einer Mischbasis aus Mais und Soja, dürften 10 bis 16-mal mehr Wasser als Weizen und Hülsenfrüchte benötigen, zusätzlich zu dem direkten Wasserkonsum der Tiere. In dieser Studie werden ebenso industrielle Lebensmittelreste als Futtermittel angenommen, was den Wasserbedarf für die gesamten Futtermittel reduziert. Die Unterschiede beim Wasserbedarf könnten dennoch höher sein, wenn alle wasserverbrauchenden Prozesse wie Verarbeitung eingerechnet werden würden.

Relativer Effekt von Fleischprotein (im Verhältnis zu Sojaprotein)	Sojaprotein	Fleischprotein
Landgebrauch	1	6 - 17
Wasserbedarf	1	4,4 - 26
Fossiler Energieeinsatz	1	6 - 20
Emmisionen versauernder Substanzen	1	>7
Emmisionen von Pestiziden	1	6

Tab. 8 Ökologische Impacts von Soja- und Fleischprotein (Effektivität in Relation zu Sojaprotein mit gegebenem Wert 1) (Quelle nach: [REIJNDERS und SORET, 2003])

Eine Substitution von Schweine-, Rind- und Geflügelfleisch durch Erbsen führt laut AIKING et al. [2006] zu einem niedrigeren Fleischbedarf. Je höher der Ersatz, desto geringer waren auch die Emissionen von NH_3, N_2O und CH_4. Jedoch weisen die AutorInnen darauf hin, dass Reduzierungen der Emissionen auf Grund von Ernährungsstiländerungen minimal sind, wenn nur ein kleiner Teil durch fleischähnliche Eiweißprodukte (sog. NPFs = Novel Protein Foods) ersetzt wird. Erst wenn der gesamte Fleischanteil gänzlich durch NPFs ersetzt wird und das weltweit, wird sich das Potential dieser Maßnahme erhöhen.

Zusammenfassend wird laut AIKING et al. [2006] ein Wandel des Konsumverhaltens aus Umweltgründen (Klimawandel, Verknappung von Agrarflächen und Frischwasser) erforderlich sein. Sogar ein teilweiser »Ersatz« von Fleisch durch NPFs würde einen entscheidenden Schritt in diese Richtung bedeuten. Ein derartiger Schritt würde zu großen Änderungen in der Landnutzung innerhalb von einer Generation (20 Jahre) führen. Diese Landnutzungsänderungen hängen von der Wahl der angebauten Pflanze ab, die wiederum vom Bedarf an NPFs und Agrotreibstoffen abhängt und mit der verfügbaren Technik in Zusammenhang steht. Seit dem Umweltimpacts, Klima, Landgebrauch und Getreidewahl so klar und unweigerlich miteinander verbunden sind, werden laut AIKING et al. [2006] die Konsequenzen eines Wandels in jeglicher Hinsicht weitreichend sein.

Mittlerweile existiert eine Vielzahl an Studien, vor allem aus Europa, die sich mit den THG-Emissionen des Tierproduktionssektors und der THG-Bilanz einzelner tierischer Produkte auseinandergesetzt haben (vgl. Tab. 6 und Kap. 4.3). Wenn man die einzelnen Ergebnisse der Studien betrachtet, kann man resümieren, dass Tierprodukte deutlich mehr THG im Vergleich zu anderen Lebensmittelgruppen erzeugen. Unter den Tierprodukten (gesamtheitlich und pro kg Produkt) rangiert Rindfleisch an erster Stelle bei den THG, sowie auch bei den meisten anderen Umweltimpacts wie Eutrophierung und Acidifizierung. Dahinter rangiert je nach Impact die Produktion von Milch, Schweinefleisch, Hühnerfleisch und Eiern.

Prinzipiell geht das meiste der entstehenden THG entlang der gesamten Produktkette eines Lebensmittels, vor allem bei tierischen Produkten, auf die Landwirtschaft zurück; Verarbeitung, Handel und Transport dürften eher eine geringere Bedeutung haben [BERLIN, 2002; FOSTER et al., 2006]. So entfallen 90% des THG-Potentials entlang der Produktkette von Milchprodukten allein auf den Bereich Landwirtschaft, auf Grund des hohen Treibhauspotentials von Nicht-CO_2-Gasen, d. h. von CH_4 und N_2O [FOSTER et al., 2006]. Auch im Fall von Schweine- und Hühnerprodukten ist die Primärproduktion hauptverantwortlich für die THG-Emissionen bei der gesamten Herstellung. Andere Bereiche spielen eher eine untergeordnete Rolle.

KATAJAJUURI [2007] kam bei der Betrachtung aller Produktionsphasen in der Hühnerproduktion zum Resultat, dass der Handel für 20% des Energieaufwandes (Kühlung in Geschäften) bzw. für 9% der THG-Emissionen verantwortlich war, wobei der Haupanteil an diesen beiden Impacts wiederum die Landwirtschaft hatte. Hinsichtlich der Schlachtung und der Verarbeitung war zwar der Energieaufwand signifikant, doch spielten diese in der THG-Bilanz wie im Falle des Transports eine marginale Rolle [KATAJAJUURI, 2007].

Aspekte wie Transport, Kühlung, Verarbeitung und Heimtransport haben zwar bei den Emissionen von tierischen Produkten meist eine geringere Rolle, doch können diese Produktionsphasen auch signifikant sein – speziell für pflanzliche Produkte, aufgrund der

Tatsache, dass diese prinzipiell geringere THG-Emissionen aufweisen: Zu beachten ist zum ersten der Transport und dabei vor allem die klimaintensiven Flugtransporte (siehe Kap. 12); zum zweiten die Verarbeitung: Ketchup erzielt dadurch einen ums 10-fache höheren Wert als die Tomate selbst; zum dritten die Kühlung bzw. das Frieren: Tiefkühlpommes erreichen dabei einen Wert, der den der frischen Kartoffeln um den Faktor 20 übertreffen[1]; zum vierten der Aspekt der Saisonalität: Tomaten aus dem geheizten Gewächshaus können 50 bis 120-mal mehr THG aufweisen als im Freilandanbau; zum fünften können auch die industrielle Produktion, der Handel und auch der Heimtransport eine Rolle spielen. Beim Einkauf kann der Transport mit dem Auto in der Relation zu dem Transportaufwand während der Produktionsphase höhere THG-Emissionen verursachen; zum sechsten sind die Zubereitung und die Entsorgung (weggeworfene Lebensmittel bergen hier ein Einsparpotential in sich – nach STUART [2009] landen ein Drittel aller global produzierten Lebensmittel im Abfall) die letzten Stationen, mit denen THG-Emissionen assoziiert sind [JUNGBLUTH, 2000; FOSTER et al., 2006; ROY et al., 2009; WIEGMANN et al., 2005].

In den Studien zu tierischen Lebensmitteln werden CH_4 und N_2O als die dominanten THG im Tierproduktionssektor ausgemacht; CH_4 entsteht großteils durch die Wiederkäuerproduktion. CO_2-Emissionen sind dagegen zunehmend der Nichtwiederkäuerproduktion zuzurechen, vor allem aufgrund der Entwaldung und der eingesetzten Energie bei der Futter- und Düngemittelproduktion und dem Futtermitteltransport. Generell wurden jedoch bislang in LCA-Studien die anfallenden CO_2-Emsissionen in der Tierproduktion unterschätzt. Gerade die Entwaldung für Acker- und Weideflächen und die assoziierten CO_2-Emissionen tragen zum größten Teil der gesamten THG am Tierproduktionssektor bei [STEINFELD et al., 2006].

Da bisherige LCA-Studien zwei wesentliche Aspekte vor allem auf Bezug zur Nichtwiederkäuerproduktion nicht berücksichtigt haben, stellt sich eine Positionierung für mehr Hühner und Schweine anstelle von Rindern eher als schwierig dar: Einerseits sind das die Landnutzungsänderungen, die ja zu einem großen Teil die Produktion von Schweinen und Hühnern betreffen – so wurden die indirekten CO_2-Emissionen, die mit der Rodung von Wäldern für die Schaffung von Futtermittelplantagen und mit der Weidehaltung assoziiert sind, bis dato nicht berücksichtigt [GARNETT, 2009].

1 Dagegen dürfte sich der Wert von Tiefkühlgemüse (0,2 kg CO_2-Äq/kg Lebensmittel) lediglich verdoppeln. Die Entwässerung der Kartoffeln dürfte wie der Tiefkühlprozess, die dann den Hauptanteil an den THG entlang der Produktkette haben, aufgrund des assoziierten Energieaufwandes ausschlaggebend für den hohen THG-Impact von Tiefkühlpommes sein [WIEGMANN et al., 2005].

Andererseits sollten auch die CO_2-Senken, die bisher für die Tierproduktion verloren gegangen sind, einbezogen werden. Auch der Aspekt der Flächenkonkurrenz zwischen dem direkten Konsum des Menschen an Getreide und des indirekten über das Tier sollte aufgrund der beschränkten Kapazität an Land als Opportunitätskosten – d. h. der Wert eines gegebenen Landes zur alternativen Nutzung z. B. in Form von Wäldern – eingerechnet werden. Ansonsten kann ein verzerrtes Bild über die Nachhaltigkeit von Schweinen und Hühnern in Relation zu Rindern entstehen, welches Reduzierungsstrategien fördern könnte, die kontraproduktiv sind [GARNETT, 2009].

Würden Landflächen, die vorher bewaldet waren, wieder in Wälder rück umgewandelt werden, wäre dies die effizienteste Form der CO_2-Sequestrierung. Es muss daher eine Allokation des verloren gegangenen CO_2-Speicherpotentials in Bezug auf die Futtermittelproduktion für Nutztiere erfolgen, wovon auch die Nichtwiederkäuer zu einem großen Teil betroffen sind. Ebenso müssen Landnutzungsänderungen eingerechnet werden. Ein erhöhter Bedarf an Futtermitteln für die Fleischproduktion erhöht den Druck auf den Landgebrauch weltweit, woraus Landnutzungsänderungen wie Entwaldungen resultieren, die neben den Opportunitätskosten künftig in THG-Bilanzen aufgrund ihres hohen Impacts einzubeziehen sind [GARNETT, 2009; NGUYEN et al., 2010]. Es sollten allerdings Nebenprodukte, die bei der Produktion entstehen, bei dem Vergleich der emittierten THG beachtet werden, wie beispielsweise Gülle und Leder in der Rindfleischproduktion. Letztere dürften jedoch keinen signifikanten Einfluss auf die Gesamtbilanz des Fleischproduktes haben [GARNETT, 2009].

Als Optionen für eine THG-Reduzierung am Tierproduktionssektor gibt es vier wesentliche Strategien: die Erhöhung der Produktivität, die Veränderung der Management- sowie der Output-Systeme und eine Verringerung der Tierbestände [GARNETT, 2009]. Erste Möglichkeit – eine Effizienzsteigerung stellt den technologischen Ansatz dar. Dies kann über eine Steigerung der Koppelung von Milch- und Tierwirtschaft, über Zuchtmethoden bis hin zu veränderten Futtermittelregimen erreicht werden. Die Strategie einer erhöhten Fütterung von Futtermittelkonzentraten dürfte insofern kontraproduktiv sein, indem diese vermehrt Landnutzungsveränderungen induzieren dürfte, die bislang bei der abschließenden THG-Bilanz nicht berücksichtigt werden [GARNETT, 2009].

Die FAO quantifizierte in ihrer Studie von STEINFELD et al. [2006] die mit der Tierproduktion assoziierten Landnutzungsänderungen; für GARNETT [2009] empfiehlt die FAO paradoxerweise die Strategie der Futtermitteleffizienz, womit sie die logischen Konsequenzen ihrer eigenen Analyse, die Landnutzungsänderungen miteinbezieht, außer Acht lässt. Selbst wenn eine große Effizienzsteigerung bei der Fleischproduktion erzielt werden kann, wird dieser Effekt deutlich von der prognostizierten Zunahme des Tierbestandes (aufgrund des Anstieges der Weltbevölkerung und sich ändernder Ernährungsweisen) überlagert werden. Eine Lösung kann nur in einer deutlichen Reduktion der Tierproduktion und damit des Fleisch- und Milchkonsums liegen [McMICHAEL et al., 2007; SCHLATZER, 2010; DE BOER et al., 2006].

Denn selbst wenn die Emissionen am Tierproduktionssektor um 50% reduziert werden könnten, würde diese Einsparung durch die Erhöhung der Tierbestände neutralisiert werden. Technologische Fortschritte und Managementstrategien werden höchst unwahrscheinlich zu einer absoluten Reduktion der THG führen [GARNETT, 2009].

Eine für die Europäische Kommission durchgeführte Studie von WEIDEMA et al. [2008] untersuchte die ökologischen Auswirkungen des europäischen Nahrungsmittelkonsums und Optionen zur Reduzierung der THG am Ernährungssektor. Diese ergab, dass Fleisch- und Milchprodukte durchschnittlich 24% aller ökologischen Impacts des gesamten Konsums der EU-27 Länder betragen, jedoch nur zu 6% des ökonomischen Wertes beitragen. Relativ gesehen hatten Milchprodukte einen Anteil von 36%, Rindfleisch 34%, Schweinefleisch 22% und Geflügel 8% am gesamten ökologischen Impact dieser Gruppe. Bei den THG lag die Verteilung bei 41% für Milchprodukte, 28% für Rindfleisch, 26% für Schweinefleisch und 5% für Geflügel. Milchprodukte und Rindfleisch machten somit gemeinsam ca. 70% des THG- bzw. des gesamten Impacts der Gruppe der Fleisch- und Milchprodukte aus [WEIDEMA et al., 2008].

Die in der Studie untersuchten Verbesserungsmaßnahmen in der landwirtschaftlichen Produktion, im Lebensmittelmanagement durch den Haushalt (Vermeidung von Lebensmittelabfällen) und Energiesparmaßnahmen brachten eine 20%ige Reduktion des ökologischen Impacts bzw. der externen Kosten von Fleisch- und Milchprodukten. Jedoch ergaben die gesamten Maßnahmen, die in der Studie berücksichtigt wurden, dass hinsichtlich des Gesamtimpacts lediglich eine Reduzierung von 24 auf 19% erzielt werden konnte. Da diese Optionen alleine für größere Einsparungen bei den ökologischen Konsequenzen der Fleisch- und Milchprodukte nicht reichen dürften, würde daher nach WEIDEMA et al. [2008] eine Maßnahme die Menge und die Art des Konsums tierischer Produkte betreffend, erforderlich sein.

10.2.1 Exkurs Fisch

LCAs von Fischen sind nur bedingt brauchbar, denn diese Methode wurde ursprünglich für auf Land basierende Systeme entwickelt. Wichtige ökologische Impacts von maritimen Lebensmitteln wie Überfischung, der Gebrauch von Antifouling[1], die Emissionen des Verbrennungsmotorprozesses an Bord und die Auswirkungen auf das ökologische System des Meeresbodens werden in den derzeitigen Studien nicht erfasst. Ebenso müssen der Gebrauch und die Beseitigung von Pestiziden und chemischen Hilfsmitteln sowie die Flucht von Farmfischen in zukünftigen Studien Berücksichtigung finden [ELLINGSEN und AANONDSEN, 2006].

Es gibt prinzipiell zwei Methoden der Fischgenerierung: Aquakulturen bzw. Fischfarmen und Fischfang. Mit dem Fischfang ist generell ein enormer Energieaufwand und damit ein hoher THG-Ausstoß verbunden; weitere ökologische Probleme betreffen Korallenriffe, die Überfischung und Beifang. Etliche Millionen Meerestiere stellen den unerwünschten Beifang dar – Haie, Delphine, Robben, Großwale u. a. ergeben mit einer durchschnittlichen Menge von 7,3 Mio. t/a einen nicht unbeachtlichen Kollateralschaden, wobei dieser mehr als 8% des gesamten Fischfangs aus dem Ozean entspricht [ELLINGSEN et al., 2009]. Die ökologischen Probleme von Fischfarmen sind dagegen die Flucht von Farmfischen, die Ausbreitung von Lachsläusen, der Landgebrauch und ebenso Anti-Fouling und der hohe Energieaufwand [FAO, 2009c; ELLINGSEN et al., 2009].

Der Fischfang mit Grundschleppernetzen kann auch zur Sauerstoff-Depletion beitragen und es wird geschätzt, dass bis zu 50% der Korallenriffe in dem Nordostatlantik durch Fischfang mittels Grundschleppnetzen und Schwimmbagger geschädigt wurden [ELLINGSEN und AANONDSEN, 2006]. Des Weiteren muss beim Fischfang auch das Eutrophierungspotential (Kupfer in der Lachshaltung) beachtet werden. Schweden und Finnland dürften davon schwer betroffen sein, Norwegen dagegen eher nicht. Für eine genauere Betrachtung des Energie- und Landgebrauchs siehe auch ELLINGSEN und AANONDSEN [2006].

Die FAO [2009c] konstatiert, dass 80% aller Fischbestände moderat bis stark überfischt oder bereits komplett erschöpft sind. Dennoch kann von einer Zunahme der

---

1 Mit Antifouling sind Farbstoffe gemeint, die Schwermetalle wie Zinn und Tributylzinn enthalten, die die Anlagerung von maritimen Organismen wie Muscheln am Schiffsrumpf verhindern sollen. 80-90% der Farbe des Kupfers sickern ins Meer [ELLINGSEN und AANONDSEN, 2006].

Fischproduktion ausgegangen werden, wobei mehr zum direkten Verzehr zur Verfügung stehen wird und weniger für die industrielle Produktion von Fischöl und -mehl. Es wird aufgrund der geringeren natürlichen Verfügbarkeit von Fisch daher auch zu einer Zunahme von Aquakulturen kommen.

Die Phase des Fischfangs bzw. der Fischhaltung ist die dominante Quelle bei den ökologischen Impacts. Die wichtigsten ökologischen Konsequenzen entlang der Produktionskette waren der sehr hohe Energieaufwand und respiratorische Schäden [ELLINGSEN und AANONDSEN, 2006]. Auch der THG-Impact von Fischen kann mit 1,3 bis 4,2 kg CO_2-Äq signifikant sein (vgl. Tab. 6). Denn für 1 kg Fischfilet ist 2,3 resp. 2,8 kg Futtermittel für Lachs (Fischfarm) bzw. Dorsch (Wildfang) nötig. Auf das Lebendgewicht bezogen wird 1,3 kg Fisch für 1 kg Lachs benötigt [ELLINGSEN und AANONDSEN, 2006]. In der Studie von FOSTER et al. [2006] wird hingegen von 3,5 kg Wildfisch ausgegangen, die für 1 kg industriell erzeugten Fisch benötigt wird.

Derzeit gibt es schon Maßnahmen, den Fischkonsum nachhaltiger zu machen – holländische Lebensmittelketten werden ab 2011 nur noch MSC (Marine Stewardship Council, ein anerkanntes Nachhaltigkeitssiegel beim Fischfang) zertifizierte Produkte verkaufen, die norwegische Regierung denkt über ein Klimalabel nach und diverse multinationale Konzerne setzen sich bereits jetzt für einen nachhaltigeren Konsum von maritimen Lebensmittel ein [ELLINGSEN et al., 2009].

Angesichts der enormen ökologischen Kosten, verbunden mit Fischfang und Aquakulturen, ist jedoch der Fischkonsum per se zu überdenken.

10.3 Treibhausgasausstoß und ökologisches Potential verschiedener Ernährungsstile

Bei einem Vergleich zwischen einer durchschnittlichen holländischen, omnivoren Mahlzeit und einer durchschnittlichen vegetarischen Mahlzeit wurde der Einfluss dieser Mahlzeiten auf Grund verschiedener Indikatoren verglichen: Land- und Energieverbrauch, Pestizid- und Düngereinsatz, Ökotoxizität, Treibhauspotential, Photooxidantien, Versauerung, Eutrophierung und Toxizität. Durchschnittlich wurde der Impact des gesamten Produktzyklus auf die Umwelt für eine omnivore Mahlzeit um den Faktor 1,5-2 höher eingestuft [VAN DER PIJL und KRUTWAGEN, 2001 zit. n. REIJNDERS und SORET, 2003].

CARLSSON-KANYAMA und GONZÀLEZ [2009] kamen in ihrer Studie, in der unterschiedliche Produkte und Mahlzeiten hinsichtlich ihrer THG-Bilanz miteinander verglichen wurden, zu dem Resultat, dass pflanzliche Produkte basierend auf Gemüse, Getreide und Hülsenfrüchten die geringsten THG-Emissionen aufweisen, sogar wenn ein hoher Grad an Verarbeitung und ein großer Transportaufwand gegeben ist.

Erst durch den Transport per Flugzeug steigen die THG-Emissionen auf ein ähnliches Niveau wie bei Fleischprodukten. Tierische Produkte inklusive Milchprodukte sind mit höheren THG-Emissionen assoziiert als pflanzliche mit den höchsten Emissionen für Fleisch von Wiederkäuern. So war die vegane Mahlzeit (0,42 kg CO_2-Äq) mit einem 3-mal geringeren THG-Ausstoß verbunden als die Variante mit einem gewissen Anteil an Schweinefleisch (1,3 kg CO_2-Äq). Die Variante mit Rindfleisch und zusätzlich tropischen Früchten ergab (zusammen 4,7 kg CO_2-Äq) einen um den Faktor 10 höheren THG-Impact als die rein pflanzliche. Bei der Zusammenstellung der Mahlzeiten wurde drauf geachtet, dass jede einen gewissen Anteil an Gemüse, Obst, Getreide und proteinreichen

Mahlzeit A	Gewicht (kg)	CO_2-Äq (kg/kg Lebensmittel)
Sojabohnen, Übersee-Schifftransport, gekocht	0,25	0,23
Äpfel, regional, frisch, roh	0,10	0,08
Vollkornweizen, regional, gekocht	0,10	0,06
Karotten, regional, frisch, roh	0,10	0,04
Gesamt	0,55	0,42
Mahlzeit B		
Schweinefleisch, gekocht	0,10	0,94
Kartoffeln, gekocht	0,30	0,14
Grüne Bohnen, Herkunft EU, gekocht	0,10	0,13
Orangen, Übersee-Schifftransport	0,10	0,12
Gesamt	0,60	1,3
Mahlzeit C		
Rindfleisch, regional, frisch, gekocht	0,10	3,0
Tropische Früchte, Flugtransport, frisch	0,10	1,1
Reis, Übersee-Schifftransport, gekocht	0,20	0,26
Gemüse, tiefgefroren, gekocht	0,10	0,23
Gesamt	0,50	4,7

Tab. 9 THG-Impact von drei verschiedenen Mahlzeiten (kg CO_2-Äq/kg Lebensmittel) (Quelle nach: [CARLSSON-KANYAMA und GONZÀLEZ, 2009])

Lebensmitteln enthielt; alle Mahlzeiten wiesen einen ähnlichen Nährwert mit einem gleichwertigen Anteil an Protein und Energie auf (vgl. Tab. 9) [CARLSSON-KANYAMA und GONZÀLEZ, 2009].

Eine Studie, die Daten von der deutschen nationalen Verzehrsstudie und der Gießener Vollwertstudie bezog, untersuchte die Umwelteinflüsse von drei verschiedenen Ernährungsweisen: Die durchschnittliche deutsche Kost, eine Vollwert-Kost (mit Fleisch) und eine ovo-lacto-vegetabile Kost. Alle drei Ernährungsformen wurden auch jeweils in einer biologischen und einer konventionellen Variante verglichen. Für die ökologische Bewertung des Gesamtsystems wurden (auf Grund ihrer Datenverfügbarkeit) folgende Indikatoren gewählt: Primärenergieverbrauch, CO_2-Äq und SO_2-Äq. Mit den Austrägen von N, Phosphor und Kalium, die zusätzlich für den Bereich Landwirtschaft verwendet wurden, sind das sechs Indikatoren.

Die Studie kam zu dem Ergebnis, dass ein Wechsel von einer konventionellen Mischkost auf die ovo-lacto-vegetarische Ernährungsweise beim Energieverbrauch 5 GJ/Person/a einsparen würde. Eine zusätzliche Umstellung auf die biologische Variante ergäbe ein Einsparpotential von 9,7 GJ/Person/a. Bei den CO_2-Äq verhielt es sich ähnlich: Die höchsten Emissionen wurden von den MischköstlerInnen verursacht, gefolgt von den VollwertköstlerInnen und den (Vollwert-)Ovo-Lacto-VegetarierInnen. Der Unterschied zwischen den Ernährungsweisen liegt hier allerdings höher als zwischen den Varianten biologisch und konventionell, da neben den CO_2-Emissionen aus der Umwandlung von Primärenergie landwirtschaftsspezifische Emissionen wie CH_4 aus der Rinderhaltung und dem Reisanbau und N_2O aus der Düngemittelherstellung entstehen. Bei einem Wechsel von einer Mischkost auf eine ovo-lacto-vegetarische Ernährung ergab sich ein Einsparpotential von 602 kg CO_2-Äq/Person/a bzw. zusätzlich in der ökologischen Variante 873 kg CO_2-Äq/Person/a, was den maximalen Effekt erzielte. So konnte mit einer konventionellen ovo-lacto-vegetarischen Ernährung ein Drittel und in der Bio-Variante die Hälfte von den THG der konventionellen omnivoren Ernährung eingespart werden. Innerhalb der gleichen Ernährungsweise ergab sich bei dem Umstieg von der konventionellen auf die biologische Variante maximal ein Einsparpotential von 401 kg/Person/a wie im Falle einer Mischkost [TAYLOR, 2000].

Bei den SO_2-Äq war der Unterschied zwischen dem biologischen und dem konventionellen Anbau am geringsten. Begründet ist das zum einen in der Methodik der Studie[1]

1 Beim Beitrag des N-Austrags der Landwirtschaft zu den SO_2-Äquivalenten wurde keine Differenzierung zwischen konventionellem und ökologischem Anbau vorgenommen.

und zum anderen am erhöhten Schleppereinsatz anstelle von Pestiziden zur Unkrautregulierung im Bio-Anbau. Die höchsten Emissionen weisen hier wie bei den CO_2-Äq die MischköstlerInnen und die geringsten Emissionen die Ovo-Lacto-VegetarierInnen auf. Das Einsparpotential an SO_2-Äq für den Umstieg von Mischkost auf eine ovo-lacto-vegetarische Ernährung beträgt 6 resp. 6,3 kg/Person/a, zusätzlich in der Bio-Variante; vgl. Abb. 15a und Abb. 15b für die entstehenden SO_2- bzw. CO_2-Emissionen durch unterschiedliche Ernährungsstile in verschiedenen Anbauvarianten (biologisch/konventionell).

Die Annahme für die Mischkost entsprach der durchschnittlichen deutschen Ernährung, welche die höchsten Umweltbelastungen anhand der verwendeten Indikatoren verursachte. Die ovo-lacto-vegetarische Ernährung bewirkte die geringsten Umweltbelastungen.

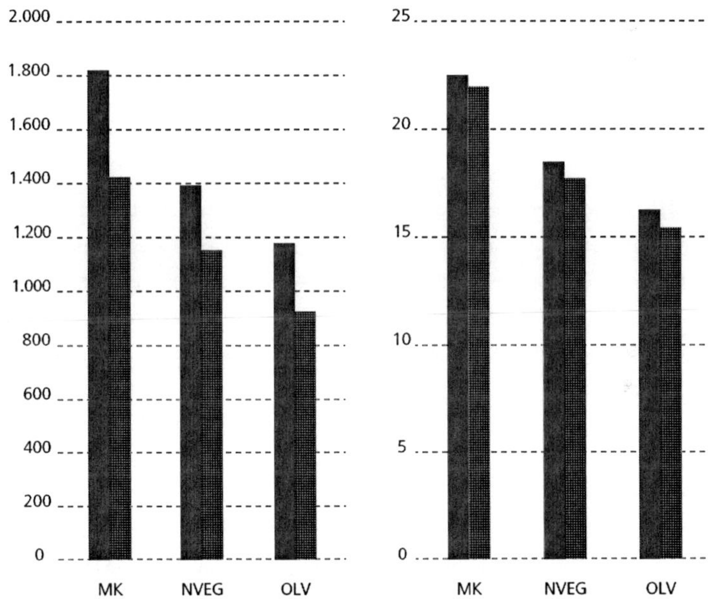

MK = Mischkost
NVEG = Vollwert-Ernährung mit Fleisch
OLV = Ovo-lacto-vegetarische Ernährung

Abb. 15a CO_2-Emissionen durch unterschiedliche Ernährungsstile (kg/Person/a) (Quelle nach: [TAYLOR, 2000])

Abb. 15b SO_2-Emissionen durch unterschiedliche Ernährungsstile (kg/Person/a) (Quelle nach: [TAYLOR, 2000])

Die ökologische Variante der Ernährungsweise stellte sich als die günstigere im Vergleich zur konventionellen dar. Jedoch stellte sich heraus, dass der Wechsel der Ernährungsweise ein größeres Einsparpotential bei den Umweltbelastungen mit sich bringt als lediglich der Variantenwechsel innerhalb der gleichen Ernährungsweise.

Abschließend konstatierte TAYLOR [2000]: »Bei der ökologischen Bewertung der Ernährungsweisen wurde festgestellt, dass die Mischkost die höchsten Emissionen hervorruft, gefolgt von den Nicht-VegetarierInnen und den Ovo-Lacto-VegetarierInnen. Obwohl die Ovo-Lacto-VegetarierInnen den größten Lebensmittelverbrauch aufweisen, ruft ihre Ernährungsweise die geringsten Emissionen hervor. Es besteht innerhalb jeder Ernährungsweise ein Einsparpotential der ökologischen gegenüber der konventionellen Variante. Das größte Einsparpotential ergibt sich aus dem Wechsel der Ernährungsweise der Mischkost in der konventionellen Variante zur Ernährungsweise der Ovo-Lacto-VegetarierInnen in der ökologischen Ernährungsweise. Es besteht daher von Seiten der KonsumentInnen die Möglichkeit, Umweltbelastungen zu vermindern. Einerseits in der Wahl der Variante, andererseits in der Wahl der Ernährungsweise« [TAYLOR, 2000].

Eine ähnliche Studie von HOFFMANN [2002] untermauert diese Resultate. Bei einem Vergleich von drei verschiedenen Ernährungsweisen (omnivore Ernährung mit hohem Anteil an Fleisch, Vollwerternährung mit wenig Fleisch und eine ovo-lacto-vegetarische Vollwertkost) in zwei verschiedenen Anbausystemen (biologisch/konventionell) wurde die größte Reduktion an THG durch eine Umstellung von einer omnivoren auf die ovo-lacto-vegetarische Vollwertkost erreicht. Die Werte sanken von 863 kg CO_2-Äq/Person/a für OmnivorInnen mit hohem Fleischanteil auf 458 kg CO_2-Äq/Person/a für die VegetarierInnen, was fast einer Halbierung (47%) der THG-Emissionen entsprach. Maximiert wurde der Effekt der Umstellung auf die vegetarische Ernährung durch die zusätzliche Umstellung auf biologische Kost, wodurch ein minimaler Wert von 336 kg CO_2-Äq/Person/a erzielt wurde, der eine THG-Einsparung von 63% bedeutet [HOFFMANN, 2002].

In einer weiteren LCA-Studie wurden eine omnivore, eine ovo-lacto-vegetarische und eine vegane Ernährung auf ihre ökologischen Impacts[1] untersucht. Zusätzlich wurden die beiden Anbauvarianten konventionell und biologisch sowie die durchschnittliche italienische Ernährung in Betracht gezogen. Die Gesamtkalorienaufnahme wurde für

1 Die insgesamt sieben unterschiedlichen Ernährungsvarianten wurden auf drei wesentliche Schadenskategorien hin untersucht: Gesundheitlicher Schaden (Karzenogene, Klimawandel, Ozon, ionisierende Strahlung, kritische Substanzen für den respiratorischen Trakt), Schaden für das Ökosystem (Ökotoxizität, Versauerung und Eutrophierung) und Schaden für die Ressourcen (Gebrauch von primären Ressourcen und Benzin).

VegetarierInnen und besonders für VeganerInnen höher angesetzt, um es an die omnivore Kost anzugleichen. Für die Bewertung der ökologischen Potentiale wurde die Methode Eco-Indikator 99 gewählt, die um den Indikator Wasser erweitert wurde.

Die Resultate von BARONI et al. [2006] bestätigten die Ergebnisse bisher durchgeführter Studien: Innerhalb derselben Produktionsweise hatte die durchschnittliche italienische bzw. von den AutorInnen als »normal« eingestufte Ernährung den größten Einfluss auf die Umwelt. Innerhalb derselben Produktionsweise führte ein höherer Konsum an tierischen Produkten zu einem höheren Impact auf die Umwelt. Innerhalb der gleichen Ernährungsweise hatte der konventionelle Anbau einen größeren Einfluss auf die Umwelt als der biologische Anbau. Somit hatte die »normale« durchschnittliche Ernährung auf Grundlage einer konventionellen Anbauweise den größten Einfluss und eine vegane Ernährung auf Grundlage einer biologischen Anbauweise den geringsten Einfluss auf die Umwelt (vgl. Abb. 16).

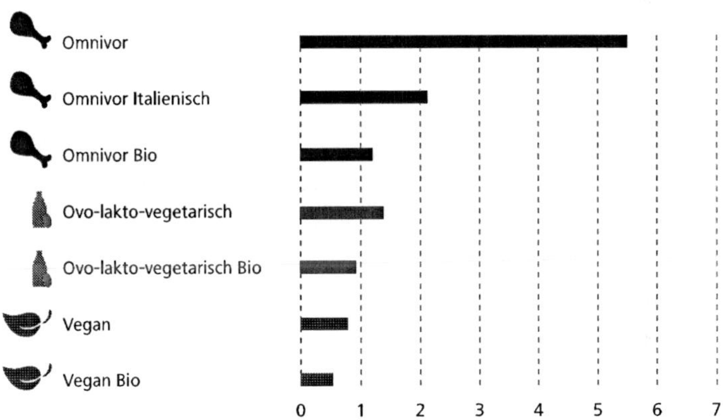

Abb. 16 Umweltbelastung unterschiedlicher Ernährungsweisen in verschiedenen Anbauvarianten (Umweltbelastungspunkte) (Quelle nach: [BARONI et al., 2006])

In der Studie wurden des Weiteren die Einflüsse einzelner Lebensmittel analysiert. Rindfleisch hatte neben Käse, Fisch und Milch den größten Einfluss auf die Umwelt. Auf Grund der größeren Auswirkungen einer omnivoren Ernährung auf die Umwelt wurden deren unterschiedlichen Impacts prozentuell gewichtet: 3-4% der gesamten Auswirkungen gehen auf eutrophierende Prozesse zurück. Als Grund wird der hohe Austrag tierischen Dungs angegeben, der von den Auswirkungen auf das Ökosystem mit Pestiziden und synthetischen Düngemitteln vergleichbar ist. Die Landnutzung zeichnet sich für 5-13% des gesamten Impacts verantwortlich. 15-18% werden den respiratorischen Schäden durch anorganische chemische Verbindungen und 20-26% dem Energieverbrauch für die Produktion und dem Transport von Lebensmitteln zugeordnet. Den größten Anteil des Gesamtimpacts einer omnivoren Ernährung repräsentiert der Wasserverbrauch mit 41-46% [BARONI et al., 2006]. Wie in Kap. 8 erläutert, benötigen Tierprodukte eine viel größere Menge an Wasser als pflanzliche Produkte.

In einer vom Öko-Institut Freiburg im Zuge des Projektes »Ernährungswende« durchgeführten Stoffstromanalyse wurden unterschiedliche Szenarien für das Jahr 2030 entwickelt; ausgehend vom Basisjahr 2000 – eines für die Erhöhung des Bio-Anteils von 0,5 auf 30%, eines mit der Reduktion des Fleischanteils von 9 auf 3% pro Person und Jahr, eines für die Verdoppelung des Außer-Haus-Verzehrs und eines mit einem gestiegenen Anteil an Fertiggerichten. REF 2030 (Referenzszenario) entspricht hierbei dem BAU (»business as usual«)-Szenario [WIEGMANN et al., 2005]. Die größten positiven Auswirkungen waren im Szenario Fleisch 2030 zu beobachten, in dem der Fleischkonsum um die Hälfte reduziert wurde. Die THG-Emissionen sanken um 7 resp. 5,2% und die versauernd wirkenden Emissionen um 31 resp. 24% gegenüber dem Basisjahr 2000 bzw. REF 2030. Die Reduktion der THG in diesem Szenario wird mit der Reduktion des Fleischkonsums und der verbesserten Energieeffizienz begründet. Das stark verminderte Versauerungspotential resultiert aus den eingesparten NH_3-Emissionen der Tierhaltung. Tierische Lebensmittel verursachten somit deutlich höhere THG-Emissionen und Emissionen versauernd wirkender Substanzen als pflanzliche (vgl. Abb. 17) [WIEGMANN et al., 2005].[1]

Die genutzte Agrarfläche reduzierte sich im Szenario Fleisch 2030 um lediglich 6 resp. 1,2% gegenüber 2000 bzw. REF 2030, was darin begründet ist, dass Fleisch u. a. durch Molkereiprodukte – hier fällt Hartkäse besonders ins Gewicht – und Eier ersetzt wurde. Ein weiterer Grund ist, dass aus methodischen Gründen nicht alle Futtermittel berücksichtigt werden konnten, wodurch die Flächeneinsparung im Falle der ovo-lacto-vegetarischen Ernährung deutlich höher sein müsste. Eine vollständige Substitution von tierischen Produkten durch pflanzliche müsste demnach das größte

1 Die negativsten Konsequenzen in puncto THG hatte das Szenario Außer-Haus-Verzehr 2030 mit einer Zunahme um 8%; Bio 2030 mit 2% Abnahme (bzw. gleich hoch wie im Basisjahr 2000) und Convenience 2030 mit 2% Zunahme waren eher unauffällig. Die Emission versauernd wirkender Substanzen blieben im Szenario Bio 2030 gegenüber dem Basisjahr gleich bzw. stiegen um 9% gegenüber REF 2030 und lieferte damit von allen, inklusive des Referenzszenarios, absolut gesehen das höchste Emissionsniveau für versauernd wirkende Substanzen. Im Außer-Haus-Szenario sanken die Emissionen um 1%, im Convenience 2030 um 2% [WIEGMANN et al., 2005].

Einsparpotential in sich bergen (zur Flächeninanspruchnahme unterschiedlicher Lebensmittel siehe auch Kap. 5). Lediglich im Bio-Szenario nahm der Flächenbedarf zu und zwar um 8 resp. 13% gegenüber 2000 bzw. REF 2030 auf Grund der extensiveren ökologischen Wirtschaftsweise, der geringeren Erträge und der geringeren Bestandsdichte im Bio-Landbau [WIEGMANN et al., 2005].

ESHEL und MARTIN [2006] untersuchten die mit vegetarischen Kostformen und unterschiedlichen omnivoren Ernährungsformen assoziierten THG. Dabei wurden alle direkten und indirekten Emissionen berücksichtigt. Eine Person, die ihre Kilokalorien aus einer typischen, amerikanischen Mischkost bezieht, verursacht 1.458 kg CO_2-Äq/a mehr als wenn die Kilokalorien direkt aus Pflanzen bezogen werden. Durch einen Wechsel von der typischen amerikanischen zu einer rein pflanzlichen resp. veganen Ernährung könnten somit rund 1,5 t CO_2-Äq/Person/a eingespart werden. Dieser Unterschied macht auf den gesamten THG-Ausstoß der USA bezogen 6% aus [ESHEL und MARTIN, 2006].

GARNETT [2009] ging in ihren Berechnungen von der Annahme aus, dass Industrieländer ihr Konsumniveau von Fleisch bzw. Milch auf das prognostizierte Niveau von

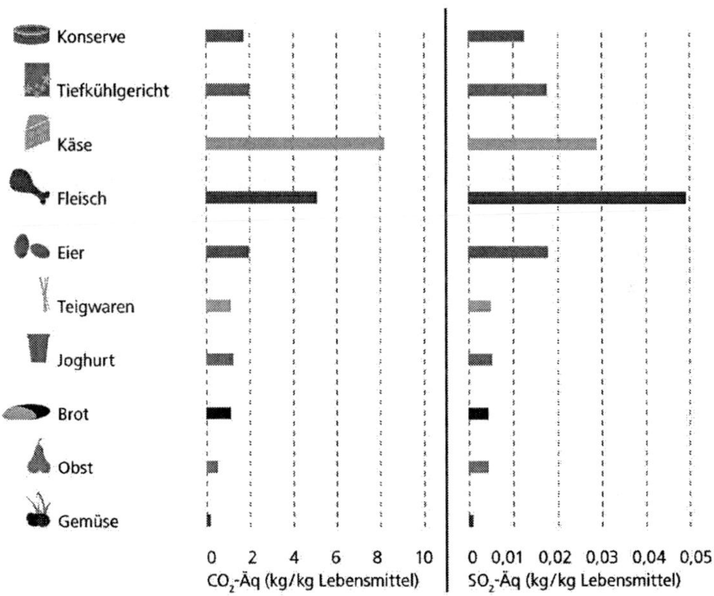

Abb. 17 THG-Emissionen und Emissionen versauernd wirkender Luftschadstoffe verschiedener Lebensmittel von der Landwirtschaft bis zum Handel (kg CO_2-Äq/kg Lebensmittel; kg SO_2-Äq/kg Lebensmittel) (Quelle nach: [WIEGMANN et al., 2005])

Entwicklungsländern im Jahr 2050 bringen. Das bedeutet eine Verringerung des derzeitigen Fleisch- und Milchkonsums in Industrieländern um die Hälfte bzw. um zwei Drittel auf 44 resp. 78 kg/Person/a. Dies würde einer Reduzierung des für 2050 projizierten globalen Fleisch- und Milchkonsum um 15 resp. 22% entsprechen. Auf Grund des steigenden Konsums in Entwicklungsländern wird der globale Anstieg gegenüber 2000 dennoch bei 70% für Fleisch und 45% für Milch liegen. Dies ist mit einem sehr großen Wachstum der weltweiten THG am Tierproduktionssektor verbunden. Selbst bei einem Nullwachstum-Szenario der globalen Tierproduktion würde es (auch aufgrund des Bevölkerungswachstums um 2,3 Mrd. bis 2050) zu keiner THG-Reduzierung bis 2050 kommen, lediglich der Konsum von Fleisch und Milch wäre theoretisch bei 25 resp. 53 kg/Person/a anzu-siedeln, was dann ungefähr dem jetzigen durchschnittlichen Konsum in Entwicklungsländern entsprechen würde [GARNETT, 2009].

In der Studie von McMICHAEL et al. [2007] wurde geschätzt, dass der globale Fleischkonsum bis 2050 nicht mehr als 90 g/Person/d mit einem maximalen Anteil von 50 g Fleisch von Wiederkäuern ausmachen dürfte, um die Menge an emittierten THG aus dem Tierproduktionssektor auf dem jetzigen Niveau zu stabilisieren. Jedoch liegt der durchschnittliche Konsum in Industrieländern heute bereits bei 224 g/Person/d, womit drastische Reduzierungen nötig wären. Für 2050 wird sogar eine Steigerung pro Person auf 280 g/d in Industrieländern und 120 g/d in Entwicklungsländern, in denen der Konsum derzeit noch bei lediglich 47 g/d liegt, prognostiziert [FAO, 2006a]. Es gibt hier zu berücksichtigen, dass McMICHAEL et al. [2007] in ihren Berechnungen nicht Landnutzungsveränderungen wie Entwaldung für Futtermittel und Opportunitätskosten für die Landnutzung berücksichtigten.

Ein nachhaltiges Konsumniveau dürfte noch niedriger anzusiedeln sein als das bislang in den in Studien vorgeschlagene; dies entspricht laut GARNETT [2009] einem radikalen Szenario, doch aufgrund der Abwesenheit von zusätzlichen Planeten zur Erhaltung unseres Lifestyles dürfte dies der einzig gangbare Weg sein.

10.4 Fazit

Das Europäische Umweltprogramm der Vereinten Nationen konstatierte, dass zwei Bereiche derzeit einen unverhältnismäßig hohen Einfluss auf die Menschen und die lebenserhaltenden Systeme des Planeten haben - das sind der Energiebereich (fossile Brennstoffe) sowie die Landwirtschaft, insbesondere die Tierhaltung für Fleisch und Milchprodukte [EU-PUBLICATION OFFICE, 2010]. Der Bericht der UNEP [2010] ergab, dass tierische Produkte, sowohl Fleisch als auch Milchprodukte, generell mehr Ressourcen benötigen und höhere Emissionen als pflanzliche Alternativen verursachen [UNEP, 2010].

Abgesehen von der allgemeinen Signifikanz von Tierprodukten in Bezug auf Umweltprobleme sind auch sortenspezifische Unterschiede festzustellen. Von allen Lebensmitteln ist Rindfleisch nicht nur in puncto Klimawirksamkeit äußerst prägnant – in der Literatur werden für Rindfleisch sogar Werte um das 3-fache gegenüber den Werten von WIEGMANN et al. [2005] ausgewiesen – sondern dürfte als singuläres Lebensmittel den größten negativen Einfluss auf sämtliche Umweltprobleme (Eutrophierungs- und Versauerungsprozesse etc.) haben, wie in den Studien u. a. von BARONI et al. [2006], FOSTER et al. [2006], WIEGMANN et al. [2005], FRITSCHE und EBERLE [2007] und MARLOW et al. [2009] deutlich hervorgeht. Aus dieser Perspektive sind auch Milchprodukte und hier vor allem Käse (vor allem mit einem hohen Fettgehalt) von besonderer Prägnanz (vgl. WIEGMANN et al. [2005]; FOSTER et al. [2006] und BARONI et al. [2006]).

Bei den meisten ökologischen Impacts, vor allem bei den emittierten THG, liegt Rindfleisch vor Schweinefleisch, an letzter Stelle befindet sich Hühnerfleisch. Jedoch sollte beachtet werden, dass bislang die Futtermittelproduktion in fast allen bisherigen Studien nicht einbezogen wurde, womit eine Empfehlung für mehr Hühnerfleisch deutlich zu kurz greift. Die mit Entwaldung und Umwandlung von anderen Natur-flächen, wie z. B. Moore zum Futtermittelanbau, assoziierten THG müssen berücksichtigt werden, was gerade die Hühner- und Schweineproduktion ob ihrer Abhängigkeit von Kraftfuttermittel tangiert. Weitere Probleme wie der Austrag von Schadstoffen in die Umwelt, zoonotische Krankheiten und der Verlust an Biodiversität relativieren den scheinbaren ökologischen Vorteil der Wahl von Hühner- und Schweinefleisch gegenüber Rindfleisch.

Die Studien u. a. von TAYLOR [2000], BARONI et al. [2006] und PIMENTEL und PIMENTEL [2003] belegen deutlich, dass vegetarische resp. vegane Ernährungsweisen das größte Einsparpotential bei diversen ökologischen Problemen mit sich bringen. Unter Betrachtung der Resultate der Studien unter der Anwendung von unterschiedlichen Indikatoren wie CO_2-Äq, SO_2-Äq, Flächenverbrauch, Wasser etc. weisen die positiven Effekte deutlich zugunsten pflanzlicher Produkte aus. Gründe hierfür sind allgemein der geringere Einsatz von Ressourcen wie Land, Wasser, Energie und Getreide und die geringeren Schadstoffeinträge in die Umwelt.

Eine vegetarische Ernährung führt im Gegensatz zu einer omnivoren zu einem wesentlich geringeren THG-Ausstoß auf Grund der geringeren bis – im Falle einer veganen Ernährung – wegfallenden direkten (via Tierverdauung, Tierexkremente) und indirekten (via Futter-mittel, synthetische N-Dünger) Emissionen. Es kann davon ausgegangen werden, dass eine vegane Ernährung ein noch größeres Einsparpotential aufweist als eine ovo-lacto-vegetabile, da die entstehenden Emissionen der Futtermittelproduktion bzw. zusätzlichen Getreideproduktion, der Entwaldung, der überweideten Böden und der Tierhaltung per se über die Verkürzung der Nahrungsmittelkette wegfallen würden.

BELLARBY et al. [2008] stellte abschließend in seiner Studie in Bezug auf mögliche Einsparungen bei der persönlichen Ernährungswahl fest: »For individuals wishing to reduce their GHG (Green House Gases = THG, Anm.) footprint, adopting a vegetarian diet, or at least reducing the quantity of meat products in the diet, would have beneficial GHG impacts.« Da der Klimaimpact von fetthaltigem Käse auf einem ähnlichen bzw. auch höheren Niveau als Fleisch anzusiedeln ist, sollte bei einer potentiellen Umstellung von einer omnivoren auf eine ovo-lacto-vegetarische Ernährung der »wegfallende« Fleischanteil nicht durch eine höhere Aufnahme von fetthaltigen Käseprodukten »ersetzt« werden. Bei einer Umstellung auf eine vegane Ernährungsweise entfällt dieser Aspekt, wobei natürlich auch generell andere Aspekte wie Herkunft (Transport), Saisonalität (Treibhausanbau) und Verarbeitung (Tiefkühlprodukte) bzw. Verarbeitungsgrad zu beachten sind.

Mit einer pflanzenbetonten bzw. vegetarischen Ernährung wäre auch eine Ressourceneinsparung von Wasser, Energie, Land, Wald und potentiellen Lebensmitteln gegeben. Weniger Schadstoffeinträge, höhere Waldbestände, Vorteile für die Ernährungssicherung und die Existenzgrundlage von indigenen Bevölkerungen, der Erhalt der Biodiversität und eine Entlastung für die gesamten Ökosysteme wären positive Begleiterscheinungen bzw. weitere positive Aspekte (vgl. Tab. 10 in Kap. 13.4). Die Bevölkerung selbst würde von den positiven Auswirkungen einer betont pflanzlichen Ernährung auf die Gesundheit profitieren: eine tendenziell geringere Fettaufnahme, weniger gesättigte Fettsäuren, ein höherer Vitaminstatus und eine höhere Aufnahme von sekundären Pflanzeninhaltsstoffen, was Vorteile für die Prävention von diversen Zivilisationskrankheiten, wie koronare Erkrankungen und bestimmte Krebsarten, hat. Hinsichtlich der ernährungsphysiologischen Aspekte einer vegetarischen resp. veganen Ernährung sei hierzu auf das Positionspapier der AMERICAN DIETETIC ASSOCIATION [2009] zu vegetarischen Ernährungsstilen und auf LEITZMANN und KELLER [2010] verwiesen.

11 Der Vergleich zwischen biologischem und konventionellem Anbau

Die traditionelle Landwirtschaft baute auf eine steigende Wiederverwendung von organischen Abfällen und die Kultivierung von Leguminosen. Diese Maßnahmen waren jedoch unzureichend, um hohe Ernteerträge zu erzielen. Erst durch die Erfindung der Haber-Bosch-Synthese konnten die Erträge multipliziert werden, was einen immensen Bevölkerungsanstieg zur Folge hatte [SMIL, 2001]. In Europa, besonders seit den 50er-Jahren, hat der höhere Gebrauch an externen Inputs, wie synthetischen N-Düngern und Pestiziden, zu einer signifikanten Steigerung der Produktivität geführt, doch gleichzeitig haben damit auch die ökologischen Konsequenzen zugenommen [MONDELAERS et al., 2009]. Der biologische Anbau versucht hingegen den Einsatz von externen Inputs zu begrenzen und diverse Praktiken mit dem Ziel einer besseren Umweltverträglichkeit anzuwenden.

Die steigende Intensivierung der globalen Landwirtschaft hat jedoch größere Produktionseinheiten mit immer höheren Bestandsdichten an Tieren geschaffen. Wegen des großen Impacts landwirtschaftlicher Methoden, ist es sinnvoll, alternative Anbauformen wie den biologischen mit dem konventionellen Landbau auf ihre Umweltverträglichkeit zu prüfen.

11.1 Bio-Anbau – Richtlinien und Verbreitung

Im Gegensatz zu der herkömmlichen Praxis im konventionellen Anbau gibt es strengere Richtlinien und Verbote, die einzuhalten sind, womit sich deutliche Unterschiede in der Anbaumethode ergeben.

Wichtige Grundsätze des ökologischen Anbaus sind unter anderem [KOERBER et al., 2004]:

- Erhaltung und Förderung der Bodenfruchtbarkeit mit betriebseigenem, organischen Düngematerial
- Verwendung von standortangepassten Arten und Sorten
- eine vielseitige Fruchtfolge
- gesunde Pflanzen- und Tierbestände (artgerechte Tierhaltung)
- an die Nutzfläche gebundene Tierbestände
- Mindestgrößen bei Stall- und Auslaufflächen
- möglichst geringer Verbrauch nicht erneuerbarer Energien und Rohstoffe
- Erhaltung und Pflege der Kulturlandschaft

Dabei ist die Verwendung folgender Hilfsmittel verboten [KOERBER et al., 2004]:

- chemisch-synthetische Pestizide wie Herbizide, Fungizide und Insektizide
- mineralische N-Dünger und andere leicht lösliche Mineraldünger
- chemisch-synthetische Wachstumsregulatoren
- Tierarzneimittel als Futterzusatz
- gentechnisch modifizierte Organismen

Der ökologische Landbau will unter anderem die Bodenfruchtbarkeit langfristig erhalten, die dem Boden entnommenen Nährstoffe ersetzen und eine nachhaltige Nutzung von Boden, Wasser und Luft erreichen. Eine Kreislaufwirtschaft mit dem Ausschluss mineralischer Düngemittel und chemischer Pflanzenschutzmittel wird angestrebt [KANTELHARDT und HEIßENHUBER, 2005]. Der ökologische Anbau orientiert sich für KANTELHARDT und HEIßENHUBER [2005] durch seine in vielen Bereichen restriktiven Vorgaben an dem Konzept einer »starken Nachhaltigkeit«.

Dagegen stellt die weniger restriktive, gut-fachliche Praxis, die in Deutschland angewandt wird, die gegebenenfalls auch einen Verbrauch natürlicher Ressourcen erlaubt und im Sinne eines »Safe-Minimum-Standards« ein Mindestniveau an Ressourcenschutz anstrebt, ein Konzept einer »schwachen Nachhaltigkeit« dar [KANTELHARDT und HEIßENHUBER, 2005].

In Europa wurden 2002 rund 3,5% der gesamten Anbaufläche biologisch bebaut, was einer Gesamtfläche von ca. 4,8 Mio. ha entspricht. Rund 2% aller Betriebe, das sind ca. 139.000 Betriebe, wurden ökologisch bewirtschaftet. Österreich liegt mit einem Anteil von 11,6% biologischer Anbaufläche an der Spitze vor der Schweiz und Italien mit 10 resp. 8%. In absoluten Zahlen in Punkto Gesamtfläche liegt Italien mit ca. 1,2 Mio. ha an der ersten Stelle, vor England mit ungefähr 725.000 ha und Deutschland mit 697.000 ha. Mit rund 49.500 Bio-Betrieben liegt hier Italien vor Österreich mit rund 18.300 und vor Spanien mit rund 17.800 biologischen Betrieben [KOERBER et al., 2004].

Das dritte wesentliche Anbausystem ist der integrierte Landbau, der Elemente des konventionellen und des biologischen Anbaus kombiniert. Der integrierte Anbau ist ein Landnutzungskonzept, das durch den Einbezug alternativer bzw. traditioneller Methoden wie mechanische, biologische, biotechnische und physikalische Verfahren den Einsatz von chemischen Pflanzenschutzmitteln reduzieren will [KANTELHARDT und HEIßENHUBER, 2005]. Im Gegensatz zum »Kontrollierten Biologischen Anbau« ist der »integrierte Anbau« kein rechtlich geschützter Begriff und es existieren daher keine verbindlichen Normen.

11.2 Treibhausgas- und Versauerungspotential

Bei dem Vergleich der Umweltbelastungen des biologischen und konventionellen Anbaus muss die Produktion pflanzlicher und tierischer Lebensmittel getrennt betrachtet werden. Der integrierte Anbau wird, sofern in Untersuchungen berücksichtigt, in die Diskussion miteinbezogen.

Die Unterschiede zwischen ökologisch und konventionell erzeugten Produkten in Bezug auf THG-Emissionen entlang der Produktkette sind nur im Anbau bzw. der Tierhaltung vorzufinden [WIEGMANN et al., 2005]. Die Verarbeitung dürfte in beiden Anbauweisen ähnliche Umweltauswirkungen haben [TAYLOR, 2000].

11.2.1 Pflanzenbau

Für den Vergleich zwischen biologischem und konventionellem Anbau werden neben anderen Aspekten der Primärenergieeinsatz, THG-Emissionen und das Versauerungspotential in Betracht gezogen.

Mehrere Systemvergleiche ergaben, dass der biologische Pflanzenbau im Durchschnitt um ein Drittel bis zu einer Hälfte weniger Energie als der konventionelle benötigt [KOERBER et al., 2007].

Bei den THG-Emissionen liegen Bio-Betriebe im Schnitt ebenfalls um ein Drittel bis zu einer Hälfte niedriger im Vergleich zum konventionellen Betrieb. Der Hauptgrund dafür sind die mineralischen N-Dünger, die im biologischen Anbau nicht zugelassen sind. Deren Erzeugung ist sehr energieintensiv und verursacht einen hohen CO_2-Ausstoß. Auch die N_2O-Emissionen sind im Bio-Anbau deutlich geringer, da die vorgeschriebene flächengebundene Tierhaltung zu einer begrenzten Düngung mit Stallmist und Gülle führt [KOERBER et al., 2007].

Hingegen zeigen die Daten von TAYLOR [2000] hinsichtlich des Primärenergieeinsatzes und der Schadgasemissionen im Obst- und Gemüseanbau nur einen geringfügigen Unterschied zwischen dem konventionellen und dem biologischen Anbau, obwohl im Bio-Anbau keine Dünge- und Pflanzenschutzmittel eingesetzt werden. Die vermeintlichen Einsparungen werden durch den höheren Feldbearbeitungsgrad bzw. den höheren Maschineneinsatz teilweise kompensiert bzw. egalisiert [TAYLOR 2000; JUNGBLUTH, 2000]. So ist der Schleppereinsatz im Bio-Landbau um 10-20% höher als im konventionellen [TAYLOR, 2000]. Das Einsparungspotential durch den Verzicht auf Kunstdünger wird mitunter auch durch geringere Ernteneträge im biologischen Anbau kompensiert [JUNGBLUTH, 2000]. Laut JUNGBLUTH [2000] muss der Vergleich aus der Konsumperspektive pro produzierter Menge erfolgen. Die verbrauchte Energiemenge und die entstehenden THG-Emissionen eines Anbausystems können also nicht nur auf den Hektar Anbaufläche, sondern auch auf die erzeugte Produktmenge bezogen werden. So lukriert der biologische Anbau je nach Pflanzenkultur, Standort und Betrieb um ca. 20-50% geringere Erträge, wodurch die klimabezogenen Vorteile des Bio-Landbaus geringer werden [KANTELHARDT und HEIßENHUBER, 2005].

Es müsste eigentlich davon ausgegangen werden, dass durch den geringeren Ertrag im Bio-Landbau unter Umständen verstärkt Lebensmittel in die Region importiert werden müssen, was zusätzliche Transporte mit sich bringen würde. Dieser Aspekt wird in den gegenwärtigen Studien nicht berücksichtigt [JUNGBLUTH, 2000]. So würde eine komplette Umstellung der Anbauflächen in Deutschland auf biologische Wirtschaftsweise zu einem geringeren Ertrag führen, was einen höheren Import und ein verstärktes Transportaufkommen zur Folge hätte (siehe auch Kap. 5) [SEEMÜLLER, 2000]. So trägt der ökologische Anbau auf Grund der im Durchschnitt geringeren Erträge nicht in dem Umfang zur Ernährungssicherheit bei wie der konventionelle. Dies wird jedoch zum einen durch die gegebene Überproduktion relativiert [STUART, 2009; KANTELHARDT und HEIßENHUBER, 2005]. Zum anderen dürfte auch eine weltweite ökologische Landwirtschaft die Ernährung der Weltbevölkerung decken können [BADGLEY et al., 2007].

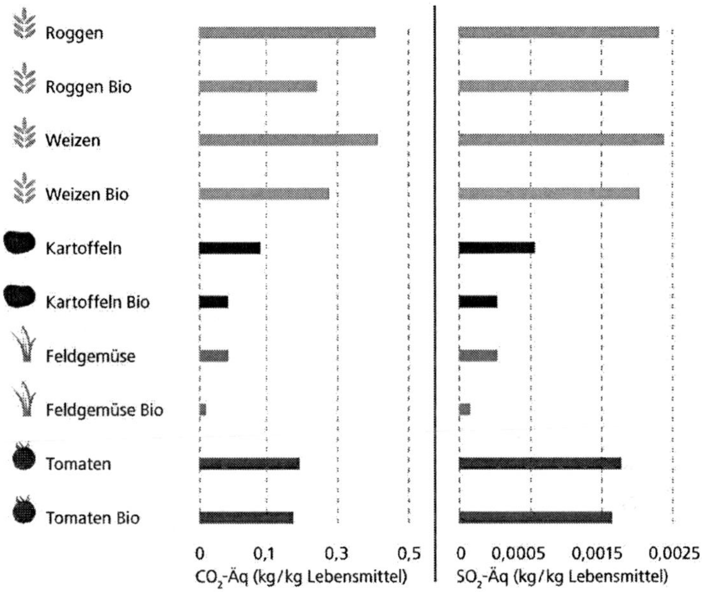

Abb. 18 Vergleich der THG-Emissionen und Emissionen versauernd wirkender Luftschadstoffe durch Anbaufrüchte aus biologischer und konventioneller Landwirtschaft (CO_2-Äq/ kg Lebensmittel; SO_2-Äq/kg Lebensmittel) (Quelle nach: [WIEGMANN et al., 2005])

Der Energieeinsatz ist im Bio-Landbau meistens geringer als im konventionellen Landbau [JUNGBLUTH, 2000]. Auch die THG-Emissionen sind häufig geringer im biologischen Anbau, können aber auch gleich hoch oder in Einzelfällen sogar höher sein als im konventionellen Anbau. So ist der konventionelle Anbau in Bezug auf Energie- und Emissionswerte von THG und versauernd wirkenden Substanzen bei bestimmten

Pflanzenprodukten (Äpfel, Bohnen, Spinat, Broccoli, Zwiebel) zu bevorzugen [TAYLOR, 2000]. Dagegen können die ertragsbezogenen THG vom Bio-Anbau bei bestimmten Pflanzenkulturen wie Getreide, Futterpflanzen und Hackfrüchten halb so hoch liegen wie die des konventionellen [KOERBER et al., 2007]. Doch im Allgemeinen liegen die THG-Emissionen bei Gemüse im Bio-Anbau zwischen 5% (Tiefkühl-Pommes, Konserven) und 30% (frische Kartoffeln, Tomaten) unter dem Niveau des konventionellen Landbaus. Ökologische Back- und Teigwaren weisen ebenfalls gegenüber der konventionellen Wertschöpfungskette einen um 10-15% geringeren THG-Ausstoß auf [FRITSCHE und EBERLE, 2007].

Eine Fallstudie mit 18 biologischen und 10 integrierten Betrieben in Bayern zeigte trotz gewisser Schwankungsbreiten, dass Bio-Betriebe beim Pflanzenbau wegen des geringeren Energie- (CO_2) und N-Aufwandes (N_2O) im Schnitt fast 3-mal weniger THG erzeugen als integrierte Betriebe. Produktbezogen lagen die Bio-Betriebe trotz des geringeren Ertrages bei etwa drei Viertel der THG-Emissionen von integrierten Betrieben [HÜLSBERGEN und KÜSTERMANN, 2007].

Bei den verschiedenen pflanzlichen Kulturen sind die THG-Emissionen und die Emissionen versauernd wirkender Luftschadstoffe im Öko-Landbau deutlich geringer als im konventionellen Anbau (vgl. Abb. 18). Der Grund ist der geringere Energiebedarf im Bio-Landbau auf Grund des Verzichts auf Kunstdünger, wodurch selbst die durch geringere Erträge im Öko-Landbau verursachten höheren Emissionen kompensiert werden [WIEGMANN et al., 2005].

11.2.2 Konventionelle und biologische Tierhaltung

Auf Grund der biologischen Futtermittelproduktion benötigt die biologische Tierhaltung weniger Energie als die konventionelle [KOERBER et al, 2007]. In der Tierhaltung ist die Sachlage bezüglich der Emissionen jedoch sehr divergent (vgl. Tab. 6 in Kap. 10.2).

Bei den THG-Emissionen können biologisch gehaltene Schweine und Hühner leicht geringere Werte aufweisen als konventionelle, jedoch deutlich mehr versauernd wirkende Luftschadstoffe. Bei ökologisch gehaltenen Mastrindern sind die THG-Emissionen tendenziell höher, hingegen sind allgemein die Emissionen von versauernd wirkenden Substanzen wesentlich geringer als bei den konventionellen Mastrindern. Hier hängt der THG-Ausstoß, abgesehen von dem von Haus aus höheren CH_4-Ausstoß der Wiederkäuer, stark von der Fütterung der Tiere ab: Grünfutter wie Gras ist in der

Bereitstellung weniger aufwändig als Ackerfutter wie Maissilage oder Getreide, womit der THG-Impact sinkt. Weidehaltung, wie im biologischen Landbau auf Grund der Mutter-Kuhhaltung häufig der Fall ist, verringert zusätzlich die THG-Emissionen [WIEGMANN et al., 2005].

In der Erhebung von FRITSCHE und EBERLE [2007] lagen die THG-Emissionen bei Fleisch im Bio-Anbau zwischen 5% für Schweinefleisch und 15% für Rindfleisch unter dem Niveau des konventionellen Landbaus. Konventionelle und biologische Milchkühe unterschieden sich in beiden Emissionsbilanzen nicht wesentlich [WIEGMANN et al., 2005]. Leicht bessere THG-Emissionswerte wurden auch bei der biologischen Milch- und Eierproduktion festgestellt [FRITSCHE und EBERLE, 2007]. Die verminderte Produktivität bei den Biokühen wird durch den höheren Grünfutteranteil kompensiert [WIEGMANN et al., 2005].

Auf den Betrieb bezogen dürften in der biologischen Tierhaltung geringere THG-Emissionen entstehen als im konventionellen, jedoch auf das Produkt bezogen, können keine klaren Schlüsse gezogen werden.

11.3 Gesamtheitliche Betrachtung

11.3.1 Unterschiede hinsichtlich Lebensmittel und Ernährungsvariation

In einer Schweizer Studie wurde eine modulare Ökobilanz zu den Umweltbelastungen von verschiedenen Lebensmitteln durchgeführt und mittels Eco-Indicator 95+ bewertet. Der resultierende Mittelwert der gesamten Umweltbelastungen des Bio-Anbaus betrug lediglich ein Drittel bis ein Viertel des Wertes vom konventionellen Anbau; dieser machte somit das 3,5-fache aus. Der Mittelwert der biologischen Fleischproduktion machte ungefähr die Hälfte des Mittelwertes der konventionellen Fleischherstellung aus [KOERBER et al., 2004].

Das Einsparpotential bei einer Änderung der Ernährungsweise wurde von TAYLOR [2000] quantifiziert. Die Umstellung von MischköstlerInnen auf eine Ernährung mit ökologischen Produkten reduziert den Energieaufwand um 5 GJ/Person/a, die Umstellung von Nicht-VegetarierInnen und Ovo-lacto-VegetarierInnen auf biologische Produkte um 4 GJ/Person/a. Als Nicht-VegetarierInnen wurden in dieser Studie VollwertköstlerInnen mit einem geringeren Anteil an Fleisch deklariert.

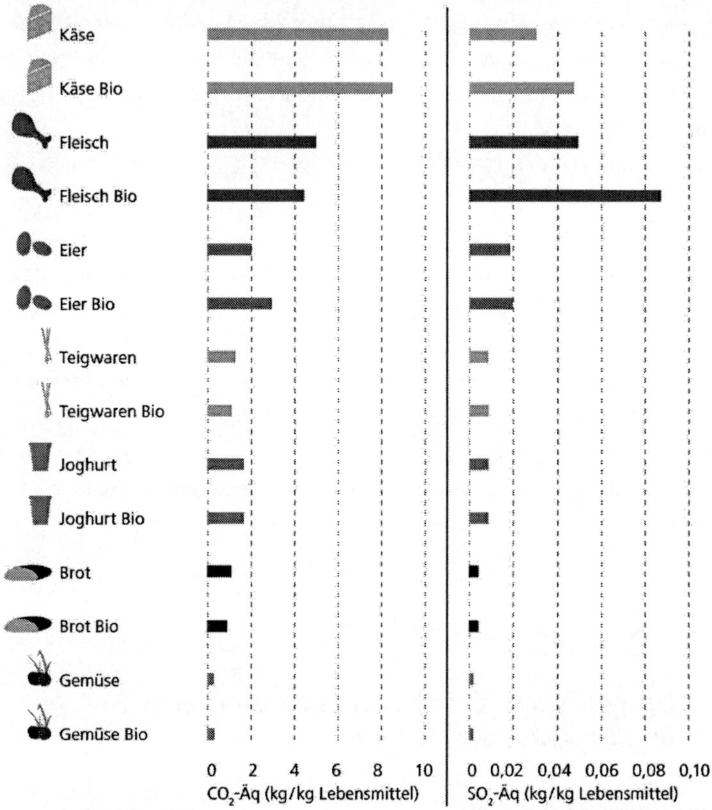

Abb. 19 THG-Emissionen und Emissionen versauernd wirkender Luftschadstoffe durch konventionelle und biologische Lebensmittel im Vergleich (von der Landwirtschaft bis zum Handel) (kg CO_2-Äq/kg Lebensmittel; kg SO_2-Äq/kg Lebensmittel) (Quelle nach: [WIEGMANN et al., 2005])

Das Einsparpotential eines Wechsels zu ökologischen Produkten für MischköstlerInnen, Nicht-VegetarierInnen und Ovo-lacto-VegetarierInnen liegt bei 401 resp. 299 und 271 kg CO_2-Äq/Person/a.

In Bezug auf versauernde Substanzen können bei einem Umstieg von einer konventionellen auf eine biologische Variante lediglich 0,5 kg SO_2-Äq/Person/a eingespart werden, auf Grund des erhöhten Schleppereinsatzes zur Unkrautregulierung bzw. der Kompensierung des Einsatzes von chemisch-synthetischen Dünger- und Pflanzenschutzmitteln im konventionellen Anbau [TAYLOR, 2000]. Es gilt aber hinsichtlich der Emissionsbilanz von THG und versauernden Substanzen zu beachten, dass der Unterschied zwischen den Produktgruppen Fleisch und Gemüse viel größer ist als der Unterschied innerhalb der Nahrungsmittelgruppen zwischen der biologischen und konventionellen Variante (siehe auch Kap. 10) [FRITSCHE und EBERLE, 2007; TAYLOR, 2000].

In der Studie von WIEGMANN et al. [2005] wurde in puncto THG lediglich eine Abnahme von 2% bis zum Jahr 2030 gegenüber dem Basisjahr 2000 errechnet.[1] Die Emission versauernd wirkender Substanzen blieben im Szenario Bio 2030 gegenüber 2000 gleich und lieferte damit von allen, inklusive des Referenzszenarios, absolut gesehen sogar das höchste Emissionsniveau für versauernd wirkende Substanzen [WIEGMANN et al., 2005]. Die schlechtere Bilanz hinsichtlich der Wirkungskategorien Überdüngung und Versauerung ist auf die höheren Emissionen von N-Verbindungen aus Hofdüngern im Vergleich zu Mineraldüngern zurückzuführen [JUNGBLUTH, 2000].[2]

Der Grund für das höhere Versauerungspotential in der ökologischen Tierhaltung liegt besonders an den spezifischen tierbezogenen Emissionen. Bei gleicher Haltungsdauer wie im konventionellen Landbau ist der Ertrag etwas geringer, verursacht aber ähnlich hohe NH_3-Emissionen[3] (vgl. Abb. 19) [WIEGMANN et al., 2005].

11.3.2 Weitere Wirkungskategorien und Indikatoren

In weiteren Wirkungskategorien, wie Emissionen von Schadstoffen und Nährstoffen in Wasser und Böden und deren Wirkung auf die Biodiversität, artgerechte Tierhaltung und gesundheitliche Risiken, sind weitere Unterschiede zwischen biologischem und konventionellem Anbau festzustellen [WIEGMANN et al., 2005]. Diese Probleme gehören neben dem Wasser- und Flächenverbrauch zu den gravierendsten Umweltproblemen in der Landwirtschaft [EBERLE und REUTER, 2005].

Viele Vorteile des Bio-Landbaus in Bezug auf Biodiversität, Humusgehalt und Schadstoffbelastung von Böden, Oberflächen- und Grundwasser und Pestizideinsatz werden

1 Gegenüber dem Referenzszenario 2030 blieben im Szenario BIO 2030 die THG-Emissionen gleich und die Emissionen versauernder Substanzen nahmen um 9% zu [WIEGMANN et al., 2005].

2 Bei der Gesamtbeurteilung der Umwelteinflüsse in der Ökobilanz spielt der Gebrauch von Hofdünger, der auf Grund der sehr hohen Variation zwischen einzelnen Betrieben schwer abzuschätzen ist, eine signifikante Rolle [JUNGBLUTH, 2000].

3 NH_3 gehört zu den versauernd wirkenden Substanzen wie SO_2, N-Oxide und Chlorwasserstoff, die zu einem Wert, den sog. SO_2-Äquivalenten (SO_2-Äq) zusammengefasst werden [TAYLOR, 2000].

nur unzureichend in die Bewertungsmethodik von Ökobilanzen integriert. Weitere Kriterien wie der potentiell »bessere Geschmack« und »gesundheitliche Aspekte« werden durch die funktionelle Einheit Gewicht ausgeklammert [JUNGBLUTH, 2000].

11.3.2.1 Biodiversität, Toxizität und Gesundheit

Eine qualitative Betrachtung zeigte, dass sich die Erhöhung des Anteils an Bio-Produkten positiv auf die Umwelt auswirkt. Dazu zählen unter anderem die Reduzierung von Schadstoffeinträgen und die Erhaltung der Flora und Artenvielfalt auf Grund des Verbots von gentechnisch verändertem Saatgut im Bio-Anbau [EBERLE und REUTER, 2005]. Ebenso wirken sich der Verzicht von Herbiziden und der geringere Einsatz von N-Düngern positiv auf die Artenvielfalt der biologisch genutzten Flächen aus. Eine höhere Anzahl an schützenswerten Pflanzen der Roten Liste, 5-mal mehr Wildkräuter und um 50% mehr Gliedertiere sind auf biologisch bebauten Feldern und Wiesen, im Gegensatz zum konventionellen Anbau vorzufinden [KOERBER et al., 2004].

Das bedeutet, dass ein höherer Bio-Anteil in der Ernährung auch mit anderen, in Stoffstromanalysen nicht berücksichtigten positiven Umwelteffekten verbunden ist. Werden zusätzlich unerwünschte Stoffe wie Pestizide und Organismen in Lebensmitteln und deren Risiko auf die Gesundheit in die Wertung mit einbezogen, zeigen sich die positiven Effekte von Bio-Lebensmitteln noch deutlicher [WIEGMANN et al., 2005; EBERLE und REUTER, 2005]. So wurden geringere Nitratgehalte und Pestizidrückstände im Biogemüse ebenso festgestellt wie ein höherer Vitamin C-Gehalt in Äpfeln [JUNGBLUTH, 2000]. Eine Auswertung von 16 Studien ergab für 14 Studien, dass in biologisch erzeugten Obst- und Gemüsearten der Nitratgehalt im Durchschnitt um mehr als die Hälfte unter den Werten für die konventionellen Sorten lag [HEATON, 2001]. 35 Studien ergaben ebenso für ökologische Produkte deutlich niedrigere Rückstände an Pestiziden im Gegensatz zu konventionellen [KOERBER et al., 2004].[1]

Vorteile in der Wirkungskategorie Toxizität ergeben sich durch den Verzicht auf organische Pflanzenbehandlungsmittel respektive Pestizide im Bio-Anbau [JUNGBLUTH, 2000; KÖPKE, 2003]. Hier könnten unter Umständen eingesetzte alternative Präparate auf Kupfer-Basis bedenklich sein [JUNGBLUTH, 2000].

---

1 Auf Grund der Persistenz, d. h. schweren Abbaubarkeit von Pestiziden auf jahrelang konventionell bewirtschafteten Flächen, kann eine absolute Pestizidfreiheit von Bio-Lebensmittel nicht garantiert werden [KOERBER et al., 2004].

11.3.2.2 Schadstoffeintrag

In der Arbeit von TAYLOR [2000] wurden keine Unterschiede beim N-, Phosphor- und Kaliumverlust zwischen konventionellem und biologischem Anbau festgestellt. Studien von GEIER und KÖPKE [1998] und GEIER et al. [1998] zur biologischen Anbauweise zeigten jedoch, dass die N-Bilanz um 77%, der Pestizideinsatz um 100% und die Ammoniumemissionen um 31% geringer ausfielen gegenüber dem konventionellen Anbau [GEIER und KÖPKE, 1998 und GEIER et al., 1998 zit. n. KÖPKE, 2003]. Eine weitere Untersuchung konnte ebenfalls nachweisen, dass der ökologische Landbau eine geringere N-Bilanz und verminderte Phosphateinträge aufweist und somit erheblich geringere Belastungen der Umwelt im Vergleich zum konventionellen Anbau verursacht [HILFIKER, 1997].

Der Verzicht auf Pestizide und die geringeren Düngergaben führen auch zu einem geringeren Nitratgehalt und zu einer besseren Bodenqualität im biologischen Landbau [WIEGMANN et al., 2005]. Der Nitratgehalt ist in Wassereinzugsgebieten von biologisch genutzten Flächen halb so hoch wie in jenen von konventionell genutzten Flächen [KOERBER et al., 2004]. Jedoch ist der Nitrataustrag, auf die produzierte Nahrungsmittelmenge bezogen, im integrierten Anbau auf Grund des höheren Flächen-ertrags tendenziell geringer als im biologischen [SEEMÜLLER, 2000].

Die geringere Schadstoffbelastung des Oberflächen- und Grundwassers und damit auch von Nahrungsmitteln und Trinkwasser ist im Bio-Anbau auf die niedrigeren N- und Phosphormengen in Form von Düngern und den Verzicht auf chemisch-synthetische Pestizide zurückzuführen [WIEGMANN et al., 2005].

11.3.2.3 Landdegradierung

Durch ein günstigeres Bodengefüge und langzeitliche Bodenbedeckung ergibt sich im ökologischen Anbau eine geringere und nicht so rasche Erosion wie im konventionellen Anbau [SEEMÜLLER, 2000; TAYLOR, 2000]. Der Humusabbau verläuft im Bio-Anbau von allen Landwirtschaftssystemen am langsamsten. Das Bodenabtragsniveau ist auf Grund des flächenmäßig höheren Ertrags im integrierten Anbau am geringsten [SEEMÜLLER, 2000].

Die hohe Qualität des Bodens im biologischen Landbau ergibt sich unter anderem durch eine höhere Krümelstabilität, eine größere Bodenaktivität (um 20-85% mehr

Mikroorganismen als im konventionellen) und eine größere Artenvielfalt (u. a. mehr Wildkräuter und mehr Gliedertiere als im konventionellen Anbau) [TAYLOR, 2000].

11.3.2.4 Flächenbedarf

Um die gleiche Menge an pflanzlichen Nahrungsmitteln wie im konventionellen Betrieb herstellen zu können, benötigt der Bio-Anbau auf Grund seiner geringeren flächenbezogenen Erträge eine größere Anbaufläche [JUNGBLUTH, 2000]. Im konventionellen Anbau ergibt sich auf Grund des Einsatzes synthetischer N-Dünger ein enormer Einsparungseffekt hinsichtlich der benötigten Anbauflächen. Ohne diese müsste beispielsweise Amerika laut SMIL [2001] das Doppelte an Fläche der Landwirtschaft widmen, was mit einem großflächigen Verlust an Biodiversität verbunden wäre.

Für Deutschland wurde errechnet, dass eine um 5,5 Mio. ha größere Fläche nötig sei, um den deutschen Lebensmittelverbrauch alleine durch biologische Landbewirtschaftung zu gewährleisten. Dafür müssten theoretisch entweder die Nahrungsmittelimporte ansteigen oder der Anteil tierischer Kilokalorien von 39 auf 24% gesenkt werden, was ungefähr dem Lebensmittelkonsummuster von Italien entsprechen würde. Eine Umstellung würde auch eine Zeitspanne von 25-30 Jahre erfordern [SEEMÜLLER, 2000].

Laut BADGLEY et al. [2007], die 293 Studien als Grundlage ihrer Berechnungen berücksichtigten, könnte eine weltweite ökologische Landwirtschaft die heutige Weltbevölkerung ernähren. Die Auswertung ergab, dass im Vergleich zur konventionellen Produktion die Erträge der ökologischen Landwirtschaft in den Industrieländern durchschnittlich bei 92% und in Entwicklungsländern bei 180% lagen. Das bedeutet, dass die ökologische Anbauweise in den Entwicklungsländern durchschnittlich einen um 80% höheren Ertrag erzielte als die übliche Wirtschaftsweise. Die künftig steigende Weltbevölkerung könnte somit weiters ohne Extensivierung der Anbaufläche biologisch ernährt werden. Dies begründet sich mitunter in den Ertragsvorteilen einer nachhaltigen Landwirtschaft in den Entwicklungsländern [BADGLEY et al., 2007].

Ein hoher Teil an Lebens- und Futtermitteln wird aus Entwicklungsländern importiert, was für den konventionellen Anbau der Industrieländer Usus ist. Dies führt vor allem in Südamerika und Asien zu einer Belegung von landwirtschaftlichen Flächen, die nicht mehr der Bevölkerung zur Eigenversorgung zur Verfügung stehen. Umweltrelevante Folgen sind die Rodung von Wäldern, Erosion und Monokulturen [SEEMÜLLER, 2000].

Die Futtermittel für ökologisch als auch konventionell gehaltene Tiere sollten vorwiegend vom eigenen Hof stammen, womit der Import aus Drittländern und dadurch die Belegung ausländischer Ackerflächen und das Transportaufkommen eingeschränkt werden. Einige Anbauverbände schließen in ihren Richtlinien den Gebrauch von billigen Import-Futtermitteln aus, nach der EU-Öko-Verordnung ist er jedoch zugelassen [KOERBER et al., 2004].

11.4 Fazit und Verbesserungsmöglichkeiten

Ökologisch erzeugte pflanzliche Produkte wie auch teilweise tierische Produkte sind im Allgemeinen mit weniger Umweltbelastungen verbunden [TAYLOR, 2000; FRITSCHE und EBERLE, 2007]. Eine Meta-Analyse von MONDELAERS et al. [2009] kam zu dem Ergebnis, dass der biologische Landbau im Durchschnitt eine größere Biodiversität und mehr organisches Material (welches für gute landwirtschaftliche und ökologische Bodenbedingungen wichtig ist) aufweist, das mit einer reduzierten Bodenerosion, einer höheren Puffer- und Filterkapazität assoziiert ist. Auf 1 ha bezogen, entstehen im biologischen Anbau weniger THG und ein geringerer Austrag von Nitrat und Phosphor aufgrund des Unterschieds bei der Intensität des Inputs (weniger Mineralstoffdünger, eine geringere Bestandsdichte und die nicht vorhandene Anwendung von chemischen Hilfsmitteln). Jedoch wird dieser Unterschied zum konventionellen Anbau auf die Produkteinheit bezogen, durch die geringere Landeffizienz verringert oder komplett aufgehoben [MONDELAERS et al., 2009]. Mit der biologischen Variante dürften ein geringerer Energieverbrauch, weniger THG, eine bessere Grundwasserqualität durch wegfallende synthetische Stickstoffdünger und ein geringeres Eutrophierungs- und Acidifizierungspotential verbunden sein [HAAS et al., 2001].

Durch die allzu große Schwankungsbreite der produktbezogenen THG von biologischen Tierbetrieben kann nur schwer eine eindeutige Präferenz für die eine oder andere Produktionsweise von tierischen Produkten gemacht werden. Bei der biologischen Milch- und Rindfleischproduktion könnte zwar die THG-Bilanz schlechter und der Landverbrauch höher sein als im konventionellen Anbau, doch ist in Bio-Betrieben ein geringerer Pestizideinsatz und ein geringerer Schadstoffaustrag gegeben [ROY et al., 2009].

Der biologische Landbau ist mit Ausnahme des Flächenverbrauchs eine ressourcenschonende und umweltgerechte Form der Landwirtschaft. Die Einsparungen unterliegen in Abhängigkeit von Betriebsstruktur und -größe und angewandten Verfahren großen Schwankungsbreiten [HÜLSBERGEN und KÜSTERMANN, 2007]. Eine Möglichkeit zur Verbesserung des Ressourcenschutzes im konventionellen Landbau (der auf Grund der Wettbewerbsbedingungen wenig Spielraum hat) ist die Honorierung von Umweltleistungen über staatliche Förderprogramme oder, wie beim biologischen Anbau, über den Produktpreis [KANTELHARDT und HEIßENHUBER, 2005].

Ein absoluter Vergleich zwischen Produkten aus integrierter Landwirtschaft und biologischer Landwirtschaft erweist sich hingegen als schwierig [JUNGBLUTH und FAIST, 2002]. Unter der gleichwertigen Betrachtung ökologischer und ökonomischer Kriterien könnte jedoch der integrierte Anbau einen leichten Vorteil haben. Die Boden- und Gewässerbelastung ist geringer als im konventionellen Anbau und die Erträge pro Hektar sind höher als im ökologischen. Soziale Gründe, die eher artgerechte Tierhaltung und der weitgehende Verzicht auf Futtermittelimporte aus Entwicklungsländern sprechen dagegen für die ökologische Wirtschaftsweise. Der ökologische Anbau weist auch im Gegensatz zum integrierten Anbau klare Richtlinien wie u. a. den Nicht-Einsatz von genmanipulierten Organismen auf und ist somit nicht nur dem konventionellen Anbau, sondern auch tendenziell dem integrierten Anbau vorzuziehen.

Für KonsumentInnen bedeutet das hinsichtlich Nachhaltigkeit und Klimaschutz, biologische als auch integrierte Produkte zu bevorzugen, wobei die generell höheren Umweltbelastungen tierischer Produkte gegenüber pflanzlichen zu berücksichtigen sind. Da es wegen fehlender Zertifikate wenig Möglichkeiten zur Eruierung von Produkten aus integriertem Anbau gibt, ist der biologische Anbau durch Labels von unterschiedlichen Anbauverbänden als sichere und nachvollziehbarere Variante anzusehen.

12 Regionalität und die Auswirkungen von Lebensmitteltransporten auf die Umwelt

Bei den KonsumentInnen stehen bei den Umweltauswirkungen der Ernährung hauptsächlich zwei Bereiche im Zentrum der Wahrnehmung: Der Gütertransport und die Verpackungen. »Transportvorgängen wird in vielen ökologischen Betrachtungen besondere Aufmerksamkeit geschenkt. Als Gegentrend hierzu wird die Regionalisierung des Nahrungsmittelkonsums propagiert. Dies ist nicht in allen Fällen gerechtfertigt« [JUNGBLUTH, 2000].

Wenn wir die heutige Lebensmittelproduktion und -verarbeitung betrachten, sind diese vielmehr Aufgabe von überregional agierenden AkteurInnen, die immer weiter voneinander entfernt und mitunter gar in verschiedenen Kontinenten angesiedelt sind. Viele Lebensmittel sind zu einfach reproduzierbarer Massenware geworden, abgesehen von geringfügigen optischen und geschmacklichen Adaptierungen zugunsten einiger noch anhaltender regionaler Wahrnehmungsunterschiede. Ein großer Anteil der Bevölkerung befindet sich in der Position des/der »passiven« KonsumentIn, der/die kein Wissen und keine Kontrolle mehr über vorgelagerte Prozesse der Lebensmittelwertschöpfungskette hat [BRUNNER, 2005].

12.1 Rolle des Transportsektors im Ernährungssystem

Der Wert bzw. das Volumen des internationalen Lebensmittelhandels hat sich seit 1960 verdrei- bzw. vervierfacht. Ein durchschnittliches Lebensmittel in den USA legt heutzutage eine Strecke von 2.500 bis 4.000 km zurück, das ist etwa um ein Viertel mehr als im Jahr 1980 [BRUNNER, 2005].

Obwohl sich in Deutschland die pro Person verbrauchte Lebensmittelmenge unwesentlich verändert hat, haben sich die Lebensmitteltransporte seit 20 Jahren verdoppelt [KOERBER et al., 2007].

Die Zunahme der interregionalen Lieferverflechtungen zwischen 1975 und 2005, gemessen als Transportleistung in t x km, wird in Österreich auf 125% geschätzt. Dieser Anstieg ist nicht nur mit wachsenden Transportentfernungen innerhalb Österreichs zu begründen, sondern auch auf den erhöhten Verzehr importierter Produkte zurückzuführen. Bereits Ende der 90er-Jahre betrug der Anteil der importierten Lebensmittelmenge ca. 45% des gesamten Lebensmittelverbrauchs der Bevölkerung von ca. 10 Mio. t/a [BRUNNER, 2005]. Das wertmäßige Exportvolumen von Österreich ist seit dem Eintritt in die EU mit 1995 um 150% gestiegen und die Menge an exportierten Lebensmitteln entspricht ca. 30% des inländischen Konsums.

Regionalität wird durch die Intensivierung von Lieferverflechtungen negativ beeinflusst, die in einem räumlichen Auseinanderdriften der Produktions-, Verarbeitungs- und Konsumstandorte und durch die steigende Verarbeitungstiefe von Lebensmitteln begründet sind [BRUNNER, 2005].

Die Höhe der Umweltbelastungen von Lebensmitteltransporten hängt dabei von mehreren Faktoren ab: der Transportentfernung, der Wahl des Transportmittels, dessen Auslastung und den »versteckten Transporten« durch Umschlag verschiedener Verarbeitungsstufen [WIEGMANN et al., 2005; JUNGBLUTH, 2000]. Für einzelne Produkte kann der Transport eine gravierende Rolle spielen, jedoch hat der Gütertransport von Lebensmitteln nur einen geringen Anteil an den THG-Emissionen der gesamten Lebensmittelproduktion und -verarbeitung. Im Schnitt liegt er bei ungefähr 3 bis maximal 5,9% aller THG des Bedürfnisfeldes Ernährung und spielt in vielen Fällen eine untergeordnete Rolle [TAYLOR, 2000; JUNGBLUTH, 2000].

Eine Analyse von WEBER und MATTHEWS [2009] ermittelte das THG-Reduktionspotential eines durchschnittlichen amerikanischen Haushaltes: Mit einer Ernährung auf Basis von rein lokalen Ressourcen könnten demnach maximal 4-5% der anfallenden THG bei der Ernährungsweise eingespart werden. Der Wechsel von rotem Fleisch und

Milch zu Huhn, Fisch oder Eiern einmal in der Woche erwies sich als effizienter hinsichtlich der THG-Reduzierung – wobei der Wechsel auf eine Gemüse basierte Ernährung am effektivsten war – als der Kauf ausschließlich lokaler Lebensmittel. Es wurde jedoch betont, dass bei der Lebensmittelauswahl nicht nur Umwelt und Klima, sondern auch andere Aspekte wie Geschmack, Lebensmittelsicherheit, Gesundheit etc. eine Rolle spielen [WEBER und MATTHEWS, 2009].

Klarerweise ist der Anteil des Transports an den gesamten THG entlang der Produktkette bei den Nahrungsmitteln, die nur geringe Emissionen in der Produktion bzw. der Vorkette verursachen, in der Relation höher. So macht der Anteil des Transports an den gesamten THG in der Lebensmittelgruppe frisches Gemüse 15% aus, hingegen weist Frischmilch einen Wert von 2% auf [WIEGMANN et. al, 2005].

Um die Größenordnung des Einsparpotentials am Gütertransportsektor zu verdeutlichen, weisen FRITSCHE und EBERLE [2007] darauf hin, dass mit Maßnahmen zur Effizienzsteigerung bei Haushaltsgeräten deutlich größere Effekte in Bezug auf die THG-Bilanz zu erzielen sind als mit Maßnahmen zur Reduktion des Güterverkehrs.

Versauernd wirkende Emissionen durch Transporte liegen zwischen 5 und 21%, womit sie im Gegensatz zu den THG-Emissionen ein etwas höheres Niveau aufweisen. Grund hierfür sind vor allem N-Oxide, die speziell bei Verbrennungsprozessen im Verkehr entstehen [WIEGMANN et al., 2005].

12.2 Pro und Contra von regionalen und überregionalen Transporten

Regionale Lebensmittel schneiden bei transportabhängigen Emissionen nicht per se besser ab. Zum einen werden Transporte innerhalb der Region mit kleineren Fahrzeugen ausgeführt und sind oftmals von einer geringen Auslastung und schlechteren Logistikketten geprägt. Zum anderen können bessere Produktionsbedingungen auf Grund von unterschiedlichen Produktionssystemen in verschiedenen Ländern, die transportbedingten Umweltbelastungen aufwiegen [JUNGBLUTH, 2000]. Doch genauso wenig wie es kein »gutes« regionales Lebensmittel gibt, genauso gilt dies auch für den Umkehrschluss, d. h. es gibt auch generell kein »schlechtes« [JUNGBLUTH und DEMMELER, 2004]. Überseetransporte von frischen, empfindlichen Lebensmitteln wie Fisch, Erdbeeren, Kirschen oder Spargel mittels Flugzeug verursachen besonders hohe THG-Emissionen (vgl. Abb. 20).

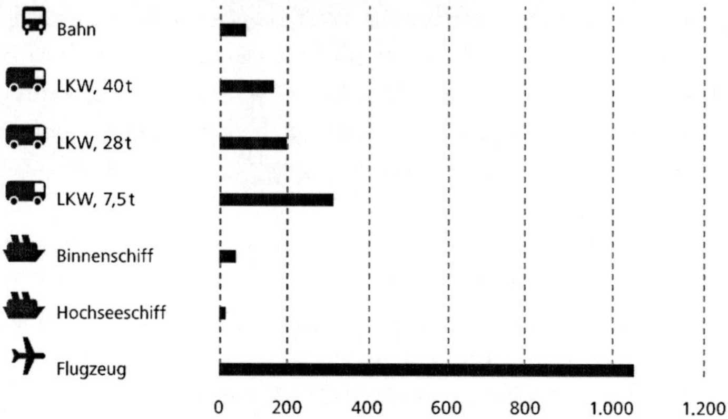

Abb. 20 THG-Emissionen durch verschiedene Transportmittel (g CO_2-Äq/tkm)
(Quelle nach: [DEMMELER, 2007 zit. n. KOERBER et al., 2007])

Bei Produkten, die frisch verkauft und leicht verderblich sind, muss prinzipiell davon ausgegangen werden, dass sie per Flugzeug transportiert wurden und nicht der Saison entsprechen. Schifftransporte von Lebensmitteln sind weniger problematisch. So dominiert bei diesen Produkten der Transport die Umweltauswirkungen der gesamten Lebensmittelkette deutlich. Bei einem Flugzeugtransport von tiefgekühltem Fleisch von Neuseeland nach Europa liegt der Transportenergieaufwand ca. beim 48-fachen des Herstellungsaufwands, obwohl bei tierischen Lebensmitteln in der Regel der Aufwand in der Landwirtschaft klar voransteht [JUNGBLUTH, 2000].

Bei einem Vergleich unterschiedlicher Produktionssysteme wurde abgeschätzt, dass der Anbau des Getreides in Kanada auf Grund höherer Erträge und geringerem Maschineneinsatz deutlich weniger Umweltbelastungen verursacht als die Schweizer Variante. Die Umweltbelastungen, auf Grund der geringeren Effizienz der Benutzung kleinerer Fahrzeuge in der Region, unterscheiden sich in beiden Varianten nicht deutlich. So werden für die regionale Variante noch verschiedene Möglichkeiten zur ökologischen Optimierung gesehen [JUNGBLUTH, 2000].

Generelle Argumente für regionale Lebensmittel sind die Förderung der regionalen Wirtschaft, die größere Transparenz bezüglich Herkunft und Produktionsprozessen entlang der Herstellungskette und die Förderung von Biodiversität. Die potentielle Reduktion von Gesundheitsbelastungen durch Lärm und Luftverschmutzung durch geringere LKW-Transporte wären weiters zu nennen [WIEGMANN et al., 2005].

Es gibt jedoch auch Gründe, Lebensmittel aus Übersee zu kaufen, die auch nicht in der Region verfügbar sind. So ist aus Nachhaltigkeitsperspektive fair gehandelter Bio-Kaffee eine Option, da dieser durch festgelegte Mindestpreise über dem Weltmarktniveau mit einer Sicherung des Existenzminimums in den Herkunftsländern verbunden ist und somit eine mögliche Investition in eine nachhaltigere Zukunft darstellt [WIEGMANN et al., 2005].

Bei exotischen Produkten, die regional nicht zu bekommen sind, wie beispielsweise Bananen, gilt es prinzipiell zwischen persönlichen gustatorischen Präferenzen und ökologischen Ansprüchen abzuwägen, wodurch sich eine gewisse Diskrepanz ergeben dürfte. Im Falle der Bananen würde ein Konsum jedoch vertretbarer sein als im Falle der Erdbeeren, die auch regional in der entsprechenden Saison zu haben sind. Denn leicht verderbliche Ware wie Erdbeeren und Spargel weisen eine deutlich negativere CO_2-Bilanz auf, auf Grund der Tatsache, dass diese meistens mit dem Flugzeug transportiert werden. Schifftransporte, wie im Falle der Bananen, fallen de facto weniger ins Gewicht (vgl. Abb. 20).

12.3 Fazit und Diskussion

Die Empfehlung, aus Umweltgründen ausschließlich regionale Lebensmittel zu kaufen, greift für WIEGMANN et al. [2005] hinsichtlich THG und Luftschadstoffe zu kurz. Es gäbe jedoch für den Kauf regionaler Lebensmittel gute Gründe (z. B. Stärkung des lokalen Marktes).

Zur Reduktion nationaler und intereuropäischer Emissionen wäre eine Verlagerung von Straßengütertransporten auf die Schiene sinnvoll, da LKWs den höchsten Primärenergieeinsatz und die meisten Emissionen verursachen [TAYLOR, 2000; LAUBER und HOFFMANN, 2001]. Bei dem Konsum von frischen Lebensmitteln aus Übersee oder auch Europa sollte auf Produkte verzichtet werden, bei denen nicht sicher ausgeschlossen werden kann, dass sie nicht mit dem Flugzeug transportiert wurden, da diese besonders umweltbelastend sind [JUNGBLUTH und FAIST, 2004; JUNGBLUTH, 2000]. Ein Import per Schiff wäre für bestimmte Güter wie Kaffee und Kakao mit der zusätzlichen Berücksichtigung des Kriteriums »Fairer Handel« (Fair Trade) ein gangbarer und nachhaltiger Weg.

Unter der theoretischen Annahme einer rein regionalen Produktion steigt die Abhängigkeit einer Nation vom Hinterland in Bezug auf Energie. Es stellt sich die Frage, ob es besser ist, fossile Energieträger anstatt Nahrungsmittel zu importieren, vor allem angesichts der Tatsache, dass die Produktionsbedingungen in bestimmten Ländern besser sind als in der Region [FAIST, 2000]. Als eine Voraussetzung für eine überwiegend regionale Produktion werden eine ressourceneffiziente inländische Landwirtschaft, eine Erhöhung des Selbstversorgungsgrades und eine Umstellung des Nahrungskonsums von weniger Fleisch und Milch auf mehr pflanzliche Lebensmittel genannt [FAIST, 2000].

Regionale Produkte verfügen also nicht per se über die bessere Umweltbilanz. Die Betrachtung und die damit verbundenen Optimierungsmöglichkeiten sollten auf der gesamten Produktion bis hin zum/zur KonsumentIn liegen. Unter der Vorraussetzung, dass womöglich die Anbaubedingungen in anderen Ländern besser sind, können auch etwas weitere Transportwege akzeptiert werden [JUNGBLUTH, 2000]. Würde man die Regionalisierung der Ernährung zu fördern versuchen, ließen sich laut BRUNNER [2005] grob zwei Strategien unterscheiden: die Schließung regionaler Wertschöpfungskreisläufe, d. h. Anbau, Ernte, Verarbeitung, Zubereitung und Verzehr in einem engen räumlichen Kontext und eine Kennzeichnung, die die regionale Herkunft transparent macht. Auf KonsumentInnenebene könnte durch eine gezielte Nahrungsmittelauswahl – regional und saisonal – die Transportstrecke vermindert, Umweltbelastungen gesenkt sowie die lokale Ökonomie gestärkt werden.

13 Ansatzpunkte und Lösungsansätze im Ernährungs- und Landwirtschaftssektor

Um die ca. 9,1 Mrd. Menschen bis 2050 zu ernähren, dürfte eine Intensivierung des bestehenden Landes als einzige Möglichkeit unumgänglich sein. Dies wäre mit einem hohen externen Input an Wasser, Düngemitteln, Pestiziden, Herbiziden und fossilen Energieträgern verbunden. Es resultieren daraus große ökologische und soziale Kosten, die die künftige Lebensmittelproduktion und die Ernährungssicherung vor große Herausforderungen stellen werden. Der Klimawandel bleibt dabei nach wie vor einer der wichtigsten Punkte auf der globalen Nachhaltigkeitsagenda.

Durch gezielte Maßnahmen und Konsummuster könnte der Landwirtschaftssektor vom zweitgrößten THG-Emittenten zu einem viel kleineren Emittenten oder sogar zu einer Senke für CO_2-Emissionen werden. Das Potential an Einsparungen in diesem Sektor liegt nach BELLARBY et. al. [2008] bei bis zu 6 Gt CO_2-Äq/a.

13.1 Zukünftige Entwicklungen am Tierproduktionssektor

Die Treibhausgasemissionen der Tierhaltung dürften in Zukunft deutlich zunehmen. Ausgehend von den Projektionen von STEINFELD et al. [2006], gehen PELLETIER und TYEDEMERS [2010] von einer Steigerung der THG-Emissionen am Tierproduktionssektor um 40% bis 2050 aus. Wenn sich die Entwicklungen am Tierhaltungssektor wie bisher fortsetzen (und es nicht zu einem markantem Kurswechsel kommt), was die derzeitigen Prognosen nahe legen, wird es zu folgenden strukturellen Veränderungen für Umwelt und Klima kommen:

- Die Konzentrierung und Industrialisierung des Herstellungsprozesses wird weiter zunehmen, was vor allem die stark wachsende Schweine- und Geflügelproduktion betrifft [GALLOWAY et al., 2007; BELLARBY et al., 2008]. Dies wird großflächig zu hohen N- und Phosphorüberschüssen führen. Die Ausbringung toxischer Stoffe wird Grund- und Oberflächenwasser kontaminieren und somit terrestrische und maritime Artenvielfalt zerstören [BOUWMAN et al., 2006]. Ein höheres Risiko der Übertragung von zoonotischen Erkrankungen wird ebenfalls eine Folge des Konzentrationsprozesses sein [WB, 2007].
- Die zunehmende Intensivierung der steigenden Produktion von Rind, Schwein und Geflügel wird auch zu einem höheren Output an Tierexkrementen und damit an THG führen. Dies betrifft sowohl vor allem Süd- und Ostasien und Lateinamerika als auch Nordamerika [SMITH et al., 2007].
- Das IPCC hielt in seinem letzten Bericht zusammenfassend fest, dass der steigende Bedarf an Fleisch zu einem erhöhten Futtermittelbedarf und zu einer weiteren Umwandlung von Naturland zu Ackerland für Futtermittel führen wird. Dieser ist auch meistens (vor allem auf Grund der Entwaldung angesichts der wenig vorhandenen tragbaren Flächen zum Ackerbau) mit zusätzlichen CO_2-Emissionen verbunden [SMITH et al., 2007]. Das wird vor allem Lateinamerika und damit Tropenwälder betreffen. Die mit dieser Entwicklung assoziierten THG-Emissionen, Wasserknappheit und der Verlust der Artenvielfalt werden steigen.
- Nicht nur die Entwaldung wird wie bisher zu dem Anstieg der CO_2-Emissionen beitragen, sondern der Anteil des Tierhaltungssektors an den anthropogenen THG wird generell steigen, besonders für das sehr kritische N_2O, was die

schon jetzt signifikante Bedeutung dieses Sektors für den Klimawandel weiter erhöht [SMITH et al., 2007]. Grund dafür ist die erforderliche, quantitativ höhere Produktion synthetischer N-Dünger für den Futtermittelanbau, die neben der aufgebrachten Gülle auch zu höheren N_2O- und NH_3-Emissionen in die Atmosphäre bzw. Umwelt und Nitrateinträgen in Böden und Wässer führen wird. Die energieintensive N-Düngerproduktion wird auch zum gesamten Anstieg des CO_2 beitragen.

- Auch der Ausstoß an CH_4 und der Austrag von N wird durch größere Rinderbestände zunehmen [SMITH et al., 2007].
- Die durch den Tierhaltungssektor induzierte Degradierung der weltweiten ariden und semiariden Gebiete wird sich fortsetzen, besonders in Afrika und Süd- und Zentralasien. Ein signifikanter Anteil der neu gewonnenen Flächen hat eine geringe Tragfähigkeit und ist auf Grund von Erosion und Überweidung »sensibel« für Degradierungen [BOUWMAN et al., 2006; TILMAN et al., 2002; DELGADO et al., 1999]. Dies wird wiederum einen gewaltigen Impact auf den Klimawandel, Wasserressourcen und die Biodiversität haben [BELLARBY et al., 2008].
- Zusätzlich gibt es auch Bedenken über den Gesundheitszustand und das Wohlbefinden der Tiere, besonders in relativ landlosen Systemen, welche weltweit an Bedeutung gewinnen [BOUWMAN et al., 2006].

Es ist evident, dass die bereits massiven Kosten des Tierproduktionssektors für Gesellschaft, Umwelt und Klima noch weiter zunehmen werden. Jedoch müssten laut FAO schon jetzt die derzeitigen Umweltkosten, die mit dem Tierproduktionssektor assoziiert sind, um die Hälfte reduziert werden [STEINFELD et al., 2006a].

13.2 Faktoren zur Umsetzung von Nachhaltigkeit

Eine schrittweise Erfüllung von Nachhaltigkeitskriterien scheint aus der Sicht von BRUNNER und SCHÖNBERGER [2005] mindestens genauso viel versprechend zu sein wie die ausschließliche Polarisierung »ökologisch ist gleich nachhaltig« versus »konventionell ist gleich nicht nachhaltig«. Die alleinige Orientierung an Nachhaltigkeitskriterien müsse immer mit Leitbildern und Werten wie Umweltschutz oder Solidarität verbunden werden, um eine funktionierende Ökonomie zu schaffen [BRUNNER und SCHÖNBERGER, 2005].

Um mehr Nachhaltigkeit in der Landwirtschaft zu realisieren, sollten Subventionen stärker an gesellschaftliche Leistungen gebunden, ein partizipatives Vorgehen aller relevanter Akteursgruppen entwickelt, sowie internationale Umwelt- und Sozialstandards in Verbund mit eigenverantwortlichen Ansätzen umgesetzt werden [BRUNNER und SCHÖNBERGER, 2005]. Es gibt bereits Schritte in diese Richtung auf Grund einer kritischen Öffentlichkeit, eines politischen Gestaltungswillens (z. B. das politische Ziel einer Agrarwende), einer steigenden Bedeutung des Gesundheitsthemas, der Veränderungen der europäischen Agrarpolitik und der zunehmenden Bedeutung des Ernährungsthemas in Nachhaltigkeitsstrategien. Politische Rahmenbedingungen und Verantwortung liegen nicht nur bei einem/r AkteurIn [BRUNNER und SCHÖNBERGER, 2005].

Für eine nachhaltige Ernährungspolitik sind folgenden Aufgabenbereiche identifiziert worden [BRUNNER und SCHÖNBERGER, 2005]:

- Ein Verständigungsprozess mit allen AkteurInnen zu Leitbild und Zielsetzung einer nachhaltigen Entwicklung
- Eine Auswahl von Indikatoren und Zielgrößen
- Die gleichgewichtige Behandlung der gesamten Nahrungsmittelkette
- Eine stärkere Betonung langfristiger Perspektiven
- Die Identifizierung von konkreten Handlungsschritten für die unterschiedlichen AkteurInnen

Es gibt viele und wichtige AkteurInnen, die KonsumentInnen, Handel, Lebensmittelverarbeitung, LandwirtInnen, NGOs und PolitikerInnen umfassen. Allesamt haben ihre eigenen Barrieren und Möglichkeiten [AIKING et al., 2006]. Ohne zumindest partielle Veränderungen des Ernährungsverhaltens im alimentären Alltag der KonsumentInnen wird jedoch ein nachhaltiges Ernährungssystem nicht zu verwirklichen sein [BRUNNER, 2005].

13.2.1 Nachhaltigkeit und Ernährungsmuster

Aus der Sicht der Nachhaltigkeit sind vor allem die Ernährungsmuster der »Wohlgenährten« in Industrieländern problematisch: Hoher Fleischverbrauch, hochgradig verarbeitete Lebensmittel, überregionale, nationale und asaisonale Produkte, Überkonsum, hoher Anteil weggeworfener Nahrung etc. [BRUNNER, 2005].

Bereits in Ländern wie China, Indien und Südkorea etabliert sich neben der bereits existenten Hungerproblematik die Entwicklung einer »neuen Konsumklasse«, die zunehmend von westlichen Ernährungsmustern mit einem hohen Fleischkonsum und mehr Fast Food geprägt wird. Dieser Wandel findet schneller statt als der in den Industrieländern in den vergangenen Jahrzehnten. Damit verbunden sind die für eine industriegesellschaftliche Ernährungsweise typischen Umwelt- und Gesundheitsprobleme, wie z. B. rasant steigendes Übergewicht. Der Anteil dieser für Entwicklungsländer neuen Ernährungsmuster wird in den nächsten Jahrzehnten wegen des Bevölkerungs- und Wirtschaftswachstums rasant ansteigen [POPKIN, 2001a; POPKIN, 2001b; BRUNNER, 2005].

Es müsste jedoch primär die Aufgabe der Industrieländer sein, ihren Konsum im Sinne der Nachhaltigkeit zu überdenken. Der Großteil der heutigen Umweltprobleme geht auf diese zurück, obwohl auch die Entwicklungen in ärmeren Ländern kritisch betrachtet werden sollten. Die Industrieländer müssten eine Vorbildwirkung für die Entwicklungsländer einnehmen und auch eine gewisse Hilfestellung geben, um diesen möglicherweise negative Entwicklungen zu ersparen.

Um die Lebensmittelproduktion nachhaltiger zu machen, ist eine schrittweise Verbesserung nötig, eine Veränderung bzw. Wechsel der Ernährungsgewohnheiten. Es hat in der Vergangenheit viele Ernährungswandel gegeben, die sich passiv in Folge einer Bandbreite an Faktoren entwickelt haben [AIKING et al., 2006; SMIL, 2001]. Ernährungsmuster sind aber nur begrenzt gezielt veränderbar, da sie ein Teil von Lebensstilen sind, die mit Identitätsansprüchen und symbolischen Positionierungen in Verbindung stehen [BRUNNER, 2005].

Das Ernährungsverhalten ist oftmals routiniert und lediglich partiell reflexiv. Da das Ernährungshandeln auch mit anderen alltäglichen Lebensbezügen und Kompromissbildungen zusammenhängt, sind radikale Veränderungen für ein nachhaltiges Ernährungsverhalten eher unwahrscheinlich. Bislang sind auch Nachhaltigkeitskommunikationen im Ernährungsbereich in einem großen Maße nicht erkennbar [BRUNNER, 2005].

13.3 Mögliche Ansatzpunkte am Landwirtschafts- und Ernährungssektor

Global gesehen, würde ein rationeller Energieeinsatz und eine rationelle Lebensmittelproduktion, verbunden mit der assoziierten ökologischen Nachhaltigkeit, eine deutliche

Steigerung des Wohlbefindens, der Gesundheit und der Überlebensfähigkeit für die humane Bevölkerung und den Planeten bedeuten [McMICHAEL et al., 2007].

- Die wichtigste Maßnahme, um kurzfristig die CO_2-Emissionen zu senken, ist die Entwaldung (hauptsächlich für Weide- und Futtermittelflächen), vor allem von Regenwäldern, zu stoppen [SMITH et al., 2007].

- Von einem Schutz der Tropenwälder könnten auch Menschen in ländlichen Gegenden profitieren, indem sie mehr Land für ihr Einkommen zur Verfügung hätten oder degradiertes Land zu Produktionszwecken wie dem Eigenanbau wiedergewinnen [BELLARBY et al., 2008]. Der Rückgewinn von degradierten Böden hätte laut IPCC den größten Nutzen [SMITH et al., 2007].

- Generell können vier wesentliche Strategien zur Reduktion der THG am Tierproduktionssektor identifiziert werden: a) eine verbesserte Effizienz bei der Tierproduktion, b) eine Erhöhung der CO_2-Speicherung durch verbessertes Landmanagement, c) eine Verminderung der Abhängigkeit von fossilen Brennstoffen, d) eine Reduzierung der Produktion und des Konsums tierischer zugunsten pflanzlicher Produkte [FRIEL et al., 2009]. Letztere Maßnahme wurde bereits in zahlreichen Studien als mögliche Strategie zur THG-Reduzierung vorgeschlagen [DE BOER et al., 2006; SMITH et al., 2007; McMICHAEL et al., 2007; GARNETT, 2009]. Eine Reduzierung der Tierproduktion bzw. des -konsums dürfte die wichtigste Maßnahme darstellen, da stark anzunehmen ist, dass hinsichtlich der THG-Emissionen das immense Bevölkerungswachstum und die veränderten Ernährungsgewohnheiten – allein China nimmt hier mit 1,3 Mrd. schon eine bedeutende Rolle ein – die angestrebten technologischen Maßnahmen deutlich übertreffen werden. Ein höherer Nutztierbestand, größere Futtermittelmengen, vor allem Kraftfuttermittel wie Mais und Soja die mit weiteren Entwaldungen assoziiert sind und die steigende Intensität der Produktionsweise mit einem entsprechenden Einsatz von N-Düngern werden einen deutlichen Anstieg der THG-Emissionen am Tierhaltungssektor nach sich ziehen. Von der FAO [2009b] wird daher als Möglichkeit zur Reduzierung der gesamten globalen THG vorgeschlagen, den Konsum von Produkten mit hohen THG-Emissionen wie Rind- und Schaffleisch auf Produkte mit niedrigeren Emissionen wie pflanzliches Protein und Geflügel umzustellen. Technologische Maßnahmen alleine dürften bei weitem nicht ausreichen, um die THG-Emissionen auf dem jetzigen Niveau zu stabilisieren bzw. zu minimieren [PELLETIER undTEYDEMERS, 2010].

- Mögliche Veränderungen am Tierproduktionssektor hätten rasche Konsequenzen bei der THG-Bilanz zur Folge. So könnte eine direkte Verminderung der Anzahl an Tieren eine gleichsam effektive Klimamaßnahme darstellen. CH_4-Einsparungen würden zu einer raschen ad hoc-Abnahme der gesamten THG führen, da CH_4 von den wichtigsten anthropogenen THG am schnellsten auf Änderungen »reagiert«, auf Grund der relativ geringen Verweildauer von 7-15 Jahren in der Atmosphäre; im Gegensatz dazu belastet N_2O die Atmosphäre nachwirkend bis zu 200 Jahre, CO_2 100 Jahre. CH_4 weist auch ein Treibhauspotential von 25 auf, was bedeutet dass 1 kg CH_4 das gleiche Treibhauspotential aufweist wie 25 kg CO_2 (vgl. Tab. 2 in Kap. 4.1.1). Auf einen kürzeren Zeithorizont gesehen steigt demnach auch die Bedeutung hinsichtlich des Erwärmungspotentials von CH_4.
  Dieses Einsparpotential könnte durch veränderte Konsumgewohnheiten, sprich mit steigender Präferenz von pflanzlichen Nahrungsmitteln und vegetarischen Ernährungsformen erreicht werden. Auf Maßnahmen seitens des Staates sollte dabei nicht allzu viel Hoffnung gelegt werden, da diese eher marktwirtschaftlichen Prinzipien unterworfen sind als dem Engagement für eine nachhaltige Entwicklung. Hinzuweisen wäre nur auf den gescheiterten Klimagipfel in Kopenhagen im Jahr 2009 und die verfehlte Klimapolitik von Amerika und China, die an einer Ratifizierung eines allgemein gültigen und verbindlichen, globalen Übereinkommens für ein Programm und entsprechende Richtlinien für den THG-Ausstoß bis dato nicht teilnehmen wollten. Die Klimapolitik von Europa ist jedoch auch ernüchternd. So werden viele Staaten die Vorgaben des Kyoto-Protokoll bei weitem verfehlen.[1]

- Da die KonsumentInnen die Nachfrage (mit)bestimmen, müssen ihre Einstellung zur Umwelt und die Änderungen ihres Konsumverhaltens beachtet werden, was im vorangegangenen Kapitel bereits ausführlich behandelt wurde [AIKING et al., 2006].

- Eine andere Option, um negative Umweltfolgen des Nahrungsmittelkonsums zu reduzieren, ist die Implementierung von Umweltgesetzen wie beispielsweise handelbare Emissionsrechte von THG und Emissionsgrenzen für lokale und nicht-lokale Schadstoffe [AIKING et al., 2006].

---

1 So hat auch Österreich seit der Ratifizierung des Kyoto-Protokolls in Relation ähnlich hohe Verfehlungsraten hinsichtlich der prozentuellen Verminderung von THG bzw. ein ähnlich hohes Plus an THG wie die USA.

- Für eine Förderung der Regionalisierung der Ernährung lassen sich grob zwei Strategien unterscheiden: die Schließung regionaler Wertschöpfungskreisläufe, d. h. Anbau, Ernte, Verarbeitung, Zubereitung und Verzehr in einem engen räumlichen Kontext; eine Kennzeichnung, die die regionale Herkunft transparent macht [BRUNNER, 2005].

- Eine Internalisierung der Umweltkosten bezüglich der Preispolitik auf regionaler als auch internationaler Ebene sollte Priorität sein. Für KANTELHARDT und HEIßENHUBER [2005] ist die Honorierung von Umweltleistungen über den Produktpreis oder über staatliche Förderprogramme eine Möglichkeit zur Verbesserung des Ressourcenschutzes (siehe auch Kap. 13.4).

  Das Nichtaufkommen von Seiten der ImporteurInnen für die Folgen ihrer Konsumentscheidungen kann für GALLOWAY et al. [2007] zu Übernutzung und Missallokation von ökologischen Ressourcen führen. Hier wäre die Gesetzgebung für die Quantifizierung der Zusammenhänge zwischen der Herstellung und dem Konsum relevant. So wird der Wasserverbrauch, ebenso wie der ausländische N-Verlust oder die Abholzung von Tropenwäldern mit seinen ökonomischen und ökologischen Kosten nicht in den Preis für ImporteurInnen miteinbezogen. So werden die externen Kosten, für die amerikanische Landwirtschaft auf 9,4 bis 20,6 Mrd./a geschätzt. GALLOWAY et al. [2007] verweist abschließend darauf, dass Ressourcen angesichts der wachsenden Tierhaltungsindustrie knapper werden, solange bis die KonsumentInnen den Fleischpreis erhalten, der die gesamten Kosten für die Ressourcen widerspiegelt.

  Eine weitere Option wäre, die Gesundheitskosten des Ernährungsverhaltens zu berücksichtigen und Anreize für eine gesunde, umwelt- und sozialverträgliche Ernährung zu setzen und zu kommunizieren. Dies bedarf auch Initiativen von Seiten der Politik und des Staates.

- Die hohen Subventionen der EU und der USA und andere protektionistische Agenden für ihre eigene Landwirtschaft sollten im Sinne einer liberalen Marktwirtschaft abgebaut werden. Diese prägen nicht nur mitunter das Ernährungsverhalten, sondern auch landwirtschaftliche Produktion, sozio-ökonomische Entwicklungen und Umweltstandards. In dieser Hinsicht müsste auch die gegenwärtige Politik von Weltbank, Internationalem Währungsfond und Welthandelsorganisation hinterfragt werden. Diverse Praktika wie u. a. Kreditvergabe, Begünstigung von multinationalen Konzernen, die ebenso eine fundamentale Rolle in der Entwicklungspolitik in ärmeren Regionen spielen, sollten auf ihre Sozial- und Umweltverträglichkeit geprüft und gegebenenfalls unterbunden werden (vgl. ZIEGLER [2008]). Der Impact der globalen Ernährung auf Entwicklungsländer, vor allem durch die Industrieländer, ist hierbei nicht von der Hand zu weisen und verlangt nach einem Umdenken der ethischen Standards von Staat und Gesellschaft.

- Ein erster Schritt im Kampf gegen Übergewicht, Armut und Hunger weltweit kann laut ELINDERS [2005] der Abbau von Subventionen landwirtschaftlicher Produkte sein. Durch die Eliminierung aller marktverzerrender Agrarsubventionen könnten jährlich bis zu 165 Mrd. US $ eingespart werden, womit theoretisch ein großer Beitrag zur nachhaltigen Beseitigung der Hungerproblematik geleistet werden könnte. Weitere wichtige Schritte dürften auch die Vermarktung von Lebensmitteln mit einer hohen Nahrungsmittelenergie, Verfügbarkeit für Kinder, Labels und Steuer- und Preismaßnahmen sein (siehe auch Kap. 13.4) [ELINDERS, 2005]. Im Speziellen müssen Frauen gefördert werden, die eine Schlüsselrolle in der Beseitigung von Armut einnehmen.

- Maßnahmen auf der Konsumebene können negative Umweltauswirkungen zusätzlich vermindern. So sind Alternativen wie der biologische Anbau und der Konsum von regionalen und saisonalen Produkten tendenziell zu bevorzugen.

13.4 Vegetarismus als Option für eine nachhaltige Entwicklung

Der wachsende Trend in Richtung Vegetarismus, obwohl in den meisten Gesellschaften auf einem sehr geringen Niveau, unterstreicht laut FAO die Manifestierung einer Klasse von bewussten KonsumentInnen, die tierische Produkte reduzieren wollen und auf zertifizierte Produkte (beispielsweise für den biologischen Anbau oder Freilandhaltung) achten [STEINFELD et al., 2006a].

Wegen des kontinuierlichen Anstiegs der Weltbevölkerung und des Anteils tierischer Produkte in der globalen Ernährung werden die negativen Impacts auf Umwelt und Klima deutlich zunehmen sowie den Druck[1] auf die bereits

1 Die Ressource Wasser sollte hierbei auch differenziert gesehen werden. Ein gewisser Teil ist eher begrenzt verfügbar, in Form von Grundwasserdepots z. B., und ein gewisser Teil wird durch Regenwasser bereitgestellt, der eher als nicht limitierend anzusehen ist (siehe Kap. 8).

limitierte Versorgung mit Ressourcen wie Energie, Land und Wasser verstärken. Diese lebensnotwendigen und grundlegenden Ressourcen werden unter einer immer größeren Anzahl an Menschen aufgeteilt werden müssen [PIMENTEL und PIMENTEL, 2003].

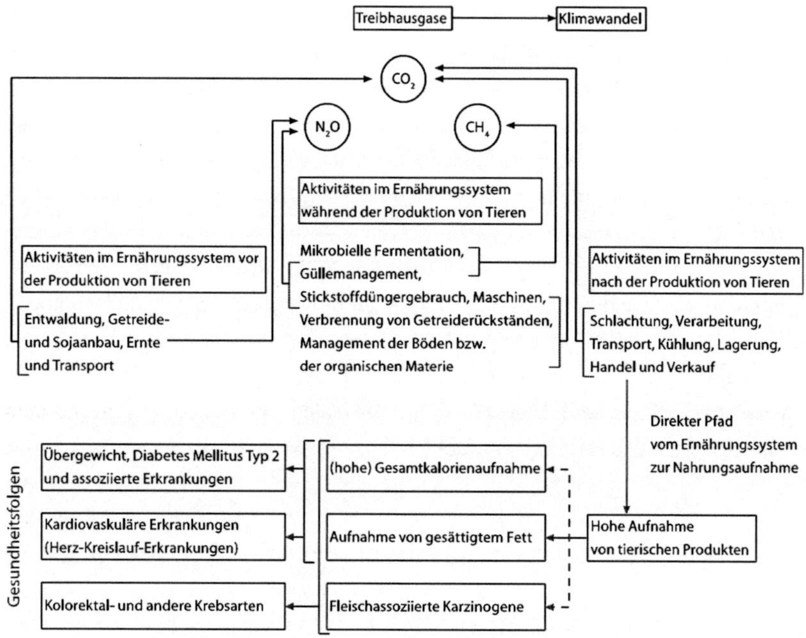

Abb. 21 Prozesse am Landwirtschafts- und Ernährungssektor und assoziierte Folgen für THG-Emssionen und Gesundheit (gepunktete Linien stellen die in der Studie nicht berücksichtigten Aspekte dar) (Quelle nach: [FRIEL et al., 2009])

Ein großer Teil der Belastung auf die Umwelt geht auf die Fleischproduktion zurück [DELGADO et al., 1999; STEINFELD et al., 2006; SMITH et al., 2007]. Eine auf Fleisch basierende Ernährung benötigt mehr an Energie, Land und Wasser [PIMENTEL und PIMENTEL, 2003]. Wenn die Menschen in Entwicklungsländern genauso viel Fleisch essen würden wie in den Industrieländern, müsste die erforderliche landwirtschaftliche Fläche um 66% vergrößert werden [BELLARBY et al., 2008].

Ein signifikanter Anteil an Entwaldung, Verlust an Biodiversität, aber auch an Verschmutzungen durch schädliche Inputs wie Pestizide, Düngemittel und THG könnte vermieden werden, wenn den Menschen proteinreiches Getreide direkt zur Ernährung zur Verfügung stünde, anstatt indirekt für die Fütterung von Tieren verwendet zu werden [AIKING et al., 2006]. Bereits jetzt werden ca. 40% der weltweiten Getreideernte an Tiere verfüttert [FAO, 2009b]. Ein geringerer Konsum von tierischen Produkten, zu deren Herstellung die sehr großen Mengen an Futtermitteln benötigt werden – eine intensive Rinderhaltung mit der Fütterung von Mais und Soja ist in dieser Hinsicht evident – wäre ein rationaler Ansatz [SMIL, 2001]. Im Besonderen würde sich auf Grund des ineffizienten Umwandlungsschrittes von pflanzlichem in tierisches Protein ein Ersatz des tierischen Proteins positiv auf die Umwelt auswirken [AIKING et al., 2006].

Der steigende Fleischkonsum per se bzw. der erhöhte Bedarf an tierischen Produkten wird die Signifikanz des Sektors für die globalen THG-Emissionen weiter erhöhen [SMITH et al., 2007]. Eine Reduzierung der Nachfrage für Fleisch könnte die damit verbundenen THG beträchtlich senken. Die Umstellung auf eine vegetarische Ernährung oder zumindest die Reduktion des Fleischanteils in der Ernährung würden sich positiv auf den THG-Impact auswirken [BELLARBY et al., 2008; McMICHAEL et al., 2007].

Aus der Sicht der Ernährungsökologie würde eine Reduzierung des Fleischkonsums neben der Verminderung der Umweltbelastung auch einen positiven Einfluss auf die Gesundheit haben [KOERBER et al., 2004]. In der Studie von FRIEL et al. [2009] wurde der Einfluss von Maßnahmen zur Reduzierung von THG auf den Gesundheitsstatus der Bevölkerung in England untersucht. Ausgegangen wurde hier von dem Ziel der britischen Regierung einer 80%igen der nationalen THG bis 2050, ausgehend von 1990. Um dieses Ziel zu erreichen, würde auch eine Halbierung der THG am Landwirtschaftssektor bis 2030 nötig sein. Da technologische Maßnahmen im Landwirtschaftsbereich alleine nicht ausreichen, wurde eine 30%ige Reduzierung der Tierproduktion mit einer entsprechenden Abnahme des Konsums tierischer Produkte modelliert (vgl. Abb. 21).[1] Dabei wurde der Effekt einer 30%igen Reduzierung der Fett- und Cholesterinaufnahme tierischen Ursprungs auf die Inzidenzrate von koronaren Herzerkrankungen untersucht. Die Studie ergab, dass diese Maßnahme zu einer 15%igen Abnahme der DALYs und zu einer 17%igen Abnahme der Zahl an frühzeitigen

1 FRIEL et al. [2009] verwies darauf, dass diese Annahme eine Vereinfachung darstellt, da ja eine Reduzierung des nationalen Tierbestandes nicht automatisch zu einer entsprechenden Reduzierung des Konsums tierischer Produkte führen würde.

Toten in England führen würde; dies entspricht einer Anzahl von 18.000 Menschen, die pro Jahr weniger an Herz-Kreislauf-Erkrankungen sterben würden. Laut FRIEL et al. [2009] kann somit eine Strategie zur Reduzierung der Produktion und des Konsums von tierischen Produkten dem Klimawandel entgegenwirken und zugleich einen Gewinn für die Gesundheit der Erwachsenen in Ländern mit einer hohen Aufnahme an tierischen Produkten bringen. Technologische Maßnahmen, die zwar auch nötig sind, haben dagegen marginale Einflüsse auf den Gesundheitszustand. Die Vorteile einer Reduktion tierischer Produkte auf die Gesundheit dürften sogar höher sein als in der Studie angenommen, da assoziierte Erkrankungen wie Übergewicht, Krebs, Diabetes mellitus Typ 2 in der Studie nicht berücksichtigt wurden [FRIEL et al., 2009].

Dass uns eine auf Pflanzen basierende bzw. vegetarische und vegane Ernährung mit allen Nährstoffen für eine gesunde Ernährung versorgen kann, belegen zahlreiche Studien [APPLEBY et al., 1999; ADA, 2009; LEITZMANN und KELLER, 2010]. So stellt Fleisch für WALKER et al. [2005] keine nötige Komponente für eine gut geplante Ernährung dar.

In ihrem Positionspapier konstatierte die ADA (Amerikanische Gesellschaft für Ernährung) [2009] wie in ihrem vorangegangen Statement im Jahr 2003, dass »vernünftig geplante vegetarische Ernährungsweisen, inklusive komplett vegetarischer oder veganer Ernährungsweisen, gesund, dem Nährstoffbedarf angemessen sind und einen gesundheitlichen Nutzen für die Prävention und Behandlung bestimmter Krankheiten haben dürften«. Ebenso wurde unterstrichen, dass eine vegetarische resp. vegane Ernährungsweise für jede Lebensphase geeignet ist – für Schwangere, Stillende, Säuglinge, Kinder und Erwachsene und auch für SportlerInnen [ADA, 2003; ADA, 2009].

Obwohl in den letzten Jahren viele weitere positive Erkenntnisse zu vegetarischen Ernährungsweisen dazu gewonnen wurden, sei es die Umwelt, das Klima und vor allem auch die Gesundheit betreffend, ist für BRUNNER [2005] trotz Skandalen, Gesundheitskommunikation und Tierschutzaktivitäten kein Ende des »Fleischparadigmas« abzusehen. Eine Reduktion des Fleischkonsums wird zwar in allen Nachhaltigkeitskonzepten gefordert, doch in einer karnivoren Kultur seien derartige Veränderungen sehr schwierig [BRUNNER, 2005].

Technologische und Managementstrategien werden nicht ausreichen, um drastische THG-Einsparungen zu erzielen; eine substanzielle Reduzierung von Fleisch- und Milchprodukten ist erforderlich [WEIDEMA et al., 2008; GARNETT, 2009].
In der Arbeit von DE BOER [2006] wird u. a. als Option für eine nachhaltige und gesunde

Vorteile einer vegetarischen Ernährung für Mensch, Umwelt und Tier	
Beitrag zum Klimaschutz	durch geringere THG-Emissionen
Geringer Landverbrauch	durch verminderte Nutzung von Flächen; Chance zur Rehabilitierung von Wildtierreservaten und Rückgewinnung von Naturlandschaften
Einsparung und Erhalt wichtiger Wasserresourcen	durch geringere Wasserentnahme und Entgegenwirken lokaler Wasserengpässe
Schutz der Wälder	durch Senkung der Abholzungsrate im Amazonasgebiet via Wegfall von Weideflächen und Futtermittelanbau[1]
Schonung der Böden	durch geringeren Nitrateintrag und verminderte Erosion
Erhalt der Artenvielfalt	durch Aufrechterhaltung von Naturhabitaten und Regenwäldern[2]
Verminderung der Futtermittel-Importe aus Entwicklungsländern	Steigerung von Beschäftigungsrate und Selbstversorgungsgrad in betroffenen Ländern durch freiwerdende Flächen auf Grund verringerter Monokulturen
Effizienterer Umgang mit Nahrungsmittelressourcen	durch Wegfall von »Veredelungsverlusten« bzw. einer Verkürzung der Nahrungsmittelkette[3]
Ökonomische Ersparnisse	aus wegfallenden Subventionen und verringerten Kosten für das Gesundheitssystem[4]
Vermindertes Tierleid	durch geringere Bestände und weniger Transporte von Tieren
Gesundheitliche Vorteile	durch Vorbeugung koronarer Herz-Kreislauf-Erkrankungen, bestimmter Krebsarten und Zivilisationskrankheiten durch die Ernährung per se und durch eine geringere Antibiotika- und Schadstoff-Belastung in der Nahrung und ein geringeres Risiko für lebensmittelassoziierte und zoonotische Krankheiten[5]

Tab. 10 Vorteile einer vegetarischen Ernährung für Mensch, Umwelt und Tier (Eigendarstellung)

1 70% der bis jetzt abgeholzten Wälder des Amazonasgebietes wurden für die Weidehaltung und der Großteil der restlichen 30% für den Futtermittelanbau gerodet [STEINFELD et al., 2006a].

2 30% der weltweiten Wildtierreservate wurden durch Nutztiere, die nur eine geringe Anzahl aller Spezien darstellt, eliminiert [STEINFELD et al., 2006a].

3 30-50% der weltweiten Getreideernte und 90% der weltweiten Sojaernte werden an Tiere verfüttert, sodass hier ein großes Einsparpotential gegeben ist [STEINFELD et al., 2006a; AIKING et al., 2005].

4 Eine niederländische Studie kam zu dem Resultat, dass eine weltweite Reduktion des Fleischkonsums bis 2050 rund 20 Bio. US $ an finanziellen Kosten zur Stabilisierung des Weltklimas einsparen könnte. Bei einer rein pflanzlichen, d. h. veganen Ernährung, wäre ein Einsparpotential von 32 Bio. US $ gegeben [STEHFEST et al., 2009]. Die Tierproduktion lukriert weniger als 2% des globalen Bruttoinlandsproduktes, doch ist zumindest für 18% der globalen THG verantwortlich [STEINFELD et al., 2006].
Ebenso dürften die Kosten für das Gesundheitswesen in Folge des Fleischkonsums beträchtlich sein. Eine Studie von BARNARD [1995] ergab, dass in den USA die geschätzten medizinischen Kosten, die mit dem Fleischkonsum (und Folgeerkrankungen wie Übergewicht, Bluthochdruck etc.) assoziiert sind, im Jahr 1992 zwischen 29 und 61 Mrd. US $ lagen.

5 Vgl. hierzu ADA [2009] sowie LEITZMANN und KELLER [2010] und Kap.6.2.4 zu zoonotischen Erkrankungen.

Ernährung der Ersatz eines signifikanten Teils des Fleischproteins durch pflanzliches Protein genannt, wie beispielsweise Fleischalternativen respektive Simultanprodukte, und die Wahl einer ostmediterranen Ernährung wie in den frühen 1960er Jahren. Diese ist geprägt von einem hohen Konsum an Olivenöl, Obst, Hülsenfrüchten, Getreide, einem moderaten Fischkonsum und einem geringen Konsum an Fleisch- und Milchprodukten. Alternativen zu Fleisch werden auch von HUBERT et al. [2010] als mögliche Lösung oder Teil der Lösung wahrgenommen, die auch künftig für aufstrebende Länder wie Indien und China von Brisanz sein könnten. Der Ersatz von Fleischprotein durch pflanzliches Protein würde laut DE BOER et al. [2006] einen gigantischen Schritt in Richtung Erreichung einer nachhaltigeren Ernährung bedeuten, denn die direkte Aufnahme von pflanzlichem Protein dürfte umweltverträglicher sein als der indirekte Konsum über Fleisch. Der generelle Trend am Lebensmittelsektor geht jedoch genau in die andere Richtung.

Für AIKING [2006] ist in Bezug auf die Effizienz einer Reduzierung des Fleischkonsums sogar eine vollständige Substitution von Fleisch durch pflanzliche Alternativen essentiell. Wenn nur wohlhabendere Menschen Fleisch teilweise durch NPFs bzw. pflanzliche Alternativen ersetzen, wird das fast keine Auswirkungen auf Umweltimpacts (weniger als 1%), auf Grund des steigenden Bedarfs an Fleisch in Ländern mit geringem bis mittlerem Einkommen, haben. Erst wenn der gesamte Fleischanteil gänzlich durch pflanzliche Produkte ersetzt wird und das weltweit, wird sich das Potential dieser Maßnahme erhöhen [AIKING et al., 2006].

Eine vegetarische Ernährungsweise könnte zur Stabilisierung des Weltklimas und zur Sicherung unserer Zukunft durch eine gesündere Ernährung, verbesserte Luftqualität, verlässlichere Wasserressourcen beitragen und wesentlich den Druck von unseren Ökosystemen nehmen (vgl. Tab. 10). Eine vegetarische Ernährung kann somit als nachhaltiger gesehen werden und ist geeignet, die Umwelt zu schützen, Verschmutzungen zu senken und den globalen Klimawandel zu minimieren [PIMENTEL und PIMENTEL, 2003; FRUMKIN und McMICHAEL, 2008]. Eine vegane Ernährung stellt jedoch bei der Wahl der Ernährungsweise in Bezug auf Nachhaltigkeit und des ökologischen Einsparpotentials und wegen der evident besseren Klimabilanz pflanzlicher Produkte das Optimum dar [TAYLOR, 2000; HOFFMANN, 2002; BARONI et al., 2006; FOSTER et al., 2006; FRITSCHE und EBERLE, 2007]. Eine vegetarische und vegane Ernährung per se hätten ebenso weitreichende und positive Effekte auf andere Problemfelder, wie beispielsweise die Prävention und Therapierung von chronischen Krankheiten [ADA, 2009; LEITZMANN, 2005].

Damit auch der Bedarf der steigenden Weltbevölkerung an Nahrungsmitteln gedeckt werden kann, sollten nach LAL [2010] auch Änderungen der Ernährungsweisen, zu einer verstärkt veganen, in Betracht gezogen werden.

Um den ökologischen und gesundheitlichen Effekt einer vegetarischen Ernährung zu maximieren, sollten Lebensmittel regional produziert, saisonal konsumiert und biologisch angebaut werden [LEITZMANN, 2003]. Vegetarische Ernährungen, die darauf basieren, sind für LEITZMANN [2003] wissenschaftlich fundiert, sozialverträglich, ökonomisch machbar, kulturell erwünscht, ausreichend praktizierbar und nachhaltig.

13.5 Maßnahmen zur Förderung einer nachhaltigen und vorwiegend pflanzlichen Ernährung

- Die Einführung einer Besteuerung von tierischen Produkten nach ihren ökologischen Auswirkungen: Externe Kosten wie entstehende THG, Schadstoffeinträge in Wasser und Land, Erosion von Gewässern und Böden und der Verlust der Artenvielfalt sollten in den Preis einkalkuliert werden. Die FAO [2009b] spricht sich für Steuern und Gebühren auf den Gebrauch natürlicher Ressourcen (oder Zahlungen für Umweltleistungen) aus, sodass ProduzentInnen die gesamten Kosten von Umweltschäden einrechnen müssten, um eine nachhaltige Tierproduktion zu erreichen [FAO, 2009b]. Eine Studie der Universität Göteborg kam in ihrer Studie zu dem Resultat, dass die landwirtschaftlichen THG-Emissionen durch eine Besteuerung tierischer Produkte (60 €/t CO_2) in den EU-27 Ländern um ca. 32 Mio. t CO_2-Äq. gesenkt werden könnten [WIRSENIUS et al., 2010]. In manchen Ländern werden bis dato tierische Produkte finanziell bevorzugt, wie in Deutschland durch einen niedrigeren Steuersatz auf Fleisch- und Wurstwaren.

  Durch ein angepasstes Steuersystem, die Einrechnung der externen Kosten, den Wegfall von ungerechten Subventionen auf regionaler und EU-Ebene und der bewussten Subvention von gesundheitsfördernden Produkten, werden pflanzliche Produkte durch ihren relativ geringeren Preis wieder attraktiver für KonsumentInnen.

- Die Einführung vegetarischer Wochentage: Der Stadtrat der belgischen Stadt Gent hat einen Wochentag zum offiziellen »Veggietag« proklamiert. Die Tagesmenüs in den Schulen sind an jedem Donnerstag vegetarisch. An die 5.000 MitarbeiterInnen der Stadt wurde ein vegetarischer Stadtplan verteilt und an alle

1.500 Restaurants kostenlose Kochbroschüren verschickt. Zum einen solle mit dieser Initiative die Gesundheit der BürgerInnen der Stadt gefördert werden, zum anderen soll das Klima davon profitieren [STAD GENT, 2009].

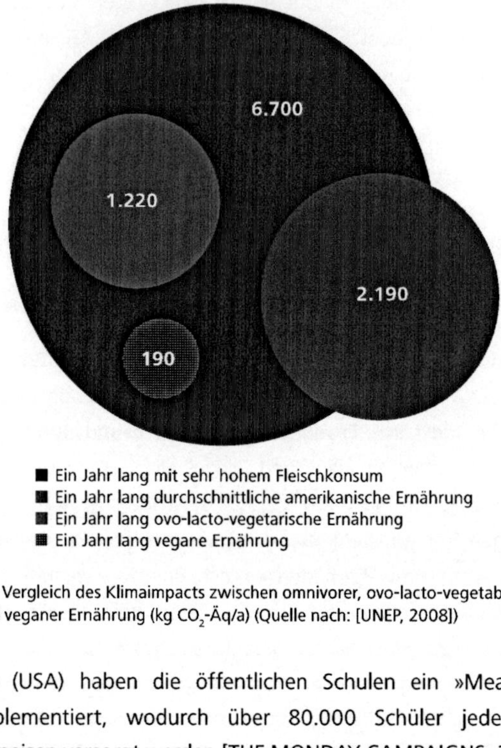

Abb. 22 Der Vergleich des Klimaimpacts zwischen omnivorer, ovo-lacto-vegetabiler und veganer Ernährung (kg CO_2-Äq/a) (Quelle nach: [UNEP, 2008])

In Baltimore (USA) haben die öffentlichen Schulen ein »Meatless Monday«-Programm implementiert, wodurch über 80.000 Schüler jeden Montag mit vegetarischen Speisen versorgt werden [THE MONDAY CAMPAIGNS, 2010].

In Sao Paolo (BR) und Bremen (D) starteten ähnliche Programme und Initiativen in diese Richtung sind auch für weitere Städte wie z.B. Wien[1] geplant [VEBU, 2010; ÖKONEWS, 2010]. Ebenso gibt es in den Niederlanden und Taiwan dahingehende Bemühungen.

Auf EU-Ebene hat 2009 der Chef des Weltklimatrates (IPCC), Rajendra Pachauri, gemeinsam mit dem Musiker Paul Mc Cartney vor dem Europaparlament in Brüssel im Rahmen der Kampagne »less meat = less heat« für die Einführung eines vegetarischen Montags pladiert [EUROPEAN PARLIAMENT, 2009].

1 Der erste Veggie-Tag in Österreich wurde 2010 in Gloggnitz eingeführt [STADTGEMEINDE GLOGGNITZ, 2010].

- Die Forcierung und Bewerbung von Alternativen: Neben Gesetzesinitiativen könnten verstärkt Kampagnen zur Förderung alternativer Fleisch- und Milchprodukte (Simultanprodukte) gesetzt werden. Initiativen auf höchster Ebene wären förderlich wie die Empfehlung der Europäischen Kommission, auf Gemüse zu setzen aufgrund der THG- und Wasserintensität der Fleischproduktion; des Weiteren empfiehlt die schwedische Regierung – aus Umwelt- und Gesundheitsgründen – ein oder zwei Fleischgerichte pro Woche durch vegetarische Gerichte zu ersetzen [EUROPEAN COMISSION, 2009a; SWEDISH NATIONAL FOOD ADMINISTRATION, 2009]. Um dem weltweiten Anstieg von fleischreichen Ernährungsweisen entgegenzuwirken, sollte auf Gesetzesänderungen gesetzt werden, die Ernährungsweisen fördern, die einen geringeren Anteil an Fleisch und gesättigtem Fett sowie einen höheren Anteil an Gemüse, Früchten und Getreide beinhalten [WALKER et al., 2005].

  Des Weiteren können Ausstellungen und Infomaterialien beispielsweise als praktikabler Wegweiser fungieren: Im Rahmen einer Publikation des UNEP (United Nations Environment Programme) zur Reduzierung der THG wurde der Impact tierischer Produkte erläutert und auch der unterschiedliche Klimaimpact der Ernährungsweise graphisch dargestellt (vgl. Abb. 22) [UNEP, 2008]. In der Aufbereitung von FOODWATCH [2008] ihrer in Auftrag gegebenen Studie von HIRSCHFELD et al. [2008] wurden die entstehenden THG-Emissionen von verschiedenen Ernährungsweisen auf den Kilometerverbrauch eines durchschnittlichen Mittelklassewagens umgerechnet, wodurch ein anschaulicher Vergleich gezogen wurde (vgl. Abb. 23). Laut MARLOW et al. [2009] werden auch weiterführende Programme nötig sein, um die Leute über die gesundheitlichen und ökologischen Vorteile einer vegetarischen Ernährung aufzuklären und zu informieren.

- Kontraproduktive Subventionen überdenken: Förderungen auf EU- und Bundesebene sollten gezielt ökologische und gesunde Produkte betreffen. Es wäre sinnvoll, Milchquoten abzuschaffen, da diese die Überproduktion fördern, wodurch die überschüssige Milch in Form von subventionierten Exportprodukten die Existenz lokaler Anbieter in vielen ärmeren Ländern wie in der Dominikanischen Republik, Kenia, Indien und Jamaika unterminiert [ELINDER, 2005].

  Trotz der Überproduktion in den meisten Industrieländern wurden im Jahr 2008 ca. 265 Mrd. US $ an Agrarsubventionen von Mitgliedsländern der OECD (Organisation for Economic Co-operation and Development) investiert; in der EU waren das 27% des landwirtschaftlichen Umsatzes [OECD, 2008]. Für das Jahr 2010 wurden in der EU 59 Mrd. € an Agrarsubventionen vorgesehen [EUROPEAN COMISSION, 2009b]. Von den ca. 45 Mrd. € aufgewendeten Agrarförderungen im Jahr 2008 flossen über 16 Mrd. € in die Milchproduktion, 500 Mio. € davon in Form von Subventionen allein für den heimischen Konsum von Butter; dies entspricht einer Menge von 1,5 kg/Person/a an Butter in der EU bzw. einem Drittel der gesamten Butterproduktion in der EU [LLOYD-WILLIAMS, 2008; ELINDER, 2005]. Milchprodukte mit einem hohen Fettgehalt leisten einen signifikanten Beitrag zur Aufnahme von gesättigten Fettsäuren, wodurch sich das Risiko für Übergewicht und koronare Herz-Kreislauf-Erkrankungen erhöhen dürfte [LLOYD-WILLIAMS, 2008].

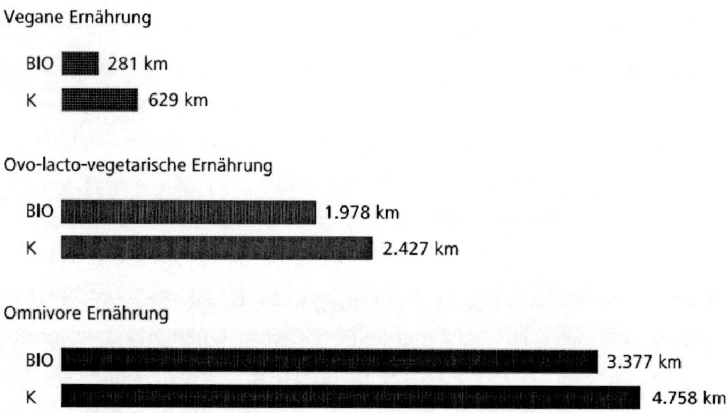

Abb. 23 THG-Emissionen durch verschiedene Ernährungsweisen ausgedrückt in gefahrenen Kilometern (km*/Person/a) (Quelle nach: [FOODWATCH, 2008])

* ausgehend von den CO_2-Emissionen eines BMW Modell 118d (119g CO_2/km)

Eine Studie des finnischen Ministeriums zum Einfluss von Gesetzesinitiativen auf die Gesundheit zeigte, dass Subventionen zur Überproduktion und in Folge dessen zu Gesundheitsproblemen beitragen. Ein beträchtlicher Teil des entstehenden Plus an Nahrungsmitteln wird auf der einen Seite mit Exportsubventionen belegt, wodurch es zu großen Verzerrungen auf den internationalen Märkten und damit stark tendenziell zu Benachteiligungen von Entwicklungsländern kommt. Der restliche Teil fließt auf der anderen Seite in Form von subventionierten Zutaten für sehr fetthaltige, verarbeitete Lebensmittel in die europäische Nahrungsmittelkette ein. Die Milchproduktion in der EU übertrifft den Bedarf innerhalb der EU um ca. ein Fünftel, was zu den viel zitierten Butterbergen führte [STAHL et al., 2006]. Diese werden dann mit Hilfe von

Subventionen für die Lebensmittelindustrie in Eiscremen und Kuchen verarbeitet. Das europäische Milchsystem dürfte ebenso dem Absatz überproduzierter Milch dienen, denn Milch mit einem höheren Fettgehalt (5%) wird stärker subventioniert als fettreduzierte Milch [ELINDERS, 2005]. Durch die Ausweitung von Milchquoten wird sogar eine Produktionssteigerung um 1-2% bis 2015 erwartet [STAHL et al., 2006]. Der EU-Milchsektor sollte laut STAHL et al. [2006] erkennen, dass die subventionierte Überproduktion ein Problem für das öffentliche Gesundheitswesen darstellt. In der EU erhalten Weizen, Rindfleisch, Olivenöl und Milch die größten Subventionen, wohingegen Obst und Gemüse die geringsten Subventionen bekommen [STAHL et al., 2006].

In den USA dürfte dieses Problem ähnlich gelagert sein: 73% der staatlichen Subventionen für die heimische Lebensmittelproduktion zwischen 1990 und 2005 wurden der Produktion von Fleisch, Milch und Eiern gewidmet, wohingegen weniger als 0,5% davon für Obst und Gemüse zur Verfügung standen [AYSHA et al., 2009]. Gerade für letztere Nahrungsmittelgruppe fehlen damit Produktionsanreize, die diese gerade wegen gesundheitlichen Aspekten benötigen: eine Erreichung der WHO-Empfehlung für den Konsum von Obst und Gemüse von 400-600 g/d, was einer Verdoppelung des jetzigen Konsums in vielen europäischen Ländern entsprechen würde, könnte so die Inzidenz von verschiedenen Krebsarten, Übergewicht und koronaren Herz-Kreislauf-Krankheiten um bis zu 18% reduzieren [STAHL et al., 2006].
Eine Studie, die den Zusammenhang zwischen der europäischen Agrarpolitik (bezogen auf die EU-15 Länder) und der Inzidenz von Herz-Kreislauf-Erkrankungen untersuchte, kam zu dem Ergebnis, dass durch eine Reduzierung der Aufnahme von gesättigten Fettsäuren um 1% und eine Erhöhung der Aufnahme an mehrfach ungesättigten Fettsäuren um 0,5% die Zahl an Menschen, die an Herzerkrankungen bzw. infolge eines Herzinfarktes sterben, um 9.800 resp. 3.000 sinken würde. LLOYD-WILLIAMS et al. [2008] resümierten, dass zum einen die erzielten Resultate einer konservativen Einschätzung entsprechen dürften und zum anderen der Zusammenhang zwischen Herzerkrankungen und der Agrarpolitik substanziell ist und in die gegenwärtige Agrarpolitik und zukünftigen Reformen miteinbezogen werden sollte.

In Polen wurden in diesem Kontext die Subventionen für tierische Produkte wie Milchprodukte reduziert, was zu einer geringeren Aufnahme an gesättigten Fettsäuren und in Folge dessen zu einer niedrigeren Sterblichkeit auf Grund von Herz-Kreislauf-Erkrankungen geführt hat. Die Änderungen hinsichtlich der landwirtschaftlichen

Subventionen resultierten in einer Veränderung der Ernährungsweise, was konsequenterweise nach langen Perioden des Anstiegs zu einer Reduzierung der Sterblichkeit von Herzerkrankungen und Schlaganfällen um 25 resp. 10% zwischen 1990 und 1994 geführt hat [ZATONSKI, 1998]. Eine Folgestudie bestätigte die Fortsetzung dieses Trends bis 2002. Hauptgrund für die verringerte Sterblichkeit in Polen dürfte nicht der gesteigerte Gemüse- und Obstkonsum gewesen sein, sondern die höhere Aufnahme von Raps- und Sojaöl, d. h. von ungesättigten Fettsäuren [ZATONSKI und WILLET, 2005]. Es wird in Zukunft wichtig sein, gerade im Hinblick auf Übergewicht und auch auf die Entwicklung ausländischer Märkte, die Überversorgung, die durch landwirtschaftliche Subventionen gefördert wird, in den Griff zu bekommen [ELINDER, 2005].

Mittlerweile plädieren viele ExpertInnen in den Bereichen Klima, Ökonomie und Gesundheit für ein Überdenken des Fleischkonsums. So sprechen sich Rajendra Pachauri, Chef des Weltklimarates (IPCC), Yvo de Boer, ehemaliger Leiter der Klimarahmenkonvention (UNFCCC), und Nicholas Stern, Chefökonom der britischen Regierung, explizit für eine vegetarische Ernährung im Sinne des Klimaschutzes bzw. der Ernährungssicherung aus [PACHAURI, 2007; GUARDIAN, 2009; TIMES, 2010]. Die Generaldirektorin der Weltgesundheitsorganisation (WHO), Margaret Chan, konstatiert, dass Klimamaßnahmen wie die Reduzierung des Fleischkonsums in Industrieländern auch gesundheitliche Vorteile für das öffentliche Gesundheitswesen bringen könnten [CHAN, 2009]. Es wird auch künftig Aufgabe von ErnährungsexpertInnen sein, das Thema Ökologie und Ernährung bei ihren Beratungstätigkeiten im Kontext zu sehen und womöglich durch eigene Bestrebungen ein positives Vorbild abzugeben [ADA, 2007; McMICHAEL et al., 2007; AKHTAR et al., 2009; FRIEL et al., 2009].

Abschließend ist festzustellen, dass es viele Lösungsansätze zu einer Verbesserung des Status quo im Ernährungsbereich gibt und die effizientesten Maßnahmen im Sinne der Nachhaltigkeit in Betracht gezogen werden sollten, um eine lebenswerte Grundlage für künftige Generationen mit einer nicht allzu drastischen Klimaerwärmung, einer Beachtung des Artenreichtums von Tier- und Pflanzenwelt und einer ausgeglichenen Ressourcenentnahme zu erhalten und die Bedürfnisse von Mensch, Tier und Umwelt zu respektieren.

»Nichts auf der Welt ist so mächtig wie eine Idee, deren Zeit gekommen ist.«

Victor Hugo (1802–1885)

14 Literaturverzeichnis

ABRIL A, BUCHER EH. Overgrazing and soil carbon dynamics in the western Chaco of Argentina. Applied Soil Ecology 2001; 16: 243-249.

ABRIL A, BARTTFELD P, BUCHER EH. The effect of fire and overgrazing disturbes on soil carbon balance in the Dry Chaco forest. Forest Ecology and Management 2005; 206: 399-405.

ADENSAM H, GANGLBERGER E, GUPFINGER H, WENISCH A. »Wieviel Umwelt braucht ein Produkt?« – Studie zur Nutzbarkeit von Ökobilanzen für Prozess- und Produktvergleiche – Analyse von Methoden, Problemen und Forschungsbedarf. Wien, 2000; 57 S.

AIKING H, ZHU X, IERLAND VON E, WILLEMSEN F, YIN X, VOS J. Changes in Consumption Patterns: Options and Impacts of a Transition in Protein Foods. In: Agriculture and Climate Beyond 2015 (Brouwer F, McCarl BA, Hrsg.). Springer, Dordrecht, 2006; 171-189.

AKHTAR AZ, GREGER M, FERDOWSIAN H, FRANK E. Health Professionals Roles in Animal Agriculture, Climate Change, and Human Health. American Journal of Preventive Medicine 2009; 36(2): 182-187.

ALLARD V, SOUSSANA JF, FALCIMAGNE R, BERBIGIER P, BONNEFOND JM, CESCHIA E, D`HOUR P, HÈNAULT C, LAVILLE P, MARTIN C, PINARÈS-PATINO C. The role of grazing management for the net biome productivity and greenhouse gas budget (CO_2, N_2O and CH_4) of semi-natural grassland. Agriculture, Ecosystems & Environment 2007; 121(1-2): 47-58.

ALLSON I, BINDORFF NL, BINDSCHALDER RA, COX PM, DE NOBLET N, ENGLAND MH, FRANCIS JE, GRUBER N, HAYWOOD AM, KAROLY DJ, KASER G, LE QUÈRÈ TM, LENTON TM, MANN ME, McNEIL BI, PITMAN AJ, RAHMSTORF S, RIGNOT E, SCHELLNHUBER HJ, SCHNEIDER SH, SHERWOOD SC, SOMERVILLE RCJ, STEIG EJ, VISBECK M, WEAVER AJ. The Copenhagen Diagnosis – Updating the world on the Latest Climate Change Science. 2009. Sydney, 2009. Online im www unter: http://www.ccrc.unsw.edu.au/Copenhagen/Copenhagen_Diagnosis_HIGH.pdf letzter Zugriff am 1. Mai 2010

AMERICAN DIETETIC ASSOCIATION (ADA). Position of the American Dietetic Association: Food and Nutrition Professionals Can Implement Practices to Conserve Natural Resources and Support Ecological Sustainability. Journal of the American Dietetic Association 2007; 107(6):1033-1043.

AMERICAN DIETETIC ASSOCIATION (ADA). Position of the American Dietetic Association: Vegetarian Diets. Journal of the American Dietetic Association 2009; 109(7): 1266-1282.

APPLEBY PN, THOROGOOD JIM, KEY TJA. The Oxford Vegetarian Study: an overview. American Journal for Clinical Nutrition 1999; 70(suppl.): 525-531.

BADGLEY C, MOGHTADER J, QUINTERO E, ZAKERN E, CHAPPELL MJ, AVILES-VAZQUEZ K, SAMULON A, PERFECTO I. Organic agriculture and the global food supply. Renewable Agriculture and Food Systems 2007; 22(2): 86-108.

BARNARD ND, NICHOLSON A, HOWARD JL. The Medical Costs Attributable to Meat Consumption. Preventive Medicine 1995; 24: 646-655.

BARONI L, CENCI L, TETTAMANTI M, BERATI M. Evaluating the environmental impact of various dietary patterns combined with different food production systems. European Journal of Clinical Nutrition 2006; 61(2): 279-286.

BARRETO P, ARIMA E, BRITO M. Cattle Ranching and Challenges for Environmental Conservation in the Amazon. 2005. 5: 1-4. Online im www unter: imazon.org.br letzter Zugriff am 1. Mai 2010

BAYERISCHES LANDESAMT FÜR UMWELTSCHUTZ. Ammoniak und Ammonium (Bayerisches Landesamt für Umweltschutz, Hrsg.). Augsburg, 2004.

BELLARBY J, FOEREID B, HASTINGS A, SMITH B. Cool Farming: climate impacts of agriculture and mitigation potential. Greenpeace International, Amsterdam, 2008; 1-44.

BERLIN J. Environmental life cycle assessement (LCA) of Swedish semi-hard cheese. International Diary Journal 2002. 12: 939-953.

BERNSTEIN S. Freshwater and Human Population: A Global Perspective. Yale F&ES BULLETIN 2001; 149-157.

BLACK R. Micronutrient deficiency: an underlying cause of morbidity and mortality. Bull World Health Organ 2003, 81(2): 79.

BOUWMAN AF, VUUREN VAN PD, DERWENT RG, POSCH M. A Global Analysis of Acidification and Eutrophication of Terrestrial Ecosystems. Water, Air, and Soil Pollution 2002; 141: 349-382.

BOUWMAN L, HOEK VON DE K, DRECHT VON G, EIKHOUT B. World Livestock and Crop Production Systems, Land Use and Environmental between 1970 and 2030. In: Agriculture and Climate Beyond 2015 (Brouwer F, McCarl BA, Hrsg.). Springer, Dordrecht, 2006; 75-89.
BRUNNER KM. Konsumprozesse im alimentären Alltag: Die Herausforderung Nachhaltigkeit. In: Nachhaltigkeit in der Landwirtschaft – Landwirtschaft im Spannungsfeld zwischen Ökologie, Ökonomie und Sozialwissenschaften (Härdtlein M, Kaltschmitt M, Lewandowski I, Wurl HN, Hrsg.). Erich Schmidt Verlag, Berlin/New York, 2005; 191-221.
BUNDESAMT FÜR UMWELT (BAFU). Die Methode der Umweltbelastungspunkte (UBP). Eidgenössisches Department für Umwelt, Verkehr, Energie und Kommunikation UVEK. 2008; 3 S.
BUNDESUMWELTMINISTERIUM (BMU). Röttgen: Erfolg für Klimaschutz und für die Staatengemeinschaft. 2010. Online im www unter http://www.bmu.de/pressemitteilungen/aktuelle_pressemitteilungen/pm/46829.php letzter Zugriff am 8. Februar 2011
BURSLEM C. The Changing Face of Malnutrition. International Food Policy Research Institute (IFPRI), Washington DC, 2004. Online im www unter: http://www.ifpri.org/pubs/newsletters/ifpriforum/if200410.htm letzter Zugriff am 1. Mai 2010
CARLSSON-KANYAMA A. Climate change and dietary choices – how can emissions of greenhouse gases from food consumption be reduced? Food Policy 1998; 23(2/3): 277-293.
CARLSSON-KANYAMA A, GONZÀLEZ AD. Potential contributions of food consumption patterns to climate change. American Journal of Clinical Nutrition 2009; 89(suppl): 1704-1709.
CASEY JW, HOLDEN NM. Analysis of greenhouse gas emissions from the average Irish milk production system. Agricultural Systems 2005; 86: 97-114.
CASEY JW, HOLDEN NM. Quantification of GHG emissions from sucker-beef production in Ireland. Agricultural System 2006a; 90: 79-98.
CASEY JW, HOLDEN NM. Greenhouse Gas Emissions from Conventional, Agri-Environmental Scheme, and Organic Irish Suckler-Beef Units. Journal of Environmental Quality 2006b; 35: 231-239.
CASPARI C, CHRISTODOULOU, NGANGA J, RICCI M. Implications of Global Trends in Eating Habits for Climate Change, Health and Natural Resources. European Parliament, Science and Technology Options Assessment. 2009. Online im www unter: http://www.europarl.europa.eu/stoa/publications/studies/stoa2008-04_en.pdf letzter Zugriff am 1. Mai 2010 http://www.europarl.europa.eu/stoa/publications/studies/stoa2008-04_en.pdf
CASSMAN KG, WOOD S. Cultivated Systems. In: Ecosystem and Human Well-being: Current State and Trends. Millennium Ecosystem Assessment. Island Press, Washington, DC 2005; 741-876.
CEDERBERG C, MATTSSON B. Life cycle assessment of milk production – a comparison of conventional and organic farming. Journal of Cleaner Production 2000; 8: 49-60.
CEDERBERG C, FLYSÖ A. Life Cycle inventory of 23 dairy farms in South-Western Sweden. The Swedish Institute for food and biotechnology. 2004. Online im www unter: http://www.sik.se/archive/pdf-filer-katalog/SR728%281%29.pdf letzter Zugriff am 1. Mai 2010
CEDERBERG C, STADIG. System Expansion and Allocation in Life Cycle Assessment of Milk and Beef Production. The International Journal of Life Cycle Assessment 2003; 8(6): 350-356.
CELENTANO D, VERISSIMO A. The Brazilian Amazon and the Millennium Development Goals. Belem, 2007. Online im www unter: http://imazon.org.br/novo2008/arquivosdb/EdAind01_eng_milleniumgoals.pdf letzter Zugriff am 1. Mai 2010
CHAN M. Cutting carbon, improving health. The Lancet 2009; 374(9705): 1870-1871.
CHAPAGAIN AK, HOEKSTRA AY. Virtual water trade: A quantification of virtual water flows between nations in relation to international trade of livestock and livestock products. In: Virtual water trade – Proceeding of the international expert meeting on virtual water trade (Hoekstra AY, Hrsg.). Delft, 2003; 49-76.
CHOMITZ KM. At Loggerheads? Agricultural Expansion, Poverty Reduction, and Environment in the Tropical Forests. World Bank, Washington D.C., 2007; 284 S. Online im www unter: http://www-wds.worldbank.org/external/default/WDSContentServer/WDSP/IB/2006/10/19/000112742_20061019150049/Rendered/PDF/367890Loggerheads0Report.pdf letzter Zugriff am 1. Mai 2010
COMMITTEE ON CLIMATE CHANGE. Building a low-carbon economy – The UK's contribution to tackling climate change. 2008. Online im www unter: //www.theccc.org.uk/pdf/TSO-ClimateChange.pdf letzter Zugriff am 1. Mai 2010
DEPARTMENT FOR ENVIRONMENT, FOOD AND RURAL AFFAIRS (DEFRA). The British Survey of

Fertiliser Practice. Fertiliser Use On Farm Crops For Crop Year 2007. 2008. Online im www unter: https://statistics.defra.gov.uk/esg/bsfp/2007.pdf letzter Zugriff am 1. Mai 2010
DE BOER J, HELMS M, AIKING H. Protein consumption and sustainability: Diet diversity in EU-15. Ecological Economics 2006. 59: 267-274.
DE VRIES M, DE BOER IJM. Comparing environmental impacts for livestock products: A review of life cycle assessments. Livestock Science 2010; 128(1): 1-11.
DELGADO C, ROSEGRANT M, STEINFELD H, EHUI S, COURBOIS C. Livestock to 2020 – The Next Food Revolution. Discussion Paper 28 (International Food Policy Research Institute, Hrsg.). Washington DC/ Rome/ Nairobi/ Kenya, 1999.
DEUTSCHE GESELLSCHAFT FÜR ERNÄHRUNG (DGE). Referenzwerte für die Nährstoffzufuhr. 2008. Online im www unter: http://www.dge.de/modules.php?name=Content&pa=showpage&pid=3&page=10 letzter Zugriff am 1. Mai 2010
EBERLE U, REUTER W. Diskussionspapier Nr.3: Ernährungsrisiken – Identifikation von Handlungsschwerpunkten (Institut für angewandte Ökologie e.V., Hrsg.). Öko-Institut Freiburg/BMBF-Forschungsprojekt »Ernährungswende«. Darmstadt/Hamburg/Freiburg, 2005 (aktualis. V.); 69 S.
ELFERINK EV, NONHEBEL S. Variations in land requirements for meat production. Journal of Cleaner Production 2007; 15: 1778-1786.
ELFERINK EV, NONHEBEL S, SCHOOT UITERKAMP AJM. Does the Amazon suffer from BSE prevention? Agriculture, Ecosystems and Environmental 2007; 120: 467-469.
ELIASCH J. Eliasch Review – Climate Change: Financing global forests. UK Office of Climate Change. 2008. Online im www unter: http://www.occ.gov.uk/activities/eliasch/Full_report_eliasch_review%281%29.pdf letzter Zugriff am 1. Mai 2010
ELINDER LS. Obesity, hunger and agriculture: the damaging role of subsidies. British Medical Journal 2005; 331(7528): 1333-1336.
ELLINGSEN H, AANONDSEN SA. Environmental Impacts of Wild Caught Cod and Farmed Salmon – A Comparison with Chicken. The International Journal of Life Cycle Assessment 2006; 1: 60-65.
ELLINGSEN H, OLAUSSEN JO, UTNE IB. Environmental analysis of the Norwegian fishery and aquaculture industry – A preliminary study focusing on farmed salmon. Marine Policy 2009; 479-488.
ELMADFA I. European Nutrition and Health Report 2009 (Elmadfa I, Hrsg.). Forum Nutrition, Karger, Basel, 2009; 1-11.
ELMADFA I, FREISLING H. Fat Intake, Diet Variety and Health Promotion. In: Diet Diversification and Health Promotion (Elmadfa I, Hrsg.). Forum Nutrition, Karger Verlag, Basel, 2005; 51: 1-10.
ENGELMAN R, DYE B, LE ROY P. Mensch, Wasser! Report über die Entwicklung der Weltbevölkerung und die Zukunft der Wasservorräte (Deutsche Stiftung Weltbevölkerung, Hrsg.). Balance-Verlag, Stuttgart, 2000; 123 S.
ESHEL G, MARTIN PA. Diet, Energy, and Global Warming. Earth Interactions 2006; 10-009: 1-17.
EUROPEAN COMISSION. Strategies for greener milk. Brüssel, 2005. Online im www unter: http://ec.europa.eu/comm/research/environment/newsanddoc/article_2087_en.htm letzter Zugriff am 1. Mai 2010
EUROPEAN COMISSION. How can you control climate change? Take Control! Additional suggestions. Brüssel, 2009a. Online im www unter: http://ec.europa.eu/environment/climat/campaign/control/additional_en.htm letzter Zugriff am 1. Mai 2010
EUROPEAN COMISSION. Finanzplanung und Haushalt. Brüssel, 2009b. Online im www unter: http://ec.europa.eu/budget/budget_detail/current_year_de.htm letzter Zugriff am 1. Mai 2010
EUROPEAN ENVIRONMENT AGENCY (EEA). The European Environment State and Outlook 2010. Consumption and the Environment. Copenhagen, 2010. Online im www unter: http://www.eea.europa.eu/soer/europe/consumption-and-environment/ letzter Zugriff am 8. Februar 2011
EUROPEAN PARLIAMENT. Global warming: less meat = less heat. Brüssel, 2009. Online im www unter: http://www.europarl.europa.eu/news/expert/infopress_page/064-65644-334-11-49-911-20091130IPR65643-30-11-2009-2009-false/default_en.htm letzter Zugriff am 1. Mai 2010
EU-PUBLICATION OFFICE. UNEP report calls for major energy and agriculture reforms. European Union 2010. Online im www unter: http://cordis.europa.eu/fetch?CALLER=NEWSLINK_EN_C&RCN=32164&ACTION=D letzter Zugriff am 8. Februar 2011
FAIST M. Ressourceneffizienz in der Aktivität Ernähren. Akteurbezogene Stoffstromanalyse. Dissertation, Zürich, 2000; 272 S.
FEARNSIDE PM. Deforestation in Brazilian Amazonia: History, rates and consequences. Conservation

Biology 2005; 19(3): 680-688.
FIALA N. The Greenhouse Hamburger. Scientific American 2009; 300(2):72-5. Online im www unter: http://www.scientificamerican.com/article.cfm?id=the-greenhouse-hamburger letzter Zugriff am 1. Mai 2010
FISCHER G, SHAH M, TUBIELLO FN, VELHUIZEN VAN H. Socio-economic and climate change impacts on agriculture: an integrated assessment, 1990-2080. Philosophical Transaction of the Royal Society B: Biological Sciences 2005, 360: 2067-2083.
FLACHOWSKY und MEYER: CO^2-Footprints für Lebensmittel tierischer Herkunft – Notwendigkeit, Wissensstand und Einflussfaktoren. In: Tierernährung im Spannungsfeld zwischen Lebensmittelproduktion, Energieerzeugung und Umweltschutz – 7. Boku-Symposium Tierernährung. Wien, 2008; 14-25.
FLEGAL KM, CAROLL MD, ODGEN CL, JOHNSON CL. Prevalence and Trends in Obesity Among US Adults, 1999-2000. Journal of the American Medical Association 2002; 288(14): 1723-1727.
FLEISCHNER TL. Ecological Costs of Livestock Grazing in Western North America. Conservation Biology 1994; 8(3): 629-644.
FLIEßBACH A, OBERHOLZER HR, GUNST L, MÄDER P. Soil organic matter and biological soil quality indicators after 21 years of organic and conventional farming. Agriculture, Ecosystems and Environment 2007; 118: 273-284.
FOOD AND AGRICULTURE ORGANISATION (FAO). World agriculture: towards 2015/2030 – Summary report. Rom, 2002a. Online im www unter: ftp://ftp.fao.org/docrep/fao/004/y3557e/y3557e.pdf letzter Zugriff am 1. Mai 2010
FOOD AND AGRICULTURE ORGANISATION (FAO). Rom, 2002b.
Online im www unter: http://www.fao.org/FOCUS/E/obesity/obes1.htm letzter Zugriff am 1. Mai 2010
FOOD AND AGRICULTURE ORGANISATION (FAO).
World agriculture: towards 2030/2050 – Interim Report. Rom, 2006a. A Global Perspective Unit. 78S.
FOOD AND AGRICULTURE ORGANISATION (FAO). Global Forest Resources Assessement 2005 – Progress towards sustainable forest management. FAO Forestry Paper 147. Rom, 2006b.
FOOD AND AGRICULTURE ORGANISATION (FAO). Yearbooks of Fishery Statistics – Summary Tables. 2007. Online im www unter: ftp://ftp.fao.org/fi/stat/summary/default.htm letzter Zugriff am 1. Mai 2010
FOOD AND AGRICULTURE ORGANISATION (FAO). DALYs. Rom, 2008a. Online im www unter: http://www.who.int/mental_health/management/depression/daly/en/ letzter Zugriff am 1. Mai 2010
FOOD AND AGRICULTURE ORGANISATION (FAO). Hunger On the rise. Rom, 2008b. Online im www unter: http://www.fao.org/newsroom/en/news/2008/1000923/ letzter Zugriff am 1. Mai 2010
FOOD AND AGRICULTURE ORGANISATION (FAO). The world only needs 30 billion dollars a year to eradicate the scourge of hunger. Time for talk over – Action needed. Rom, 2008c. Online im www unter: http://www.fao.org/newsroom/en/news/2008/1000853/index.html letzter Zugriff am 1. Mai 2010
FOOD AND AGRICULTURE ORGANISATION (FAO). The state of Food Insecurity in the World. Economic crises – impacts and lessons learned. Rom, 2009a. Online im www unter: ftp://ftp.fao.org/docrep/fao/012/i0876e/i0876e.pdf letzter Zugriff am 1. Mai 2010
FOOD AND AGRICULTURE ORGANISATION (FAO). The state of Food and Agriculture – Livestock in the balance. Rom, 2009b. Online im www unter: http://www.fao.org/docrep/012/i0680e/i0680e.pdf letzter Zugriff am 1. Mai 2010
FOOD AND AGRICULTURE ORGANISATION (FAO). The state of World Fisheries and Aquaculture. Rom, 2009c. Online im www unter: ftp://ftp.fao.org/docrep/fao/011/i0250e/i0250e.pdf letzter Zugriff am 1. Mai 2010
FOOD AND AGRICULTURE ORGANISATION STATISTIC DIVISION DATA ARCHIVES (FAOSTAT). Rom, 2010. Online im www unter:http://faostat.fao.org/default.aspx letzter Zugriff am 1. Mai 2010
FORSTER P, RAMASWAMY P, ARTAXO P, BERNTSEN T, BETTA R, FAHEY DW, HAYWOOD J, LEAN J, LOWE DC, MYHRE G, NGANGA J, PRINN R, RAGA G, SCHULZ M, DORLAND VAN R. Changes in Atmospheric Constituents and in Radiative Forcing. In: Climate Change 2007: The Physical Science Basis. Contribution of Working Group I to the Fourth Assessment Report of the Intergovernmental Panel on Climate Change (Solomon S, Qin D, Manning M, Chen Z, Marquis M, Averyt KB, Tignor M, Miller HL, Hrsg.). Cambridge University Press, Cambridge/New York, 2007; 129-234.
FOSTER C, GREEN K, BLEDA M, DEWICK P, EVANS B, FLYNN A, MYLAN J. Environmental Impacts of Food Production and Consumption: A report to the Department for Environment, Food and Rural Affairs. Manchester Business School. Defra, London, 2006; 198 S.
FRIEL S, DANGOUR AD, GARNETT T, LOCK K, CHALABI Z, ROBERTS I, BUTLER A, BUTLER A,

BUTLER CD, WAAGE J, McMICHAEL AJ, HAINES A. Public health benefits of strategies to reduce greenhouse-gas emissions: food and agriculture. The Lancet 2009; 374/9706: 2016-2025.
FRITSCHE U R, EBERLE U. Arbeitspapier: Treibhausgasemissionen durch Erzeugung und Verarbeitung von Lebensmitteln (Institut für angewandte Ökologie e.V., Hrsg.). Darmstadt/Hamburg, 2007; 13 S.
FRUMKIN H, McMICHAELS A. Climate Change and Public Health Thinking, Communicating, Acting. American Journal of Preventive Medicine 2008; 35(5): 403-410.
GALLOWAY J N, BURKE M, BRADFORD E, NAYLOR R, FALCON W, CHAPAGAIN AK, GASKELL JC, McCULLOUGH E, MOONEY HA, OLESON K LL, STEINFELD H, WASSENAAR T, SMIL V. International Trade in Meat: The Tip of the Pork Chop. Ambio 2007; 36/8: 622-629.
GARDNER-OUTLAW T, ENGELMANN R. Mensch, Wald! Report über die Entwicklung der Weltbevölkerung und die Zukunft der Wälder (Deutsche Stiftung Weltbevölkerung, Hrsg.). Balance Verlag, Stuttgart, 1999; 125 S.
GARNETT T. Livestock-related greenhouse gas emssions: impacts and options for policy makers. Environmental Science and Policy 2009; 12: 491-503.
GERBENS-LEENES PW, NONHEBEL S, IVENS WPMF. A method to determine land requirements relating to food consumption patterns. Agriculture, Ecosystems and Environment 2002; 90: 47-58.
GERBER P, WASSENAAR T, ROSALES M, CASTEL V, STEINFELD H. Environmental impacts of changing livestock production: overview and discussion for a comperative assessment with other food production sectors. In: Comperative assessment of the environmental costs of aquaculture and other food production sectors; methods for meaningful comparison (Bartley DM, Brugere C, Soto D, Gerber P, Harvey B, Hrsg.). Fisheries Proceeding 10, Rom, 2007; 37-54.
GLEICK PH. The Changing Water Paradigm – A Look at Twenty-first Century Water Resources Development. International Water Resource Association 2000; 25(1): 127-138.
GLEICK PH. Critical Issues on Water and Agriculture in the United States: New Approaches fort he 21st Century. 2007. Online im www unter: http://cssp.us/pdf/Gleick%20-WaterIssues-%20Oct%2006.pdf letzter Zugriff am 1. Mai 2010
GOEDKOOP M, MÜLLER-WENK R, METTIER T, HUNGERBÜHLER K, BRAUNSCHWEIG A, KLAUS T. Eco-Indicator 99 – eine schadensorientierte Bewertungsmethode. Nachbereitung zum 12. Diskussionsforum Ökobilanzen vom 30. Juni 2000 an der ETH Zürich. Zürich, 2000; 57 S.
GOODLAND R. Livestock sector assessment – Environmental sustainability and integrity in the agricultural sector. In: Nachhaltigkeit in der Landwirtschaft – Landwirtschaft im Spannungsfeld zwischen Ökologie, Ökonomie und Sozialwissenschaften (Härdtlein M, Kaltschmitt M, Lewandowski I, Wurl HN, Hrsg.). Erich Schmidt Verlag, Berlin, 2000; 239-261.
GOODLAND R, PIMENTEL D. Environmental sustainability and integrity in the agricultural sector. In: Nachhaltigkeit in der Landwirtschaft – Landwirtschaft im Spannungsfeld zwischen Ökologie, Ökonomie und Sozialwissenschaften (Härdtlein M, Kaltschmitt M, Lewandowski I, Wurl H N, Hrsg.). Erich Schmidt Verlag, Berlin, 2000; 209-238.
GOODLAND R, ANHANG J. Livestock and climate change. What if the key actors in climate change are… cows, pigs and chickens. Wordwatch 2009, 11/12: 10-19.
GREBMER VON K, NESTOROVA B, QUISUMBING A, FERTZIGER R, FRITSCHEL H, PANDYA-LORCH R, YOHANNES Y. Welthunger-Index 2009. Herausforderung Hunger: Wie die Finanzkrise den Hunger verschärft und warum es auf die Frauen ankommt. IFPRI. Bonn, Washington D.C., Dublin, 2009. Online im www unter: http://www.welthungerhilfe.at/whi2009.html letzter Zugriff am 1. Mai 2010
GREGER M. The Human/Animal Interface: Emergence and Resurgence of Zoonotic Infectious Diseases. Critical Reviews in Microbiology 2007; 33: 243-299.
GUARDIAN. The true cost of eating meat. 2009. Online im www unter: http://www.guardian.co.uk/commentisfree/cif-green/2009/apr/30/swine-flu-meat letzter Zugriff am 8. Februar 2011
HAAS G, WETTERICH F, KÖPKE U. Comparing intensive, extensified and organic grassland farming in southern Germany by process life cycle assessment. Agriculture Ecosystems & Environment 2001; 83: 43-53.
HAILS C. Livging Planet Report. WWF. Gland, 2008. Online im www unter: http://assets.wwf.ch/downloads/9102_20_living_planet_report_2008_d.pdf letzter Zugriff am 1. Mai 2010
HANSEN MC, STEHMAN SV, POTAPOV PV, LOVELAND TR, TOWNSHEND JRG, DE VRIES RS, PITTMAN KW, ARUNARWATI B, STOLLE F, STEININGER MK, CARROLL M, DI MICELI C. Humid tropical forest clearing from 2000 to 2005 quantified by using multiemporal and multiresolution remotely sensed data. Proceedings of the National Academy of Sciences 2008; 105(27): 9439-9444.

HAUFF V. Unsere gemeinsame Zukunft - der Brundtland-Bericht. Weltkommission für Umwelt und Entwicklung (Hauff V, Hrsg.). Eggenkamp, Greven, 1987; 421 S.
HEATON SAA. Organic Farming, Food Quality and Human Health: A review of the evidence. Soil Association. Bristol, 2001; 87 S.
HILFIKER J. Vergleich der Landbauformen. Sind IP und Biolandbau wirtschaftliche Alternativen zur konventionellen Landwirtschaft. FAT-Bericht 498, Tänikon, 1997; 13 S.
HIRSCH AI, LITTLE WS, HOUGHTON RA, SCOTT NA, WHITE JD. The net carbon flux due to deforestation and forest re-growth in the Brazilian Amazon: analysis using a process-based model. Global Change Biology 2004; 10: 908-924.
HIRSCHFELD J, WEIß, PREIDL M, KORBUN T. Klimawirkungen der Landwirtschaft in Deutschland. Schriftenreihe des IÖW 186/08. Berlin, 2008; 187 S.
HOEKSTRA AY. Virtual Water: An introduction. In: Virtual water trade – Proceeding of the international expert meeting on virtual water trade (Hoekstra AY, Hrsg.). Delft, 2003; 13-23.
HOEKSTRA AY, CHAPAGAIN AK. Water footprints of nations: Water use by people as a function of their consumption pattern. Water Resources Management 2007; 21: 35-48.
HOEKSTRA AY, CHAPAGAIN AK, ALDAYA MM, MEKONNEN MM. Water Footprint Manual – State of the Art 2009. Water Footprint Network. Enschede, 2009.
HOEKSTRA AY, HUNG AY. Virtual water trade: A quantification of virtual water flows between nations in relation to international crop trade. In: Virtual water trade – Proceeding of the international expert meeting on virtual water trade (Hoekstra AY, Hrsg.). Delft, 2003; 25-47.
HOFFMANN I. Ernährungsempfehlungen und Ernährungsweisen – Auswirkungen auf Gesundheit, Umwelt und Gesellschaft. Habilitationsschrift, Universität Gießen, 2002.
HUBERT B, ROSEGRANT M, VAN BOEKEL MAJS, ORTIZ R. Scenarios for 2050. Crop Science 2010; 50: 33-50.
HÜLSBERGEN KJ, KÜSTERMANN B. Ökologischer Landbau – Beitrag zum Klimaschutz. In: Angewandte Forschung und Beratung für den ökologischen Landbau in Bayern - Tagungsband (Bayerische Landesanstalt für Landwirtschaft, Hrsg). Lerchl-Druck, Freising, 2007; 9-21.
ILEA RC. Intensive Livestock Farming: Global Trends, Increased Environmental Concerns, and Ethical Solutions. Journal of Agricultural Environmental Ethics 2009; 22: 153-167.
INTERNATIONAL ASSOCIATION FOR THE STUDY OF OBESITY (IAOSO). Overweight and Obesity in the EU27. 2008. Online im www unter: http://www.iotf.org/database/documents/v2PDFforwebsiteEU27.pdf letzter Zugriff am 1. Mai 2010
INTERNATIONAL ASSOCIATION FOR THE STUDY OF OBESITY (IASO). 2008. Online im www unter: http://www.iotf.org/database/documents/v2PDFforwebsiteEU27.pdf letzter Zugriff am 1. Mai 2010
INTERNATIONAL PANEL ON CLIMATE CHANGE (IPCC). Aviation and the Global Atmosphere. 1999. Online im www unter: http://www.ipcc.ch/ipccreports/sres/aviation/index.htm letzter Zugriff am 1. Mai 2010
INTERNATIONAL PANEL ON CLIMATE CHANGE (IPCC). Third Assessment Report »Climate Change 2001« - The Scientific Basis. 2001. Online im www unter: www.grida.no/climate/ipcc_tar/wg1/130.htm letzter Zugriff am 1. Mai 2010
INTERNATIONAL PANEL ON CLIMATE CHANGE (IPCC). Summary for Policymakers. In: Climate Change 2007: The Physical Science Basis. Contribution of Working Group I to the Fourth Assessment Report of the Intergovernmental Panel on Climate Change (Solomon S, Quin M, Manning M, Chen Z, Marquis M, Avery KB, Tignor M, Miller HL, Hrsg.). Cambridge University Press, Cambridge/New York, 2007; 1-18.
INTERNATIONAL WATER MANAGEMENT INSTITUTE (IWMI). A Parched Planet? Beyond more Crop Per Drop. Press Release. Sri Lanka, 2006; 3 S.
INTERNATIONAL WATER MANAGEMENT INSTITUTE (IWMI). Comprehensive Assessment of Water Management in Agriculture – Water for Food, Water for Life: A Comprehensive Assessment of Water Management in Agriculture (Earthscan und International Water Management Institute, Hrsg.). London/Columbo, 2007.
JACKSON LE, PASCUAL U, HODGKIN T. Utilizing and conserving agrobiodiversity in agricultural landscapes. Agriculture, Ecosystems and Environment 2007; 121: 196-210.
JONES A. Effects of Cattle Grazing on North American Arid Ecosystems: A Quantitative Review. Western North American Naturalist 2000; 60/2: 155-164.
JUNGBLUTH N. Umweltfolgen des Nahrungsmittelkonsums. Beurteilung von Produktmerkmalen auf Grundlage einer modularen Ökobilanz. Dissertation, Eidgenössische Technische Hochschule Zürich, 2000; 285 S.
JUNGBLUTH N, DEMMELER M. Letter to the editior: 'The Ecology of Scale: Assessment of Regional

Energy Turnover and Comparison with Global Food` by Elmar Schlich and Ulla Fleissner. International Journal of Life Cycle Assessment 2004; 1-3. Online im www unter: http://www.esu-services.ch/download/jungbluth-2005-letter.pdf letzter Zugriff am 1. Mai 2010

JUNGBLUTH N, FAIST M. Ökologische Folgen des Ernährungsverhaltens – Das Beispiel Schweiz. Ernährung im Fokus 2002; 10: 254-258.

JUNGBLUTH N, FAIST M, EMMENEGGER M. Ernährung und Umwelt - VerbraucherInnen können viel zur Entlastung der Umwelt beitragen. Ernährungs-Info-Nutrition 2004; 2: 4ff.

KANTELHARDT J,HEIßENHUBER A. Nachhaltigkeit und Landwirtschaft. In: Nachhaltigkeit in der Landwirtschaft – Landwirtschaft im Spannungsfeld zwischen Ökologie, Ökonomie und Sozialwissenschaften (Härdtlein M, Kaltschmitt M, Lewandowski I, Wurll H N, Hrsg.). Erich Schmidt Verlag, Berlin/New York, 2005; 25-48.

KATAJAJUURI JM. Experiences and Improvement Possibilities – LCA Case Study of Broiler Chicken Production. Proceedings of the 6th International Conference on Life Cycle Assessment in the Agri-Food Sector. Nov 12-14, Zürich, 2008; 6 S.

KATES RW, PARRIS TM. Long-term trends and a sustainability transition. Proceedings of the National Academy of Sciences 2003; 100(14): 8062-8067.

KENDALL HW, PIMENTEL D. Constraints on the Expansion of the Global Food Supply. Ambio, 1994; 23(3): 198-205.

KEYZER MA, MERBIS MD, PAVEL IFPW. Can we feed the animals? Origins and Implications of rising meat demand. Working Paper WP 01-05, Centre for World Food Studies, Amsterdam, 2001; 1-15.

KEYZER MA, MERBIS MD, PAVEL IFPW, WESENBEECK VAN. Diet shifts towards meat and the effects on cereal use: can we feed the animals in 2030? Ecological Economics 2005; 55: 187-202.

KOERBER VON K, KRETSCHMER J, SCHLATZER M. Ernährung und Klimaschutz – Wichtige Ansatzpunkte für verantwortungsbewusstes Handeln. Ernährung im Fokus 2007; 5: 130-137.

KOERBER VON K, MÄNNLE T, LEITZMANN C. Vollwert-Ernährung – Konzeption einer zeitgemäßen und nachhaltigen Ernährung. Karl F. Haug Verlag, Stuttgart, 2004; 420 S.

KÖPKE U. Conservation agriculture with and without use of agrochemicals. 2003.

KROMP-KOLB H, FORMAYER H. Schwarzbuch Klimawandel. Wie viel Zeit bleibt uns noch? Eco-win Verlag, Salzburg, 2005; 222 S.

LAL R. Managing soils for a warming earth in a food-insecure and energy-starved world. Journal of Plant Nutrition and Soil Science 2010; 173: 4-15.

LATIF M. Klimawandel und Klimadynamik. Eugen Ulmer Verlag, Stuttgart, 2009; 219 S.

LEBENSMINISTERIUM. Wien, 2008. Online im www unter: http://presse.lebensministerium.at/article/articleview/63957/1/21503/ letzter Zugriff am 1. Mai 2010

LEITZMANN C. Nutrition Ecology: the contribution of vegetarian diets. American Journal of Clinical Nutrition 2003; 78(S): 657-659.

LEITZMANN C. Vegetarian diets: what are the advantages? Forum of Nutrition 2005; 57: 147-156.

LEITZMANN C, KELLER M. Vegetarische Ernährung. 2. völlig neu bearbeitete Auflage. UTB/Ulmer. Stuttgart, 2010; 366 S.

LENTON TM, HELD H, KRIEGLER E, HALL JW, LUCHT W, RAHMSTORF S, SCHELLNHUBER HJ. Tipping elements in the Earth's climate system. Proceedings of the National Academy of Sciences 2008; 105(6): 1786-1793.

LIU J, SAVENIJE HHG. Food consumption patterns and their effect on water requirement in China. Hydrology and Earth System Sciences 2008; 12: 887-898.

LLOYD-WILLIAMS F, O'FLAHERTY M, MWATSAMA M, BIRT C, IRELAND R, CAPEWELL S. Estimating the cardiovascular mortality burden attributable to the European Common Agricultural Policy on dietary saturated fats. Bulletin of the World Health Organisation 2008; 86(7): 535-541.

LOTZE-CAMPEN H, MÜLLER C, BONDEAU A, SMITH P, LUCHT W. Rising Food Demand, Climate Change and the Use of Land and Water. In: Agriculture and Climate Beyond 2015 (Brouwer F, McCarl BA, Hrsg.). Springer, Dordrecht, 2006; 109-129.

LUBER G, PRUDENT N. Climate Change and Human Health. Transactions of the American Clinical and Climatological Association 2009; 120: 113-117.

MARLOW HJ, HAYES WK, SORET S, CARTER RL, SCHWAB ER, SABATE J. Diet and the environment: does what you eat matter? American Journal of Nutrition 2009; 89 (suppl): 1-5.

MATSON PA, VITOUSEK PM. Agricultural Intensification: Will Land Spared from Farming be Land Spared for Nature? Conservation Biology, 2006, 20(3): 709-710.
McALPINE CA, ETTER A, FEARNSIDE PM, SEABROOK L, LAURENCE WF. Increasing world consumption of beef as a driver of regional and global change: A call for policy action based on evidence Queensland (Australia), Colombia and Brazil. Global Environmental Change 2009; 19: 21-33.
McMICHAEL AJ, POWLES JW, BUTLER CD, UAUY R. Food, livestock production, energy, climate change, and health. Lancet, 2007; 370(9594): 1253-1263.
MENDEZ MA, MONTEIRO CA, POPKIN BM. Overweight exceeds underweight among women in most developing countries. American Journal of Clinical Nutrition 2005; 81: 714-721.
MILLENNIUM ECOSYSTEM ASSESSEMENT (MEA). Ecosystem and Human Well-being: Synthesis. Island Press, Washington DC, 2005; 137 S.
MONDELAERS K, AERTSENS J, HUYLENBROECK VAN G. A meta-analysis of the differences in environmental impacts between organic and conventional farming. British Food Journal 2009; 111(10): 1098-1119.
MOONEY H, CROOPER A, REID W. Confronting the human dilemma – How can ecosystems provide sustainable services to benefit society? Nature 2005; 434: 561-562.
MORTON DC. DE FRIES RS, SHIMABUKURO YE, ANDERSON LO, ARAI E, ESPIRITO-SANTO DEL BON F, FREITAS R, MORISETTE J. Cropland expansion changes deforestation dynamics in the southern Brazilian Amazonas. Proceeding of the National Academy of Sciences 2006; 103(39): 14637-14641.
MYERS N. Environmental refugees: a growing phenomenon of the 21st century. Philosophical Transaction of the Royal Society B: Biological Sciences, 2001; 356: 16.1-16.5
NAYLOR R, STEINFELD H, FALCON W, GALLOWAY J, SMIL V, BRADFORD E, ALDER B, MOONEY B. Losing the Links Between Livestock and Land. Science 2005, 5754: 1621-1622.
NEPSTAD DC, STICKLER CM, ALMEIDA OT. Globalization of the Amazon Soy and Beef Industries: Opportunities for Conservation. Conservation Biology 2006; 20: 1595-1603.
NEPSTAD DC, STICKLER CM, SOARES-FILHO B, MERRY F. Interactions among Amazon land use, forests and climate: prospects for a near-term forest tipping point. Philosophical Transaction of the Royal Society B: Biological Sciences 2008, 363: 1737-1746.
NEPSTAD D, SOARES-FILHO BS, MERRY F, LIMA A, MOUTINHO P, CARTER J, BOWMAN M, CATTANEO A, RODRIGUES H, SCHWARTZMANN S, McGRATH DG, STICKLER CM, LUBOWSKI R, PIRIS-CABEZAS P, RIVERO, ALENCAR A, ALMEIDA O, STELLA O. The End of Deforestation in the Brazilian Amazan. Science 2009; 326: 1350-1351.
NGUYEN TLT, HERMANSEN JE, MOGENSEN L. Environmental consequences of different beef production systems in the EU. Journal of Cleaner Production 2010; 18(8): 756-766.
NONHEBEL S. Changes in Consumption Patterns: Options and Impacts of a Transition in Protein Foods. In: Agriculture and Climate Beyond 2015 (Brouwer F, McCarl BA, Hrsg.). Springer, Dordrecht, 2006; 211-230.
ORGANISATION FOR ECONOMIC CO-OPERATION AND DEVELOPMENT (OECD). Agricultural Policies in OECD Countries 2009 – Monitoring and Evaluation. OECD Publshing, Paris, 2009; 278 S.
OGINO A, ORITO H, SHIMADA K, HIROOKA H. Evaluating environmental impacts of the Japanese beef cow-calf system by the life cycle assessment method. Animal Science Journal 2007; 78: 424-432.
OGINO A, KAKU K, OSADA T, SHIMADA K. Environmental impacts of the Japanese beef-fattening system with different feeding lengths as evaluated by a life-cycle assessment method. Journal of Animal Science 2004; 82: 2115-2122.
OKI T, SATO M, KAWAMURA A, MIYAKE M, KANAE S, MUSIAKE K. Virtual water trade to Japan and in the world. In: Virtual water trade – Proceeding of the international expert meeting on virtual water trade (Hoekstra AY, Hrsg.). Delft, 2003; 221-239.
OTTE J, ROLAND-HOLST D, PFEIFFER D, SOARES-MAGALHAES R, RUSHTON J, GRAHAM J, SILBERGELD E. Industrial Livestock Production and Global Health Risks. Online im ww unter: http://www.fao.org/AG/AGAINFO/programmes/en/pplpi/docarc/rep-hpai_industrialisationrisks.pdf letzter Zugriff am 1. Mai 2010
ÖKO-INSTITUT. Kurz-Information zu Gesamt-Emissions-Modell integrierter Systeme (GEMIS) (Institut für angewandte Ökologie e. V., Hrsg.). Darmstadt /Freiburg/ Berlin, 1998, 3 S.
ÖKONEWS. Veggie Day für Wien. 2010. Online im www unter: http://www.oekonews.at/index.php?mdoc_id=1054633 letzter Zugriff am 8. Februar 2011
PACHAURI R. Mister Klima. 2007. Online im www unter:http://www.migrosmagazin.ch/pdfdata/blaetterzeitung/mmd/200738/DMHP1709-035-Aktuell.pdf letzter Zugriff am 8. Februar 2011

PENNING DE FRIES FWT, KEULEN VAN H, RABBINGE R, LUYTEN JC. Biophysical Limits to Global Food Production. 2020 Vision Brief 1995; 18: 1-5. Online im www unter: http://www.ifpri.org/2020/briefs/number18.htm letzter Zugriff am 1. Mai 2010

PELLETIER N, TYEDEMERS P. Feeding farmed salmon: Is organic better? Aquaculture 2007; 272: 399-416.

PELLETIER N, TYEDMERS P. Forecasting potential global environmental costs of livestock production 2000–2050. Proceedings of the National Academy of Sciences 2010; 107(43): 18371–18374.

PETERS CJ, WILKINS L, FICK GW. Testing a complete-diet model for estimating the land resource requirements of food consumption and agricultural carrying capacity: The New York State example. Renewable Agriculture and Food Systems 2007; 22(2): 145-153.

PIMENTEL D. Ecological resources, agricultural sustainability, and the global human population. In: Nachhaltigkeit in der Landwirtschaft – Landwirtschaft im Spannungsfeld zwischen Ökologie, Ökonomie und Sozialwissenschaften (Härdtlein M, Kaltschmitt M, Lewandowski I, Wurl HN, Hrsg.). Erich Schmidt Verlag, Berlin, 2000; 5-15.

PIMENTEL D. Ethical Issues of Global Corporatization: Agriculture and Beyond. Poultry Science 2004a, 83: 321-329.

PIMENTEL D. Livestock production and energy use. In: Encyclopedia of Energy (MATSUMARA, Hrsg.). Elsevier, San Diego, 2004b; 671-676.

PIMENTEL D, BERGER B, FILIBERTO D, NEWTON M, WOLFE B, KARABINAKIS E, CLARK S, POON E. Water Resources Agriculture and the Environment. Report 04. College of Agriculture and Life Sciences. Cornell University. New York, 2004; 46 S.

PIMENTEL D, PIMENTEL M. Sustainability of meat-based and plant-based diets and the environment. American Journal of Clinical Nutrition 2003; 78(S): 660-663.

PINGALI PL. Is rice and wheat productivity falling in Asia? Rice Research and production in the 21st century: symposium honouring Robert F. Chandler, Jr. Los Banos (Phillipinies): International Rice Research Institut (Rockwood WG, Hrsg.). New York, 2001; 101-114.

PINGALI PL, HEISEY PW. Cereal Crop Productivity in Developing Countries. CIMMYT Economics Paper 99-03. Mexiko, 1999; 32 S.

POPKIN BM. The Nutrition Transition and Obesity in the Developing World. Journal of Nutrition 2001a; 131: 871S-873S.

POPKIN BM. What is unique about the experience in lower- and middle-income less industrialised countries compared with the very-high-income industrialised countries? The shift in stages of the nutrition transition in the developing world differs from past experiences! Public Health Nutrition 2001b; 5(1A): 205-214.

POPKIN BM. The Nutrition Transition: An Overview of World Patterns of Change. Nutrition Reviews 2004; 62(7): 140-143.

POPKIN BM, HORTON SH, KIM S. The nutrition transition. Food and Nutrition Bulletin 2001; 22(S4): 1-10.

POPULATION REFERENCE BUREAU. 2009 World Population Data Sheet. Washington D.C., 2009. Online im www unter: http://www.prb.org/pdf09/09wpds_eng.pdf letzter Zugriff am 1. Mai 2010

RAHMSTORF S. Fact-Sheet zum Klimawandel. Potsdam-Institut für Klimafolgenforschung. 2006a. 1-2. Online im www unter: www.pik-potsdam.de/~stefan/Publications/Other/klimawandel_fact_sheet.pdf letzter Zugriff am 1. Mai 2010

RAHMSTORF S. Thermohaline Ocean Circulation. In: Encyclopedia of Quaternary Sciences. (ELIAS SA, Hrsg.). Amsterdam, 2006b. Online im www unter: http://www.pik-potsdam.de/~stefan/Publications/Book_chapters/rahmstorf_eqs_2006.pdf letzter Zugriff am 1. Mai 2010

RAHMSTORF S. A semi-empirical approach to projecting future sea-level rise. Science, 2007; 315(5810): 368-370.

RAHMSTORF S, SCHELLNHUBER HJ. Der Klimawandel. C. H. Beck Verlag, München, 2007; 144 S.

RAMANKUTTY N, GIBBS HK, ACHARD F, DEFRIES R, FOLEY JA, HOUGHTON RA. Challenges to estimating carbon emissions from tropical deforestation. Global Change Biology, 2007; 13: 51-66.

REIJNDERS L. SORET S. Quantification of the environmental impact of different dietary protein choices. American Journal of Clinical Nutrition 2003; 78(S): 664-668.

RENAULT D. Value of virtual water in food: Principles and virtues. In: Virtual water trade – Proceeding of the international expert meeting on virtual water trade (Hoekstra AY, Hrsg.). Delft, 2003; 77-91.

RENAULT D, WALLENDER WW. Nutritional water productivity and diets. Agricultural Water Management 2000; 45(3): 275-296.

ROGNER HH, ZHOU D, CRABBE P, EDENHOFER O, HARE B, KUIJPERS L, YAMAGUCHI M. Introduction. In: Climate Change 2007: Mitigation. Contribution of Working Group III to the Fourth Assessment Report of the Intergovernmental Panel on Climate Change (Metz B, Davidson OR, Bosch PR, Dave R, Meyer LA, Hrsg.). Cambridge University Press, Cambridge/New York, 2007; 95-116.
ROSEGRANT MW, CAI X, CLINE SA. Global Water Outlook to 2025 – Averting an Impending Crisis. (International Food Policy Research Institute und International Water Management Institute. Colombo/ Washington D.C. 2002; 26 S.
ROSEGRANT MW, CLINE SA. Global Food Security: Challenges and Policies. Science 2003; 302: 1917-1919.
ROY P, NEI D, ORIKASA, XU Q, OKADOME H, NAKAMURA N, SHIINA T. A review of life cycle assessment (LCA) on some food products. Journal of Food Engineering 2009; 90: 1-10.
SCHERR SJ. Soil Degradation – A Threat to Developing-Country Food Security by 2020? Food, Agriculture, and the Environment Discussion Paper 27 (International Food Policy Institute, Hrsg.). Washington, 1999; 71 S.
SCHERR SJ, YADAV S. Land Degradation in the Developing World: Implications for Food, Agriculture, and the Environment. Food, Agriculture, and the Environment to 2020. Food, Agriculture, and the Environment Discussion Paper 14 (International Food Policy Institute, Hrsg.). Washington, 1996; 46 S.
SCHLATZER M. Klimawandel als tierisches Produkt. Umwelt aktuell 2010; 2: 2-3. Online im www unter: http://www.oekom.de/fileadmin/zeitschriften/umak_Leseproben/umak_2010_02_Schlatzer.pdf letzter Zugriff am 1. Mai 2010
SCHMIDHUBER J, SHETTY P. Nutrition transition, obesity and non-communicable diseases drivers, outlook and concerns. SCN News 2004; 29: 13-19.
SCHMIDHUBER J, SHETTY P. The nutrition transition to 2030 – Why developing countries are likely to beart he major burden. (FAO) Rom, 2005. Online im www unter: http://www.fao.org/es/ESD/JSPStransition.pdf letzter Zugriff am 1. Mai 2010
SCHÖNBERGER GU, BRUNNER KM. Nachhaltigkeit und Ernährung – Eine Einführung. Nachhaltigkeit und Ernährung: Produktion-Handel-Konsum (Brunner KM, Hrsg.). Campus Verlag, Frankfurt, 2005; 9-21.
SCHWARTZ P, RANDALL D. An abrupt climate change scenario and its implication for United States national security. San Francisco, 2003. Online im www unter: http://www.gbn.com/GBNDocumentDisplayServlet.srv?aid=26231&url=/UploadDocumentDisplayServlet.srv?id=28566 letzter Zugriff am 1. Mai 2010
SEEMÜLLER M. Der Einfluss unterschiedlicher Landbewirtschaftungssysteme auf die Ernährungssituation in Deutschland in Abhängigkeit des Konsumverhaltens der Verbraucher (Öko-Institut e. V. Freiburg, Hrsg.). Öko-Institut e.V. Verlag, Freiburg, 2000; 101 S.
SMIL V. Enriching the earth – Fritz Haber, Carl Bosch, and the Transformation of World Food Production. MIT Press, Cambridge, Massachusetts, London, 2001; 338 S.
SMIL V. Worldwide transformation of diets, burdens of meat production and opportunities for novel food proteins. Enzyme and Microbial Technology 2002; 30: 305-311.
SMITH P, MARTINO D, CAI Z, GWARY D, JANZEN H, KUMAR B, McCARL B, OGLE S, O`MARA F, RICE C, SCHOLES B, SIROTENKO O. Agriculture. In: Climate Change 2007: Mitigation. Contribution of Working Group III to the Fourth Assessment Report of the Intergovernmental Panel on Climate Change (Metz B, Davidson O R, Bosch P R, Dave R, Meyers L A, Hrsg.). Cambridge University Press, Cambridge/ sNew York, 2007; 497-540.
SOARES-FILHO BS, NEPSTAD DC, CURRAN LM, CERQUEIRA GC, GARCIA RA, RAMOS CA, VOLL E, McDONALD A, LEFEBVRE P, SCHLESINGER P. Modelling conservation in the Amazon basin. Nature, 2006; 440: 520-523.
SOFOS JN. Challenges to meat safety in the 21st century. Meat Science 2008; 78: 3–13.
STAD GENT. Every Thursday is Veggie day! Nieuwsbrieven 2. 2009. Online im www unter: http://www.gent.be/eCache/THE/1/52/569.cmVjPTE1MjY2MQ.html letzter Zugriff am 1. Mai 2010
STADTGEMEINDE GLOGGNITZ. Gloggnitz – erste österreichische Stadt mit „Veggie Day". 2010. http://www.gloggnitz.gv.at/upload/files/2804_infoblatt_gloggnitz_03_2010_vollst_28_s_iii.pdf
STAHL T, WISMAR M, OLLILA E, LATHINEN E, LEPPO K. Health in All Policies. Prospects and potentials. Ministry of Social Affairs and Health, Finland, 2006, 279 S.
STEHFEST E, BOUWMAN L, VAN VUUREN DP, DEN ELZEN MGJ, EIKHOUT B, KABAT B. Climate benefits of changing diet. Climate Change 2009; 95(1/2): 83-102.

STEINFELD H, HAAN DE C, BLACKBURN H. Livestock and the Environment: Issues and Options. In: Agriculture and the Environment: Perspectives on Sustainable Rural Development (Lutz E, Hrsg.). World Bank Publications, Washington DC, 1998; 283-301.

STEINFELD H, GERBER P, WASSENAAR T, CASTEL V, ROSALES M, HAANDE C. Livestock's Long Shadow: Environmental Issues and Options. Food and Agriculture Organization of the United Nations (FAO), Rom 2006a; 390 S.

STEINFELD H, WASSENAR T, JUTZI S. Livestock production systems in developing countries: status, drivers, trends. Review of Science and Technology 2006b; 25(2): 505-516.

STERN N. Review on the Economics of Climate Changes. Government Economics Service of United Kingdom. London, 2006. Online im www unter: http://www.hm-treasury.gov.uk/stern_review_final_report.htm letzter Zugriff am 1. Mai 2010

STERN N. Der Global Deal – Wie wir dem Klimawandel begegnen und ein neues Zeitalter von Wachstum und Wohlstand schaffen. C. H. Beck Verlag, München, 2009; 287 S.

STOCKHOLM INTERNATIONAL WATER MANAGEMENT INSTITUTE (SIWI). Water – More Nutrition per Drop. SIWI-IWMI (International Water Institute). Stockholm International Water Institute. Stockholm, 2004. Online im www unter: http://www.siwi.org/documents/Resources/Policy_Briefs/CSD_More_nutrition_per_drop_2004.pdf letzter Zugriff am 1. Mai 2010

STUART T. Waste – Uncovering the global food scandal. Penguin Books, London, 2009; 480 S.

SUBAK S. Global environmental costs of beef production. Ecological Economics 1999; 30: 79-91.

SWEDISH NATIONAL FOOD ADMINISTRATION. Environmentally effective food choices. Proposal notified to the EU. 2009. Online im www unter: http://www.slv.se/upload/dokument/miljo/environmentally_effective_food_choices_proposal_eu_2009.pdf letzter Zugriff am 1. Mai 2010

TACOLI C. Crisis or adoption? Migration and climate change in a context of high mobility. Environment & Urbanization 2009; 21(2): 513-525.

TAVONI M, SOHNGEN B, BOSETTI V. Forestry and the carbon market response to stabalize climate. Energy Policy, 2007. 35(11): 5346-5353.

TAYLOR C. Ökologische Bewertung von Ernährungsweisen anhand ausgewählter Indikatoren. Dissertation, Gießen, 2000; 179 S.

THE MONDAY CAMPAIGNS. Baltimore Schools Go Meatless. 2010. Online im www unter: http://www.meatlessmonday.com/baltimore-schools/

THOMASSEN MA, VAN CALKER KJ, SMITS MCJ, IEPEMA GL, DE BOER IJM. Life cycle assessment of conventional and organic milk production in the Netherlands. Agricultural Systems 2008; 96: 95-107.

TILMAN D, CASSMAN KG, MATSON PA, NAYLOR R, POLASKY S. Agricultural sustainability and intensive production practices. Nature 2002; 418: 671-677.

TIMES. Climate chief Lord Stern: give up meat to save the planet. 2010. Online im www unter: http://www.timesonline.co.uk/tol/news/environment/article6891362.ece letzter Zugriff am 8. Februar 2011

TUKKER A, GUINEE J, HEIJUNGS R, DE KONING A, VAN OERS L, SUH S, GEERKEN T, VAN HOLDERBEKE M, JANSEN B, NIELSEN P. Environmental Impact of Products (EIPRO). Analysis of the life cycle environmental impacts related to the final consumption of the EU-25. European Commission, Joint Research Centre, Institute for Prospective Technological Studies, 2006; 139 S.

UHEREK M. Der Stickstoffkreislauf. Accent Magazin 2006; 8: 1-3. Online im www unter: http://www.atmosphere.mpg.de/enid/95785a4b10e7fc59d854d8230651f901,0/Nr_8_April_2__6_Ozon___N2_Kreislauf/C__Der_Stickstoffkreislauf_5ln.html letzter Zugriff am 1. Mai 2010

UMWELTBUNDESAMT. Klimaänderung (deutsches Umweltbudesamt, Hrsg.). 2004. Online im www unter: http://www.umweltdaten.de/publikationen/fpdf-l/2694.pdf letzter Zugriff am 1. Mai 2010

UNITED NATIONS (UN). World Population to 2300. UN Department of Economic and Social Affairs. New York, 2004a. Online im www unter: http://www.un.org/esa/population/publications/longrange2/WorldPop-2300final.pdf letzter Zugriff am 1. Mai 2010

UNITED NATIONS (UN). UN Department Of Economic and Social Affairs. Division for Sustainable Development. New York, 2004b. Online im www unter: http://www.un.org/esa/sustdev/natlinfo/indicators/indisd/english/chapt12e.htm letzter Zugriff am 1. Mai 2010

UNITED NATIONS (UN). The World at Six Billion. 1999. Online im www unter: http://www.un.org/esa/population/publications/sixbillion/sixbillion.htm letzter Zugriff am 1. Mai 2010

UNITED NATIONS (UN). UN Millennium Project – Goals, targets and indicators. 2006b.

Online im www unter: http://www.unmillenniumproject.org/goals/gti.htm letzter Zugriff am 1. Mai 2010
UNITED NATIONS (UN). UN World Population Prospects. The 2007 Revision and World Urbanization Prospects: The 2005 Revision. (Exec. Summ.) UN Department of Economic and Social Affairs. New York, 2008. Online im www unter: http://www.un.org/esa/population/publications/wup2007/2007WUP_ExecSum_web.pdf letzter Zugriff am 1. Mai 2010
UNITED NATIONS (UN). Population Division of the Department of Economic and Social Affairs of the United Nations Secretariat. World Population Prospects: The 2008 Revision. New York, 2009a. Online im www unter: http://esa.un.org/unpp/ letzter Zugriff am 1. Mai 2010
UNITED NATIONS (UN). Population Division of the Department of Economic and Social Affairs of the United Nations Secretariat. Population Newsletter No. 87. (World Population Prospects: The 2008 Revision). New York, 2009b. Online im www unter: http://www.un.org/esa/population/publications/popnews/Newsltr_87.pdf letzter Zugriff am 1. Mai 2010
UNITED NATIONS DEVELOPMENT REPORT (UNDP). Human Development Report 2007/2008. Fighting climate change – Human solidarity in a divided world. New York, 2007; 399 S.
UNITED NATIONS ENVIRONMENT PROGRAMME (UNEP). Kick The Habit – A UN guide to climate neutrality. 2008. Online im www unter: http://www.grida.no/_res/site/file/publications/kick-the-habit/kick_full_lr.pdf letzter Zugriff am 1. Mai 2010
UNITED NATIONS ENVIRONMENT PROGRAMME (UNEP). Assessing the Environmental Impacts of Production and Consumption. Priority Products and Materials. 2010. Online im www unter: http://www.unep.org/resourcepanel/documents/pdf/PriorityProductsAndMaterials_Report_Full.pdf letzter Zugriff am 8. Februar 2011
UNITED NATIONS EDUCATIONAL, SCIENTIFIC AND CULTURAL ORGANIZATION (UNESCO). Water for People Water for Life – United Nations World Water Development Report. Executive Summary. Paris, 2003. Online im www unter: http://unesdoc.unesco.org/images/0012/001295/129556e.pdf letzter Zugriff am 1. Mai 2010
UNITED NATIONS EDUCATIONAL, SCIENTIFIC AND CULTURAL ORGANIZATION (UNESCO). Water in a Changing World. The United Nations World Water Report 3. Paris, 2009. Online im www unter: http://www.unesco.org/water/wwap/wwdr/wwdr3/pdf/WWDR3_Water_in_a_Changing_World.pdf letzter Zugriff am 1. Mai 2010
UNITED NATIONS CHILDREN`S FUND (UNICEF). State of the World's Children 2008. New York, 2007. Online im www unter: http://www.unicef.org/sowc08/docs/sowc08.pdf letzter Zugriff am 1. Mai 2010
UNITED NATIONS CHILDREN'S FUND (UNICEF). The State of the World's Children Special Edition. Celebrating 20 years of the Convention of the Rights of Food. Executive Summary. New York, 2009. Online im www unter: http://www.unicef.org/publications/files/SOWC_Spec_Ed_CRC_Executive_Summary_EN_091009.pdf letzter Zugriff am 1. Mai 2010
UNITED NATIONS FRAMEWORK CONVENTION ON CLIMATE CHANGE (UNFCCC). Copenhagen Accord. Decision –/CP.15. Advance unedited version. 2009. Online im www unter: http://unfccc.int/files/meetings/cop_15/application/pdf/cop15_cph_auv.pdf letzter Zugriff am 1. Mai 2010
US-ENVIRONMENTAL PROTECTION AGENCY (US-EPA). Greenhouse Gas Biogenic Sources. In: AP 42, Fifth Edition, Volume 1, Chapter 14.4 US-EPA, Washington D.C., 1998; 1-8
US-ENVIRONMENTAL PROTECTION AGENCY (US-EPA). Global Anthropogenic non-CO2 greenhouse gas emissions: 1990-2020. US-EPA 430-R-06-005, Washington D.C. 2006; 274 S.
USVA K, SAARINEN M, KATAJAJUURI JM, KURPPA S. Supply chain integrated LCA approach to assess environmental impacts of food production in Finland. Agricultural and Food Science 2009; 18: 460-476.
VEGETARIERBUND DEUTSCHLAND (VEBU). Donnerstag Veggietag. Vegetarierbund Deutschland. Hannover, 2009. Online im www unter:http://www.donnerstag-veggietag.de/ letzter Zugriff am 1. Mai 2010
VELLINGA P, HERB N. Industrial Transformation. Science Plan. IHDP Report Series No. 12, 1999. Online im www unter: http://www.ihdp.uni-bonn.de/html/publications/reports/report12/index.htm#Executive%20Summary letzter Zugriff am 1. Mai 2010
WALKER P, RHUBART-BERG P, MCKENZIE S, KELLING K, LAWRENCE RS. Public health implications of meat production and consumption. Public Health Nutrition 2005; 8(4): 348–356.
WARNER K, AFIFI T, DUN O, STAL M, SCHMIDL S. Human Security, Climate Change and Environmentally Induced Migration. UNU-EHS. 2008. 69 S.
WEBER CL, MATTHEWS HS. Food-Miles and the Relative Climate Impacts of Food Choices in the United States. Environmental Science & Technology 2009; 42(10): 3508-3513.

WEIDEMA BP, WESNAES M, HERMANSEN J, KRISTENSEN T, HALBERG N. Environmental Improvement of Meat and Diary Products. European Commission, Joint Research Centre, Institute for Prospective Technological Studies, 2008; 194 S.

WELTHUNGERHILFE. Zahlen zu Hunger und Armut. Bonn, 2009. Online im www unter: http://www.welthungerhilfe.de/zahlen-hunger-armut.html letzter Zugriff am 1. Mai 2010

WIEGMANN K, EBERLE U, FRITSCHE UR., HÜNECKE K. Diskussionspapier Nr.7: Umweltauswirkungen von Ernährung – Stoffstromanalysen und Szenarien (Institut für angewandte Ökologie e.V., Hrsg.). Öko-Institut Freiburg/BMBF-Forschungsprojekt »Ernährungswende«. Darmstadt/Hamburg, 2005; 64 S.

WILLIAMS AG, AUDSLEY E, SANDARS DL. Determining the environmental burdens and resource use in the production of agricultural and horticultural commodities. Main Report. Defra Research Project IS0205. Cranfield University, Bedford, 2006. Online im www unter: www.defra.gov.uk letzter Zugriff am 1. Mai 2010

WIRSENIUS S, HEDENUS F, MOHLIN K. Greenhouse gas taxes on animal food products: rationale, tax scheme and climate mitigation effects. 2010. Online im www unter: http://www.springerlink.com/content/d060772802887482/fulltext.pdf letzter Zugriff am 8. Februar 2011

WISE R, HART T, CARS O, STREULENS M, HELMUTH R, HUOVINEN P, SPRENGER M. Antimicrobial resistance – Is a major threat to public health. British Medical Journal1998; 317: 600-619.

WORLD BANK (WB). Sustaining Forests – A development Strategy. Washington D.C., 2004. Online im www unter: http://www-wds.worldbank.org/external/default/WDSContentServer/WDSP/IB/2004/07/28/000009486_20040728090355/Rendered/PDF/297040v.1.pdf letzter Zugriff am 1. Mai 2010

WORLD BANK (WB). world development report 2008 – Agriculture for Development. Washington D.C., 2007. Online im www unter: http://siteresources.worldbank.org/INTWDR2008/Resources/2795087-1192111580172/WDROver2008-ENG.pdf letzter Zugriff am 1. Mai 2010

WORLD HEALTH ORGANISATION (WHO). Diet, Nutrition and the Prevention of Chronic Diseases. WHO Technical Report Series 916. WHO Publications, Geneva, 2003; 149 S.

WORLD HEALTH ORGANISATION (WHO). Report oft the WHO/FAO/OIE joint consultation on emerging zoonotic diseases. WHO, FAO, OIE, Geneva, 2004; 65 S.

WORLD HEALTH ORGANISATION (WHO). Obesity and Overweight. 2006 Online im www unter: http://www.who.int/mediacentre/factsheets/fs311/en/index.html letzter Zugriff am 1. Mai 2010

WORLD HEALTH ORGANISATION (WHO). Availability and changes in consumption of animal products. 2008. Online im www unter: http://www.who.int/nutrition/topics/3_foodconsumption/en/index4.html letzter Zugriff am 1. Mai 2010

ZAKS DPM, BARFORD CC, RAMANKUTTY N, FOLEY JA. Producer and consumer responsibility for greenhouse gas emissions from agricultural production – a perspective from the Brazilian Amazon. Environmental Research Letters 2009; 4: 1-12.

ZATONSKI WA, Mc MICHAEL AJ, POWLES JW. Ecological study of reasons for sharp decline in mortality from ischaemic heart disease in Poland since 1991. British Medical Journal 1998, 316: 1047-1051.

ZATONSKI WA, WILLETT W. Changes in dietary fat and declining coronary heart disease in Poland: population based study. British Medical Journal 2005; 331: 187-189.

ZHANG W, QI Y, ZHANG Z. A long-term forecast analysis on worldwide land uses. Environmental Monitoring and Assessment 2006, 119: 609-620.

ZHAO S, PENG C, JIANG H, TIAN D, LEI X, ZHOU X. Land use change in Asia and the ecological consequences. Global changes in terrestrial ecosystems (special issue). Ecological Research 2006; 7 S.

ZICHE J. Zukunftsfähige Landwirtschaft und Ernährung in den Entwicklungsländern. In: Nachhaltigkeit und Ernährung: Produktion- Handel- Konsum (Brunner KM, Hrsg.). Campus Verlag, Frankfurt, 2005; 49-66.

ZIEGLER J. (zit.n.) United Nations World Food Programme. 2007. Online im www unter: http://www.wfp.org/german/?NodeID=43&k=251 letzter Zugriff am 1. Mai 2010

ZIEGLER J. Promotion and Protection of all Human Rights, Civil, Political, Economic, Social and Cultural Rights, Including the Right to Development. Human Rights Council. Seventh Session. Agenda Item 3. United Nations, 2008, 27 S.

ZIMMER D, RENAULT D. Virtual water in food production and global trade: Review of methodological issues and preliminary results. In: Virtual water trade – Proceeding of the international expert meeting on virtual water trade (Hoekstra AY, Hrsg.). Delft, 2003; 93-109.